Research on Townscape
Planning and Management

城市风貌规划管理研究

尹仕美 著

华中科技大学出版社
http://www.hustp.com
中国·武汉

图书在版编目（CIP）数据

城市风貌规划管理研究/尹仕美著. —武汉：华中科技大学出版社，2022.4
ISBN 978-7-5680-8066-8

Ⅰ.① 城… Ⅱ.① 尹… Ⅲ.① 城市风貌－城市规划－研究－中国 Ⅳ.① TU984.2

中国版本图书馆CIP数据核字（2022）第057343号

城市风貌规划管理研究

CHENGSHI FENGMAO GUIHUA GUANLI YANJIU

尹仕美　著

出版发行：华中科技大学出版社（中国·武汉）	电话：(027) 81321913
地　　址：武汉市东湖新技术开发区华工科技园	邮编：430223

策划编辑：王　娜	封面设计：王　娜
责任编辑：赵　萌	责任监印：徐　露

印　　刷：武汉市洪林印务有限公司
开　　本：710 mm×1000 mm　1/16
印　　张：15.75
字　　数：278千字
版　　次：2022年4月第1版 第1次印刷
定　　价：79.80元

投稿邮箱：wangn@hustp.com
本书若有印装质量问题，请向出版社营销中心调换
全国免费服务热线：400-6679-118 竭诚为您服务
版权所有　侵权必究

前　言

现代公共管理所强调的"理性、效率和公平"，反映在当前城市风貌规划管理中主要是加强宏观层面的结构性和资源性管理以及微观层面的风貌符号结果性管理，缺乏对风貌符号意义生成的过程性管理，使城市呈现出"千城一面""千面一城"的现象。这是城市风貌规划管理"目的"与"工具"不协调的结果，也是导致城市建设性破坏制度性因素的重要原因之一。

本书从风貌符号意义生成（即文化建构）的视角切入，探讨场所体验化是城市空间物质形态走向风貌文化内涵的过程，这种空间"审美意象"向"意义（文化）表达"的社会化发展过程在历史上普遍地造就了以人为本、各具特色的传统城市风貌。如今，现代社会所普遍采用的风貌要素调控方法，实质上是物质形态的调控，而不是场所体验的调控。从这一认识出发，借鉴人类文化学、现代公共管理学等相关理论，进一步探讨与城市风貌文化建构相适应的风貌规划管理机制与方法。

笔者有幸跟进了上海虹桥商务区风貌规划管理机制变革的过程。本书结合该变革过程，在实践应用、反思修正的基础上，针对我国城市风貌规划管理从规划编制、审批管理及实施管理方面，提出了场所体验调控型风貌规划管理模式，是对当前城市风貌规划管理制度的有益思考与建议。

目　录

第1章 绪 论

　　风貌特色是城市文化特征的反映。全球化背景下世界各大城市加快城市文化建设的步伐，风貌特色成为城市社会经济发展的重要软竞争力，城市风貌规划管理的使命正是逆转城市空间文化特色的衰退趋势，转向争取新的发展机会。

　　风貌特色作为 21 世纪现代公共管理对象，20 世纪 90 年代开始受到国际的关注，法国制定了《建筑、城市和风景遗产保护区》（ZPPAUP，1993），欧洲委员会（Council of Europe）制定了《欧洲景观公约》（ELC，2000），日本制定了《景观法》（JLC，2004）等，对全球化背景下的城市治理模式展开了开创性探索，当代城市风貌规划管理担当起维护和创造城市空间文化的公共福利价值，为满足公众对城市视觉环境整体协调性的身心需要、文化诉求提供公共目标、政策推动、政策支持和管理程序的重要职责。

　　当前，我国城市风貌特色塑造正处于难得的历史机遇期，城乡规划法、市容管理条例、美丽中国政策、城市设计管理办法、地方风貌保护条例、地方景观风貌管理办法纷纷出台，城市风貌规划管理问题被提上日程。

1.1 全球化背景下的城市风貌规划管理转型

1.1.1 全球化背景下的城市文化发展策略

　　当今世界，文化发展不仅是经济发展的重要组成部分，也是推动经济发展的重要杠杆，同时还代表着一个国家和民族的文明程度和发展水平，"全球城市发展正在演绎着从资本引领，到科技引领，再到文化引领的时代轨迹"（聂鉴强，2012[1]）。

　　文化作为人类物质生活和精神生活的历史积淀，反映城市的内涵与本质，彰显城市的魅力与个性，是城市的精髓和灵魂。文化通过强烈的认同感、归属感使城市的全体成员成为利益共同体，为城市发展注入生生不息的力量，将文化赋予城市建设中，城市便有了鲜活的生命力。

---

1 聂鉴强 . 文化引领——国际化城市建设的必然选择 [M]// 樊纲，武良成 . 城市化发展——要素聚集与规划治理 . 北京：中国经济出版社，2012：183-193.

1990 年，约瑟夫·奈在《注定领导世界——美国权力性质的变化》一书中指出"国家软实力主要来自三个方面：文化（在其能发挥魅力的地方）、政治价值观（无论在国内外都能付诸实践）、外交政策（当其被视为合法，并具有道德权威时）"，其中，文化是三者之首，因为"文化成为社会创造意义的一整套价值观和实践的总和"（Joseph S. Nye，1991 [1]）。在全球资源与环境保护压力不断增大的情况下，文化逐渐成为城市发展的驱动力，体现出较强的经济社会价值，文化的力量正取代单纯的物质生产和技术进步而日益成为城市经济发展的新的主流。

今天，强大的文化就是强大的国际影响力，文化体现为国家的"软实力"，反映其国际竞争力。文化策略成为国际上一些城市的重要发展策略之一，如伦敦的"伦敦：文化大都会，实现世界级城市的潜力"（London: Cultural Capital, Realising the Potential of a World-Class City, 2004）和"文化大都会：市长的伦敦文化战略"（Cultural Metropolis 2014: The Mayor's Culture Strategy）、巴黎的"大巴黎计划"（Greater Paris Plan, 2008）、新加坡的"文化艺术的复兴城市"（Renaissance City, 2000）、日本的"新文化立国：关于振兴文化的几个策略"（1995）等。文化策略已经成为 21 世纪全球城市发展的一个重大潮流。

全球化进程推动了文化在城市发展中的核心作用，引发了全球范围内基于文化的城市竞争，以应对全球化浪潮和快速城市化背景下城市发展普遍出现的文化危机。"文化"作为一种重要的社会中介解释社会的发展规律之所以不同于自然的演变规律正是因为有了文化的活动和作用（欧阳谦等，2015 [2]）。"文化"具有功能意义，在组建人的有意义的现实生活世界中起到决定作用（李无苑，1995 [3]）。文化概念所蕴含的整体性、实践性、日常性、结构性、中介性、生成性、政治性等机制，解释了人类社会发展规律之所以不同于自然的演变规律，正是因为有了文化的活动和作用。

在今天的社会中，似乎一切都变成了文化。事实上，"在我们生活的世界之中，符号、象征与媒介对经济越来越重要；身份认同的树立，越来越取决于我们对某种形象的追求；

---

1 Joseph S Nye. Bound to lead: The changing nature of American power[M]. New York: Basic Books, 1991: 15-16.
2 欧阳谦，等 . 文化的转向：西方马克思主义的总体性思想研究 [M]. 北京：人民大学出版社，2015：导言 .
3 李无苑 . 从实体本体论到文化本体论——论当代哲学的转向 [J]. 蒲峪学刊，1995（3）：5-8.

而不平等现象与公民的参与，则要通过包容与排斥的话语来定义……今天，女权主义者、同性恋活动家、原住民、少数种族提出的政治要求，不仅是关于经济不平等与法律权利的问题，还有身份认同与文化承认的问题。如果反思一下我们的日常生活，就会发现文化在生活中同样无处不在"[1]，文化成为一种全新的认知方式（欧阳谦，2015[2]），反映了"人生活于其中的世界是有意义的现实生活世界""符号、语言在人的现实生活世界中具有突出的地位""文化具有功能意义，人的现实生活世界通过文化展开，现实生活世界通过文化而被理解并具有意义"等重要纲领性思想（李无苑，1995[3]），开辟了一种基于多元视角的社会认知方式。

党中央和政府对文化建设高度关注，党的十六大报告中提出"积极发展文化事业"[4]，十七大报告中指出"文化越来越成为民族凝聚力和创造力的重要源泉，越来越成为综合力竞争的重要因素，丰富精神文化生活越来越成为我国人民的热切愿望"[5]；十八大报告中进一步提出"美丽中国"，倡导国际视野下要展示出华夏文明的丰富内涵[6]；十九大报告中明确建设社会主义文化强国的发展要求，坚定文化自信，实现中华民族的伟大复兴[7]。"十四五"规划和 2035 远景目标纲要从"举旗帜、聚民心、育新人、兴文化、展形象"进一步落实发展社会主义先进文化，提升国家文化软实力[8]。

2015 年中央城市工作会议上，党中央明确提出，城市管理工作要"弘扬中华优秀传统文化，延续城市历史文脉，保护好前人留下的文化遗产，要结合自己的历史传承、区域文化、时代要求，打造自己的城市精神，对外树立形象，对内凝聚人心"[9]。2016 年 2 月 6 日的《中共中央、国务院关于进一步加强城市规划建设管理工作的若干意见》中

1 菲利普·史密斯. 文化理论——导论 [M]. 张鲲，译. 北京：商务印书馆，2008：Ⅵ.
2 欧阳谦. 当代哲学的"文化转向" [J]. 社会科学战线，2015（1）：11-19.
3 李无苑. 从实体本体论到文化本体论——论当代哲学的转向 [J]. 蒲峪学刊，1995（3）：5-8.
4 江泽民. 全面建设小康社会，开创中国特色社会主义事业新局面 [M]. 北京：人民出版社，2002.
5 胡锦涛. 高举社会主义伟大旗帜，为夺取全面建设小康社会新胜利而奋斗 [M]. 北京：人民出版社，2007.
6 中国共产党第十八次全国代表大会. 十八大报告 [R/OL]. [2012-11-17]. http://www.xinhuanet.com/18cpcnc/2012-11/17/c_113711665.htm.
7 中国共产党第十九次全国代表大会. 十九大报告 [R/OL]. [2017-11-17]. http://www.gov.cn/zhuanti/19thcpc/jiedu.htm.
8 中华人民共和国国民经济和社会发展第十四个五年规划和 2035 年远景目标纲要 [R/OL]. [2021-03-12]. http://www.xinhuanet.com/2021-03/13/c_1127205564.htm.
9 中华人民共和国住房和城乡建设部. 中央城市工作会议在北京举行 [EB/OL]. [2015-12-22]. http://www.mohurd.gov.cn/zxydt/201512/t20151223_226065.html.

指出，"为实现城市有序建设、适度开发、高效运行，努力打造和谐宜居、富有活力、各具特色的现代化城市，让人民生活更美好的总体目标，应强化城市规划工作，塑造城市特色风貌，推进节能城市建设，提升城市建筑水平，完善城市公共服务，营造城市宜居环境，创新城市治理方式，切实加强组织领导。"[1] 为提高城市建设水平，塑造城市风貌特色，2017 年住房和城乡建设部颁布实施了《城市设计管理办法》，城市设计从整体平面和立体空间上统筹城市建筑布局、协调城市景观风貌，体现地域特征、民族特色和时代风貌。2020 年，住房和城乡建设部联合国家发展改革委发布了关于进一步加强城市与建筑风貌管理的通知，城市与建筑风貌作为城市外在形象和内质精神的有机统一，体现城市文化素质，加强城市风貌管理有助于坚定文化自信，延续城市文脉，体现城市精神，展现时代风貌，彰显中国特色。

文化发展不仅是经济发展的重要组成部分，推动经济发展的重要杠杆，同时还代表一个国家和民族的文明程度、发展水平。

1.1.2 城市建设从"量"走向"量""质"并举

城市是人类经济社会生活的结晶和空间投影，任何时期、任何一座城市的建设都离不开具体的时空背景，从而留下深深的地区特征与时代烙印（庄林德，张京祥，2002[2]）。城市作为一种历史范畴，是社会经济发展到一定阶段的必然产物，也是社会经济发展历史过程的体现，城市社会中的各类相互作用关系的物化及其在土地上的投影构成了空间系统，城市各相关系统通过空间系统在物质形态层面得到了统一（孙施文，1997[3]）。

城市的本质不是政治，也不是经济，而是文化（刘士林，2014[4]）。文化作为一个社会共享的和通过社会传播的思想、价值观以及感知[5]，是一种由物质、知识与精神构成的整个生活方式[6]。文化，是民族的血脉、人民的精神家园[7]，是城市的"基

1 中华人民共和国住房和城乡建设部.中共中央国务院印发《意见》进一步加强城市规划建设管理 [EB/OL].[2016-02-22]. http://www.mohurd.gov.cn/zxydt/201602/t20160222_226701.html.
2 庄林德，张京祥.中国城市发展与建设史 [M].南京：东南大学出版社，2002：前言.
3 孙施文.城市规划哲学 [M].北京：中国建筑工业出版社，1997.
4 刘士林.新型城镇化与中国城市发展模式的文化转型 [J].学术月刊，2014，46（7）：94-99.
5 威廉·A.哈维兰，等.文化人类学：人类的挑战 [M].陈相超，冯然，译.北京：机械工业出版社，2014：11.
6 雷蒙·威廉斯.文化与社会 1780—1950[M].高晓玲，译.长春：吉林出版集团有限责任公司，2011：18-19.
7 中国共产党第十八次全国代表大会.十八大报告 [R/OL].[2012-11-17]. http://www.xinhuanet.com/18cpcnc/2012-11/17/c_113711665.htm.

因"[1]，城市是人类聚落体系中的重要类型，不同的人、不同的建筑、不同的文化相互混合在一起，就形成了各具特色的地域文化景观，它是城市空间形态进化或突变的重要"基因"，是深刻的、内在的、先天的，对社会有一种天然的内在凝聚力。

全球城市发展正在演绎着从资本引领，到科技引领，再到文化引领的时代轨迹。在这样一个时代里，一个城市只有呈现出鲜明的文化精神和理念，才能得到广泛认同，才能真正实现国际化。"文化活力能够为社会的发展提供强大的精神支撑与动力支持"（董慧，2008[2]），是城市活力的重要组成部分和城市社会的重要标志，是"城市活力的内涵品质要求"（蒋涤非，2007[3]）。城市规划管理引入"文化"策略，就是为了促进社会的凝聚力，提高城市的竞争力，促进城市的良性发展。

20世纪90年代以来，我国城市空间建设就已经开始转向对社会、环境等问题的关注，城市规划内涵超越物质空间层面而扩大到城市的经济和社会的发展层面，城镇化建设开始转向反哺城市社会保障和公共产品缺失的重要发展阶段，"城市发展转向规模扩张和质量提升并重的阶段"（陈政高，2015[4]），城市建设从单纯的空间规划转向关注社会、环境等问题，更加注重城市功能的提升、历史文化的传承、个性品位的塑造、人文关怀的服务，朝向资源节约、环境友好、经济高效、社会和谐的城市化健康新格局发展。

城市规划越来越倾向于从综合的角度研究城市问题，不仅关注"硬"环境，更注重"软"环境，更关注一个地区中的社会与文化，如该地域中人们的生活方式、交往方式、价值观、归属感等一系列社会环境所体现出来的整体性和复杂性。芒福德认为，在城市中人与自然的关系，人的精神价值是最重要的，城市的物质形态和经济活动是次要的[5]，"城市，作为一种社会器官，通过它的运行职能实现着社会的转化进程。城市积累着、包蕴着本地区的人文遗产，同时又以某种形式、某种程度融汇了更大范围内的文化遗产——包括一个地域、一个国度、一个种族、一种宗教，乃至全人类的文化遗产。因此，城市的含义

1 新华网.明天，我们将生活在怎样的城市？[EB/OL].[2015-12-22].http://www.xinhuanet.com/politics/2015-12/22/c_1117546425.htm
2 董慧.社会活力论[M].武汉：湖北人民出版社，2008.
3 蒋涤非.城市形态活力论[M].南京：东南大学出版社，2007.
4 何雨欣，韩洁，仲蓓.让城市成为美好生活的有力依托——访住房和城乡建设部部长陈政高[EB/OL].[2015-12-30].http://www.xinhuanet.com/politics/2015-12/30/c_1117631431.htm.
5 刘易斯·芒福德.城市发展史：起源、演变和前景[M].宋俊岭，倪文彦，译.北京：中国建筑工业出版社，2005.

一方面是一个个具体个性的城市个体——它像是一本形象指南，对你讲述其所在地区的现实生活和历史记录；另一方面，总括而言，城市又成为人类文明的象征和标志——人类文明正是由一座座富有个性的具体城市构成的"[1]。

党中央、国务院高度重视城市规划建设工作，十六大报告中明确提出"全面建成小康社会"的发展要求；十八大报告在"为全面建成小康社会而奋斗"下提出"美丽中国"的建设目标，通过"五位一体"的建设，实现人民对"美好生活"的追求，实现民族伟大复兴的"中国梦"；习近平总书记在2015年党中央城市工作会议上说到"城市工作要加强对城市空间立体性、平面协调性、风貌整体性、文脉延续性等方面的规划和管控，留住城市特有的地域环境、文化特色、建筑风格等'基因'"。[2]

为贯彻落实党中央的精神，在城市建设管理上提出了相应的实施方针政策，例如：2013年中央城镇化工作会议上提出"要科学规划城镇，要依托现有山水脉络等独特风光，让城市融入大自然，让居民望得见山、看得见水、记得住乡愁；要融入现代元素，更要保护和弘扬传统优秀文化，延续城市历史文脉；要融入让群众生活更舒适的理念，体现在每一个细节中"[3]。2015年12月中央城市工作会议总结了我国城市发展中突出的症结，"城乡建设缺乏特色"是快速城镇化发展过程遗留给当代的我们亟待去解决一个尖锐问题，"城市景观结构与所处区域自然地理特征的不协调、部分城市贪大求洋、照搬照抄，脱离实际建设国家大都市，'建设性'破坏不断蔓延，城市的自然和文化个性被破坏，一些农村地区大拆大建，照搬城市小区模式建设新农村，简单用城市元素与风格取代传统民居和田园风光，导致乡土特色和民俗文化流失"[4]。2016年2月6日发布的《中共中央、国务院关于进一步加强城市规划建设管理工作的若干意见》（以下简称《意见》）中明确提出："贯彻'适用、经济、绿色、美观'的建筑方针，着力转变城市发展方式，着力塑造城市特色风貌，着力提升城市环境质量，着力创新城市管理服务，走出一条中国特色城市发展道路，实现城市有序建设、适度开发、高效运行，努力打造和谐宜居、

1 刘易斯·芒福德.城市文化 [M].宋俊岭，李翔宁，周鸣浩，等译.北京：中国建筑工业出版社，2009：导言.
2 新华网.习近平在中央城市工作会议上发表重要讲话 [EB/OL].[2015-12-22].http://www.xinhuanet.com/politics/2015/12/22/c_1117545528.htm.
3 人民网.中央城镇化工作会议在北京举行 [EB/OL].[2013-12-15].http://cpc.people.com.cn/n/2013/1215/c64094-23842466.html.
4 中华人民共和国国家发展和改革委员会发展规划司.国家新型城镇化规划（2014—2020 年）[R/OL].[2014-03-17].http://www.gov.cn/xinwen/2014-03/17/content_2639873.htm.

富有活力、各具特色的现代化城市，让人民生活更美好。"

2017 年 3 月颁布实施的《城市设计管理办法》明确指出，"塑造城市风貌特色是为了提高城市建设水平"。[1] 城市风貌规划作为城市规划的子系统，是城市化发展到一定阶段，政府为改善、提升、优化城市空间建设质量而产生的一种控制引导方式，是根据城市在一定时期内的发展方向、目标和规模对城市空间资源进行优化配置，提高城市的运行效率，促进经济和社会的发展，确保城市经济、社会、生态的协调发展，增强城市发展的可持续性。

1.1.3 当代风貌规划管理转向人文精神的塑造

风貌研究是为了让越来越远离人的城市重回人的属性。

文化属于人类的范畴，它是人类对自然界改造的过程及结果，城市的产生是人类文明的象征，风貌表现了这种文明的空间特征和空间灵魂，这里面是人对城市环境的作用力及其结果的映射。

风貌与文化的关系反映在人的属性上。风貌是在城市长期发展过程中形成的传统、文化和生活的环境特征，是一个城市最有力、最精彩的高度概括，是人类有目的活动的一种结果，反映人类精神文明追求的结果，是一座城市的根与魂，是城市可持续健康发展不可缺少的"基因"。

文化是城市的特色和灵魂，深深地根植于民间和民族个体心灵深处，体现着各民族的价值观念、审美情趣和心理特征，承载着各民族特定的历史记忆和遗传基因，寄寓着各民族的生活情感与人生理想。城市风貌规划管理作为城市规划系统的一个子系统，其独特功能在于"通过对城市景观显质形态风貌要素的规划控制，塑造富有地域特色的建筑风格与空间环境特色，从而体现一个城市深层的潜质形态风貌要素（即城市文化的内涵和独特品质），进而传达一个城市的精神取向；同时反过来，城市空间的物质形态及其内含的隐性形态（即精神内涵）又育化了人，从而影响到城市的各个方面"（蔡晓丰，2005 [2]）。也就是说，城市风貌规划管理主体与客体之间表现为"共生互动"的效应关系，即城市的物质形态表现的文化风格越高，则城市环境造就的城市人的素质就越高，进而

1 中华人民共和国住房和城乡建设部令第 35 号 . 城市设计管理办法 [EB/OL]. [2017-03-14]. http://www.mohurd.gov.cn/fgjs/jsbgz/201704/t20170410_231427.html.
2 蔡晓丰 . 城市风貌解析与控制 [D]. 上海：同济大学，2005.

城市人创造的物质文明层次也就越高。

以文化为中心的城市风貌规划管理，超越形式美的局限——创造形式的方法不是追求的最终结果，而是对问题复杂性和不确定性的把握，这是一个没有终极形态的设计管理过程。

1. 保护与传承城市文化价值

风貌是城市文化的空间表征，它以一定的空间符号表象表达空间中人、物体、建筑、场所等的相互空间关系，是人居住、生活在这个世界上的直接表象。

风貌作为一个现实的表象系统，各种空间要素及人都在一定程度上被符号化，各种社会力量不断地赋予其能指、符号以及各种含义，现实的力量与话语在空间上交会，形成各种冲突斗争、协调和解的空间格局、空间景观，形成了我们在其中连续生产与再生产活动的场所，也构成了我们不断浏览的空间文本。随着时间的流逝，城市记忆凝固于其中，反映在人们的记忆之中，是人对城市空间环境意义的认识。

中央城市工作会议为城市管理者的"文化"管理工作指明了方向——续"文脉"，筑"气质"，它是一种超越单纯资源保护角度的认知，上升到了更高层面的价值追求，即文化价值的社会性追求，这构成了当代城市风貌规划管理指导思想的最基本原则，即"动态发展的认识论"，而非"静态保护的认识论"。城市是一种历史文化现象，是每一个民族赓续绵延的记忆载体。城市文脉是什么？冯骥才认为，"它就是城市的一部文明史，是形成和积淀城市性格的文化基因"。同济大学国家历史文化名城研究中心主任阮仪三教授强调，"城市文脉是一座城市的气质和精神，文物、建筑是承载这种气质和精神的物质载体；如果城市文脉断裂，城市的风采、特色和精气神也将因此黯淡（姜潇等，2015 [1]）"。

保护地域文化赖以生存的物质环境，是城市特色维护的基础。城市特色与社会生活和历史风貌息息相关，风貌特色等视觉形象蕴含着人与社会的内在关系，反映了地区文化的历史积淀（张松，2011 [2]），"物质空间只是个基础，城市的文化与魅力才是归依，一个城市的文化背景主要来源于其历史文化，然后来自当今的文化创造，我们必须把前代留下的文化继承下去，在我们的手里再增加一些东西，因为城市是活的，它必须是现

---

1 2015 年提出，后收录在《决策探索》中。姜潇，蒋芳，周润健.中央城市工作会议点出的文化课题：续"文脉"提"气质"[J].决策探索（下半月），2016（1）：16-17.
2 张松.上海的历史风貌保护与城市形象塑造[J].上海城市规划，2011（4）：44-52.

代生活的组成品，是生活在当下的有意义的城市（谢建军，2016 [1]）"。

2. 塑造城市中的人文精神

人文精神是一种文化精神，是"整个人类文化所体现的最根本的精神，或者说是整个人类文化生活的内在灵魂。它以追求真善美等崇高的价值理想为核心，以人的自由和全面发展为终极目的（孟建伟，2000 [2]）"。即使是"现代性"制约了价值理性的发展，科学与人文绝非截然分离的，它们只是在物性与人性、客观性与主观性之间权重不一，这一点，从城市规划学科发展中也可窥其一二。

20 世纪 60 年代西方民权运动开始，60 到 70 年代的"理性"是针对规划过程的理性，是一种"工具理性"的表现，60 年代的民权运动注意到"价值理性"的日益缺失，在对理性模型的批判中，开始倡导联络性的规划过程，城市规划中心由物质形体规划为核心的自然科学逐步转向了包括社会和人文科学在内的综合规划学，规划被看作一个理性决策过程，是一个充满价值判断的政治决策过程。"理性"是"工具理性"和"价值理性"的综合，"工具理性"服务于经济意义上的"理性决策"，目的是追求最高效率及最大利益；"价值理性"是为了社会道义及人文价值，也包括实现社会正义所必需的决策程序正义，城市规划以社会整体性价值观为依据。

第二次世界大战后，世界众多国家规划师所寻求的理念是符合"公众利益"的，是对自由、民主、平等、公平、正义的信仰与追求，反映社会整体性价值观。《马丘比丘宪章》（*Charter of Machu Picchu*，1977）作为国际共识，倡导全人类的视野重新回归目标本身——人！城市规划的价值理性体现在对主体（人）的价值的尊重与重视，以及不同阶层人利益表达渠道的健全上。

风貌作为城市长期发展中形成的城市特质的一部分，是城市空间建设中历经长期历史积淀的文化形式，它把文化和社会建构自然化，把一个人为的世界再现成似乎是既定的、必然的，通过在其观者与其作为景色/地方的既定性的某种关系中对观者进行质询，在其中，"我们"找到——或者迷失——"我们"自己 [3]。

---

1 谢建军. 告别旧城改造，走向城市更新——同济大学副校长伍江教授访谈 [J]. 公共艺术，2016（1）：77-81.
2 孟建伟. 论科学的人文价值 [M]. 北京：中国社会科学出版社，2000：259-260.
3 W.J.T. 米切尔. 风景与权力 [M]. 杨丽，万信琼，译. 南京：译林出版社，2014.

城市风貌规划管理通过"加强对风貌整体性、文脉延续性等方面的规划和管控，留住城市特有的地域环境、文化特色、建筑风格等'基因'"，传承文化，彰显特色。城市风貌规划管理正是通过对"文化基因"载体的城市空间形态进行管理，来达到提升城市空间品质建设目标的目的的。

当今世界，文化对城市发展而言，一方面体现出其固有的价值观念、认同冲突和美学尺度，另一方面伴随着全球化进程而来的是以大量标准化生产为特征的福特主义（Fordism）的终结和后工业社会的来临，文化成为空间生产的重要动因，在城市发展中扮演着重要的角色，如法国社会学家布尔迪厄（Pierre Bourdieu）的文化资本论、我国学者张鸿雁的城市文化资本论等理论，均是对空间生产理论的一种延伸发展。

文化是人类历史的逻辑沉淀，是民族个性的外在彰显。随着人类文明结构的不断软化，文化作为国家的软实力，在国际竞争中的地位日益凸显。文化代表着一个国家、民族的精神核心和人文内涵，其外延式个体和群体间的生活抽象构成了人的存在方式，凸显了人在社会生活中的理性自觉，是社会有序性的集中体现（刘吉发等，2013 [1]）。文化管理作为一种柔性的、内化的控制方式，具有"凝聚社会共识、巩固民族认同感"的重要价值，城市风貌规划管理正是从空间规划的角度出发，引入"价值共识"管理，对城市空间形态这一"物化"结果展开"效率"与"价值"相结合的管理办法，探索城市空间规划形态这一"物化"管理的更为有效的管理途径。

1.2 研究对象及范围界定

1.2.1 风貌

1.基本概念

风貌（townscape）原是一个文学概念，后被引入空间研究领域，用于描述城市藉由长期沿袭、积淀而成的体貌特征、文化韵致、精神格调的特质性状态，表现为一个城市独特的景观面貌特征。

我国城市规划研究中，"风貌"属于一个非规范性的概念，但历史文化保护领域对之则作出了如下明确的概念界定。

---

1 刘吉发，金栋昌，陈怀平.文化管理学导论 [M].北京：中国人民大学出版社，2013：1-5.

"风貌，指反映历史文化特征的城镇景观和自然、人文环境的整体面貌。"[1]

"风貌指反映城镇历史文化特征的自然环境与人工环境的整体面貌和景观。"[2]

历史文化名城保护所关注的风貌主要为历史城区的整体格局、传统肌理和街巷景观（张松，镇雪锋，2017[3]）。

从 20 世纪 80 年代起，我国学者对"风貌"作出了丰富的解释，如表 1.1 所示。

学者研究普遍认为，风貌是城市的自然环境特征和人文特点的反映，但不同时期的风貌内涵认知略有差异。

第一阶段（20 世纪 80、90 年代）。这一阶段开始关注城市空间形态建设，该建设不仅是物质空间建设，同时也是人文建设；风貌概念被引入，指出自然特征和人文特征是构成城市空间特色的重要因子。这一时期的"人文"主要是对影响城市空间形态决策背后的人文因素，如历史、经济、政治、习俗、规划制度等的关注。

第二阶段（20 世纪 90 年代—2000 年）。以重庆大学建筑系研究为代表，开始引入主体性在环境中的作用，将风貌看作一种主体的景观审美意象，风貌不再仅仅是一种客观的分析，同时包含了人对物（景观）的主观性审美需求。

第三阶段（2000 年以来）。风貌作为城市空间环境质量的重要基础，是对历史文化和社会生活内涵的反映，社会生活内涵成为风貌内涵解读的新视角。

本书研究认为，风貌是指反映城市文化特征的景观面貌，它由自然山水与植被、城市建筑群体、道路与市政设施、城市色彩与材料、广告店招与城市照明等景观要素所构成，是城市历史文化与社会生活内涵的反映，表现为一个城市的特色。

2. 风貌系统的构成

风貌是由景观的自然因素和人文因素相互作用而形成的复合体，自然因素为城市系统建立和发展的各种最基本条件，包括地貌、动植物、水文、气候和土壤等要素；人文因素是风貌系统形成的内在机制，具体又可分为物质因素和非物质因素两类，物质因素

---

1 中华人民共和国建设部，中华人民共和国国家质量技术监督检验检疫总局.GB 50357—2005 历史文化名城保护规范 [S]. 北京：中国建筑工业出版社，2005.

2 中华人民共和国住房和城乡建设部标准定额司.住房和城乡建设部标准定额司关于征求国家标准《历史文化名城保护规划规范（征求意见稿）》意见的函：建标标函 [2017]32 号 [EB/OL]. [2017-01-22]. http://www.mohurd.gov.cn/zqyj/201701/t20170124_230445.html.

3 张松，镇雪锋.从历史风貌保护到城市景观管理——基于城市历史景观（HUL）理念的思考 [J]. 风景园林，2017（6）：14-21.

表 1.1　国内学者对城市风貌概念的界定

学者	时间	城市风貌定义	特点
张开济	1987	城市风貌是城市自然地理和人文特点的反映,每个城市的自然条件和文化历史不同,由此形成的城市风貌也各异,从而就产生了地方特色。城市风貌包括城市的物质文明建设和精神文明建设两个方面	自然环境和人文环境差异的结果,表现为城市特色
唐学易	1988	城市风貌是城市在发展进程中所形成的特色,涉及历史文脉、自然环境、经济状况、人民习俗、城市规划和建筑风格	城市各要素综合作用的结果
池泽宪	1989	城市风貌是一个城市的形象,反映出城市的气质和性格,体现出市民的文明、礼貌和昂扬的进取精神,同时还显示出城市的经济实力、商业繁荣、文化和科技事业的发达。总之,城市风貌是一个城市最有力、最精彩的高度概括	综合性(自然、人文、经济)、概括性、代表性
重庆大学建筑系	1996	人们对城市所进行的一系列审美活动中在审美主客体之间的意向性结构中产生的审美意象	主客体之间的审美价值结果
吴伟	1998	城市风貌是人们对城市物质环境、文化风俗、市民素质的总体印象,城市物质环境是文化风俗、市民素质的物质载体与符号投射。城市风貌是城市精神风尚和文明水平,具有深远的社会意义	物质环境、文化风俗、市民素质的总体印象
张继刚	2001	城市风貌即城市的风采格调与面貌景观	培育城市物质空间的精神、风格、意境
金广君	2004	城市风貌特色是指城市的社会、经济、历史、地理、文化、生态、环境等内涵所综合显现出的外在形象的个性特征	综合内涵、形体、形象
蔡晓丰	2005	城市风貌是通过自然景观、人造景观和人文景观而体现出来的城市发展过程中形成的城市传统、文化和城市生活的环境特征	城市环境、景观、文化传承
张继刚	2007	城市风貌由形而上的"风"(指风格、格调、品格、精神等)和形而下的"貌"(面貌、外观、景观、形态等)组成。城市风貌包括潜在的城市文质形态和直接显性的城市物质形态。潜在的文质形态近似于"道",显性的物质形态近似于"器","道"与"器"的统一呈现为城市风貌,具有物质与精神的双重含义	"道""器"关系在城市空间中的展现
王建国	2007	城市风貌特色主要是指一座城市在其发展过程中由历史积淀、自然条件、空间形态、文化活动和社区生活等共同构成的、在人的感知层面上区别于其他城市的形态表征	历时性、形态、特色、感知
余柏椿	2007	城市风貌可以理解为城市的面貌和格调。城市面貌可理解为城市的景象或景色,以物化表现形态为主;城市格调可以理解为城市的情调或风情,即城市内涵人化和物化的综合表现	人化和物化的结合、理性与情感两面

（续表）

学者	时间	城市风貌定义	特点
马武定	2009	城市风貌特色是城市在其历史的过程中，由各种自然地理环境、社会与经济因素及居民的生活方式积淀而形成的城市既成环境的文化特征	特色、文化映射、历时性
段德罡	2011	城市风貌是指在城市不同时期历史文化、自然特征和城市市民生活长期影响下，形成的无形的精神面貌特征和有形的实体环境属性	精神面貌、实体环境
韩林飞	2011	城市风貌即城市的风采和面貌，是关于城市自然环境、历史传统、现代风情、精神文化、经济发展等综合表征，既反映了城市空间的景观，又蕴含着地域精神	综合性的、城市景观、地域精神
王敏	2012	城市风貌指具有某种风格的城市环境面貌，以城市物质空间环境为对象，以城市的自然因素和人文因素为素材，综合体现城市空间环境的视觉样态，折射出城市的形象与特色	通过空间环境的视觉样态折射出城市的形象与特色
戴慎志	2013	城市风貌是在城市长期的历史发展中，在一定的空间范围内，由城市中的气候环境、地理区位、历史人文、制度文化等各种因素相互作用，通过不断的调整适应、动态演化而形成的城市整体景观形象。城市风貌既包括体现城市历史文化和人文气质的"风"，也包括展现城市物质空间特色的"貌"	综合性的、城市整体景观形象
骆中钊	2013	城市风貌作为在城市长期发展中形成的城市特质的一部分，是当地经济发展、文化变迁的结晶。同时，城市风貌也是一座城市的自然景观和人文景观及其所承载的城市历史文化和社会生活内涵的总和。它具有明显的文化性、民族性、社会性和区域性，是一座城市的根与魂，是当地历史文化的传承和当地居民生活的缩影。在城镇化过程中，只有重视城市风貌的传承，才能形成一座城市的气质和性格，促进城市经济、文化的和谐与繁荣	综合性的、自然景观和人文景观中承载的历史文化和社会生活内涵的总和

来源：作者绘制

是风貌系统最重要的组成要素，包括色彩和形态，是可以被人们肉眼感觉到的、有形的人文因素，包括聚落、建筑、人物、服饰、街道等；非物质因素主要包括思想意识、生活方式、风俗习惯、宗教信仰、审美观、道德观、政治因素、生产关系等。[1]

张继刚博士在其博士论文中指出，风貌系统由潜质形态要素和显性物质形态要素两大部分组成。其中，潜质形态要素与社会学、生态学、城市美学、管理学等学科交织，包含了社会学中的宗教与信仰、人口构成、民族、民俗民风、语言、道德、法律等，生

---

1 陈慧琳. 人文地理学 [M]. 北京：科学出版社，2001：107.

态学中的经济和社会因素等，城市美学中的城市文化、城市历史、伦理观、价值观等，管理学中的信息搜集与分析、评价机制、决策方式、管理模式、调控手段等，经济学中的城市化水平、城市经济区位、污染、拥挤、贫富差距、土地利用、教育普及状况及人口教育水平等；风貌系统的显性物质形态要素则包括自然要素、人工要素及复合要素三大类（张继刚，2001[1]），如图1.1所示。

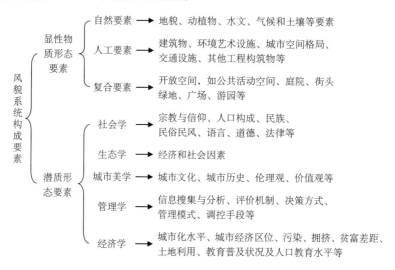

图 1.1　城市风貌系统构成要素
来源：作者绘制

1.2.2 风貌规划管理

1. 基本概念

规划管理是城市规划制定和实施等管理工作的统称，《城市规划基本术语标准》（GB/T 50280—98）中对城市规划管理的定义作出了解释："城市规划管理是城市规划编制、审批和实施等管理工作的通称。"[2]

管理是人类一种特殊的社会实践活动，通过管理，人们的生产、生活和其他活动得以有目的、有秩序、有效率地进行，它是组织中的管理者，通过计划、组织、激励、协调和控制等手段实施有效的组织活动，对组织资源进行配置，建立秩序，营造氛围，以

---

1 张继刚. 城市风貌的评价与管治研究 [D]. 重庆：重庆大学，2001：27.
2 国家质量技术监督局，中华人民共和国建设部 . GB/T 50280—98 城市规划基本术语标准 [S]. 北京：中国建筑工业出版社，2006.

实现组织目标的动态实践过程（张小红等，2014 [1] ）。结合城市规划管理的基本定义，本书所研究的风貌规划管理是指风貌规划制定和实施等管理工作的统称，它包括风貌规划、审批和实施等管理工作。风貌规划管理是城市政府确定城市空间规划政策的重要基础之一，它通过加强城市景观要素的感知性及整体性调控以达到"保护城市特有地域环境、文化特色、建筑风格等'基因' [2]，传承文化，彰显特色，提升城市空间空间品质"的公共管理目标。

2. 风貌规划管理的系统构成

规划管理是规划编制、审批和实施等管理工作的通称。经法定程序编制与批准的风貌规划是指导城市各项建设中风貌实施管理的法定性依据，规划的制定过程是城市风貌建设发展的决策过程；风貌规划实施管理则是围绕建设工程展开的，包括建设项目选址意见、建设用地规划许可、建设工程规划许可、监督检查及竣工验收等阶段的全过程风貌规划管理，属于风貌规划管理系统中的执行与反馈次系统，如图 1.2 所示。

风貌最早见于国家政策法规之中是 1990 年的《中华人民共和国城市规划法》，"第十四条：编制城市规划应当注意保护和改善城市生态环境，防止污染和其他公害，加强城市绿化建设和市容环境卫生建设，保护历史文化遗产、城市传统风貌、地方特色和自然景观。编制民族自治地方的城市规划，应当注意保持民族传统和地方特色。""第十一条：旧城区改建，应保护历史文化遗产和传统风貌。"

规划管理实践中，风貌规划管理是从历史文化风貌区 [3] 保护开始的。历史文化风貌区是构成城市特有风貌的重要空间物质载体，反映城市的历史文化内涵。20 世纪 60 年代以来，"历史、文化和环境"逐渐成为西方国家城市先进性的评价标准，城市环境从注

---

1 张小红，白瑷峥，黄津孚，等 . 管理学 [M]. 北京：清华大学出版社，2014：4.
2 中央城市工作会议（2015 年）12 月 20 日至 21 日在北京举行，习近平总书记在会上发表重要讲话。会议指出，我国城市发展已经进入新的发展时期，城市工作要树立系统思维，从构成城市诸多要素、结构、功能等方面入手，对事关城市发展的重大问题进行深入研究和周密部署，系统推进各方面工作。要综合考虑城市功能定位、文化特色、建设管理等多种因素来制定规划。规划编制要接地气，可邀请被规划企事业单位、建设方、管理方参与其中，还应该邀请市民共同参与。要在规划理念和方法上不断创新，增强规划科学性、指导性。要加强城市设计，提倡城市修补，加强控制性详细规划的公开性和强制性。要加强对城市的空间立体性、平面协调性、风貌整体性、文脉延续性等方面的规划和管控，留住城市特有的地域环境、文化特色、建筑风格等"基因"。参见新华网. 习近平在中央城市工作会议上发表重要讲话 [EB/OL]. [2015-12-22]. http://www.xinhuanet.com/politics/2015-12/22/c_1117545528.htm.
3《上海市历史文化风貌区和优秀历史建筑保护条例》（2002）中第八条："历史建筑集中成片，建筑样式、空间格局和街区景观较完整地体现上海某一历史时期地域文化特点的地区，可以确定为历史文化风貌区。"

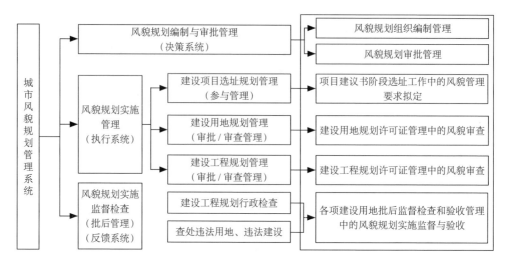

图 1.2 城市风貌规划管理系统
来源：作者绘制

重空间转向注重场所，空间内涵扩大到"空间、时间、交往、活动意义"等综合内容。1975 年《阿姆斯特丹宣言》中指出："建筑遗产不仅包括品质超群的单体建筑及其周边环境，而且包括所有位于城镇或乡村的具有历史和文化意义的地区"[1]。历史风貌区凭借其历史价值在城市生活中的延续性，成为城市中需要作为一个整体进行保护的地区，而其中需要保护的内容[2]，除了个体的城市要素，如建筑、街道空间外，更重要的是该地区所体现的特殊的城市肌理和城市生活氛围（张恺，2003[3]）。

一般城市地区的风貌规划管理主要归属于以规划管理为龙头的城市建设管理，涉及市政（市容）、绿化、水利、林业、农业等多个相关职能部门，主要探讨与景观相关的领域，其文化建设更偏重延续地域文脉基础之上的文化创新，土地开发控制管理是其得以实现的重要途径。

---

1 ICOMOS（1975）. The Declaration of Amsterdam.

2 历史风貌区规划编制突出：（1）明确地区历史文化风貌特色及其保护原则；（2）划定其核心保护范围和建设控制范围；（3）对该地区的土地使用形式进行规划控制和调整，保护建筑空间环境和景观；（4）对与历史文化风貌不协调的建筑提出整改要求；（5）对整体形态、建筑体量、风格、色彩、材质等的规划管控要求。参见：上海市人民代表大会常务委员会. 上海市历史文化风貌区和优秀历史建筑保护条例. 2002；中华人民共和国住房和城乡建设部标准定额司. 住房和城乡建设部标准定额司关于征求国家标准《历史文化名城保护规划规范（征求意见稿）》意见的函：建标标函 [2017]32 号 [EB/OL]. [2017-01-22]. http://www.mohurd.gov.cn/zqyj/201701/t20170124_230445.html.

3 张恺. 城市历史风貌区控制性详细规划编制研究——以"镇江古城风貌区控制性详细规划"为例 [J]. 城市规划，2003，27（11）：93-96.

1.3 国外城市风貌规划管理研究与实践情况

国外相关研究一直将城市风貌的保护与塑造看作城市设计的重要工作（俞孔坚等，2008 [1]），这可以追溯到 1893—1909 年发端于美国的"城市美化运动"，它是以艺术的眼光来看待城市，用景观的手段来塑造城市风貌，关注物质环境、城市形态和美学秩序，视觉景观和空间形态是城市风貌的基础性和传统性研究领域（杨昌新，龙彬，2013 [2]）。

20 世纪 60 年代以来，西方城市规划开始从注重物质规划为主的功能主义思想路线逐步转向注重社会文化的人本主义思想路线，凯文·林奇（Kevin Lynch）的《城市意象》[3]、诺伯舒兹（Norberg-Schulz）的《建筑意向》[4] 等，从人的认知心理出发，研究人对城市空间与城市环境的感知，"识别性""结构""意象"成为城市设计（重要的城市风貌规划工具）的根本出发点。从"空间"到"场所"是环境行为研究在城市风貌领域应用的一大进步，诺伯舒兹的《场所精神：迈向建筑现象学》[5]、阿摩斯·拉普卜特（Amos Rapoport）的《建成环境的意义——非言语表达方式》[6] 开始探讨环境蕴涵的意义，城市风貌的解释转向了对环境意义的认知。

20 世纪 70 年代，随着政治经济学的介入，环境研究从个体行为研究开始转向社会活动研究，如亨利·列斐伏尔（Henri Lefebvre）的《空间的生产》[7]、皮埃尔·布尔迪厄（Pierre Bourdieu）的《实践理性：关于行为理论》[8]、大卫·哈维（David Harvey）的《社会正义与城市》（*Social Justice and the City*）[9] 等，法兰克福学派的批判理论从政治、经济、文化的角度去剖析空间的社会性。城市风貌作为人类互动的结果，是权力关系的表达，社会性的所有表达或符号再现都不能离开其建构性的权力关系；同时，风貌还是一种象征经济，象征经济是符号和空间的不断生产，赋予种族之间的竞争、民族变革、环境更

1 俞孔坚，奚雪松，王思思.基于生态基础设施的城市风貌规划——以山东省威海市为例 [J].城市规划，2008，243（3）：87-92.

2 杨昌新，龙彬.城市风貌研究的历史进程概述 [J].城市发展研究，2013，20（9）：15-20.

3 凯文·林奇.城市意象 [M].方益萍，何晓军，译.北京：华夏出版社，2001.

4 诺伯舒兹.建筑意向 [M].曾旭正，译.台北：胡氏图书出版社，1988.

5 诺伯舒兹.场所精神：迈向建筑现象学 [M].施植明，译.武汉：华中科技大学出版社，2010.

6 阿摩斯·拉普卜特.建成环境的意义——非言语表达方式 [M].黄兰谷，等译.北京：中国建筑工业出版社，2003.

7 亨利·列斐伏尔.空间的生产 [M].刘怀玉，等译.北京：商务印书馆，2021.

8 皮埃尔·布尔迪厄.实践理性：关于行为理论 [M].谭立德，译.北京：生活·读书·新知三联书店，2007.

9 唐旭昌.大卫·哈维城市空间思想研究 [M].北京：人民出版社，2015.

新与衰退的意义 [1]。大卫·哈维继承了列斐伏尔的"社会空间是社会产物"这一观点，赞同"空间具有意识形态的意义"，哈维以空间视角研究资本积累过程，力图将空间生产作为资本积累的积极因素整合进马克思理论中。在哈维视域里，资本主义空间生产的动因是资本积累，建造公路、运河、港口与码头、住房、学校、公园等城市物质基础设施为过度积累资本提供重要的投资渠道和机会，城市空间的建构和再建构都是为了使资本的运转更有效，创造出更多的利润。在全球资源与环境保护压力不断增大的情况下，城市风貌规划作为一种政治民主和城市资本积累（张佳，2014 [2]）的重要规划工具，在西方国家文化发展政策中占有越来越重要的地位，如法国巴黎的"大工程"。

20 世纪 80 年代和 90 年代以来，受后现代主义哲学思潮的影响，"文化"成为理解和塑造当代社会的一个理论基础，"'文化'作为一种思想观念、价值观念以及相关联的符号意义"重新被认知，"文化指导我们的行为并形塑我们能够理解世界的方式，我们的知识和实践都由文化决定"[3]。"文化"作为一种理论方法用于解释空间实践研究。

在西方工业文明以来的城市规划理论下，城市风貌研究经历了这样一条发展脉络：从城市美化运动到功能主义下的物质空间规划观，再到环境行为研究的人本主义兴起，因为政治经济学介入的影响，进一步滑向了空间社会性与政治性的研究，"空间感知"转向"场所意义"，城市风貌从审美意象的文化表达发展为对空间实践中的社会文化问题解释，并开始迈向对空间实践的文化性（即实践意义）的综合解释，它是对社会、政治、经济、文化、自然生态等共同作用的综合描述，从客体文化表征转向了客体文化生成（即建构）过程中的人与物的互动关系解释。

1.4 我国城市风貌规划管理研究的兴起与发展

1.4.1 我国城市风貌规划管理研究的兴起

风貌，原是一个文学概念，《诗经》中有"风、雅、颂"三类，其中"风"篇由民俗歌谣汇集而成。"风"字在汉语中，含习俗之意，如风气、移风易俗；景象之意，如风光、风景；举止，态度之意，如风采、风格；民歌之意，如采风。风，可以理解为对

---

1 Sharon Zukin. 城市文化 [M]. 张廷佺，杨东霞，谈瀛州，译. 上海：上海教育出版社，2006：3-9, 259.
2 张佳. 大卫·哈维的历史 – 地理唯物主义理论研究 [M]. 北京：人民出版社，2014：51, 91-92.
3 艾伦·哈丁，泰尔加·布劳克兰德. 城市理论 [M]. 王岩，译. 北京：社会科学文献出版社，2016：166.

长久以来形成的韵致、景貌、习惯的一种状态描述。《辞海》对"风貌"的解释有三：一作"风采容貌"解，《三国志·魏志·钟会传》"为尚书郎，年二十余卒"裴松之注引《博物记》："刘表欲以女妻粲（王粲），而嫌其形陋而用率，以凯（王凯）有风貌，乃以妻凯。"二指事物的面貌格调，如西湖风貌；三指民间艺术风貌。[1]生活中，风貌也常被用来泛指一个地方的人文特征和地质风貌。

文学上，"风貌"用来描述人的相貌举止、内在气质、精神风采的整体状态，城市研究中引入"风貌"则是用之描述城市藉由长期沿袭、积淀而成的体貌特征、文化韵致、精神格调的特质性状态，表现为一个城市物质空间环境（即景观）的文化特征，并表现为城市的特色。

近代以来，随着西方民主自由思想的传入，我国城市建筑面貌在原有传统的低层木结构、大屋顶的院落组合形式之中渗入了现代西方的建筑美学思想，出现中西方交织的城市面貌，如上海、天津、汉口等。国民政府时期制定公布并实施的南京《首都计划》倡导，以"本诸欧美科学之原则""吾国美术之优点"作为规划指导方针，宏观上采纳欧美规划模式，微观上采用中国传统形式；陈植在《东方杂志》上撰文强调城市美观之意义："美为都市之生命"，从而开启了国人对城市风貌的审美意识（杨昌新，2014[2]）。风貌是一种景观审美意识的表达。

1949 年 12 月，在北京城市总体规划中，苏联专家巴兰尼克夫作了《关于北京市将来发展计划的问题的报告》，报告中提出："为了将来城市外貌不受损害，最好先改建城市中一条干线或一处广场……外表要整齐，房屋正面可用有民族性的中国式样的建筑"（邹德慈等，2014[3]）。1956 年 4 月 28 日，毛泽东在中共中央政治局扩大会议上提出："百花齐放、百家争鸣，应该成为我国发展科学、繁荣文学艺术的方针。"1956 年国家建委颁布《城市规划编制暂行办法》，确定城市规划设计按总体规划和详细规划两个阶段进行，根据该编制办法，总体规划编制应考虑经济、技术、艺术、卫生、安全等方面的原则，城市规划管理体系开始思考整体性风貌的控制引导。风貌作为一种对空间视觉审美价值的追求，在满足城市生产建设需要的基础之上，作为一种整体性的空间建设指导原则，

1 夏征农，陈至立. 辞海 [M]. 6 版. 上海：上海辞书出版社，2009：1215.

2 杨昌新. 主客体关系视域下城市风貌研究述评 [J]. 华中建筑，2014（2）：22-27.

3 邹德慈，等. 新中国城市规划发展史研究——总报告及大事记 [M]. 北京：中国建筑工业出版社，2014.

以"城市艺术原则"的身份正式纳入城市规划控制体系之中。

20 世纪 80 年代，"重视城市形象的意识唤起了对城市风貌课题的关注……一场关于首都风貌定位的话题探讨掀起了国内城市风貌研究的第一次高潮"（王敏，2012 [1]）。1986 年 12 月 26 日，北京市土建学会城市规划专业委员会在京举行了维护古都风貌问题的学术讨论会，主要针对古都风貌提法的认知、如何理解旧城保护与改造两者的关系问题以及在旧城保护与改建中如何处理好新旧建筑之间的关系问题等进行探讨（北京市土建学会，1987 [2]）。风貌是城市自然地理和人文特点的反映，每个城市的自然条件和文化历史不同，由此形成的风貌也各异，从而产生了地方特色，涉及历史文脉、自然环境、经济状况、文化习俗、城市规划和建筑风格（张开济，1987 [3]；唐学易，1988 [4]），"对城市风貌的理解需要从城市的总体上去把握，城市的人文环境和空间景观综合起来构成一个城市的风貌，建筑风格也是其中不可缺少的组成部分。城市风貌除了政治、经济因素外，不能不受文化历史、风俗习惯、地理、气候等的影响，从而产生了一个城市不同于其他城市的个性——识别性。时代在前进，我们的任务是尊重自己悠久的文化遗产，继承其优秀传统，不要割断历史，不要任意破坏原有风貌，搞得面目全非。同时，也要吸收外来的、先进的科学技术，包括现代艺术，创造新时期中国的以至北京自己的建筑风格"（北京市土建学会，1987 [5]）。无独有偶，1984 年 1 月 5 日，国务院对《青岛市城市总体规划》的批复中，也明确了"要严格控制在风景区内搞新的建筑，保护好原有的风貌；城市中的建筑设计要注意发扬地方风格，使新建筑与青岛地方风格相协调"（唐学易，1988 [6]）。

20 世纪 80 年代末 90 年代初，我国正处于发展时期，城市建设以物质规划方法为主导，风貌被看作城市建设过程中对物质空间的一种审美意象，是审美主体对城市的整体感受

---

1 王敏 . 20 世纪 80 年代以来我国城市风貌研究综述 [J]. 华中建筑，2012（1）：1-5.

2 北京市土建学会城市规划专业委员会举行维护北京古都风貌问题的学术讨论会 [J]. 建筑学报，1987（4）：22-29.

3 张开济 . 维护故都风貌 发扬中华文化 [J]. 建筑学报，1987（1）：30-33.

4 唐学易 . 城市风貌·建筑风格 [J]. 青岛建筑工程学院学报，1988（2）：1-7.

5 北京市土建学会城市规划专业委员会举行维护北京古都风貌问题的学术讨论会 [J]. 建筑学报，1987（4）：22-29.

6 唐学易 . 城市风貌·建筑风格 [J]. 青岛建筑工程学院学报，1988（2）：1-7.

与体验，以重庆建筑大学建筑系的研究为代表。1996 年，在《重庆市城市总体规划》中，重庆建筑大学将风貌解释为"人们对城市所进行的一系列审美活动在审美主客体之间的意向性结构中所产生的审美意象"（张继刚，2001 [1]）。

同时，受文化传播研究的影响，风貌成为城市重要的形象品牌而被认知，如日本学者池泽宪认为，"城市风貌是一个城市最有力、最精彩的高度概括，它是一个城市的形象，反映出城市的气质和性格，体现市民的文明、礼貌和昂扬的进取精神，是城市经济实力、商业繁荣、文化和科技事业发达的展示"（池泽宽，1990 [2]）。同济大学吴伟教授认为，"城市风貌是人们对城市物质环境、文化风俗、市民素质的总体印象，城市物质环境是文化风俗、市民素质的物质载体与符号投射。城市风貌是城市的精神风尚和文明水平，具有深远的社会意义"（吴伟，1998 [3]）。

进入 21 世纪以来，在对快速城镇化过程中遗留下来的"建设性"破坏反思中，风貌被作为城市发展的重要文化"基因"加以解释。风貌承载着城市发展的记忆，其内涵不再仅限于一种城市空间意象审美，进一步转向了文化的综合性解释，它是城市经济发展、文化变迁的结晶，是自然景观和人文景观及其所承载的城市历史文化和社会生活内涵的总和，具有明显的文化性、民族性、社会性和区域性，是一座城市的根与魂，是当地历史文化的传承和当地居民生活的缩影，如表 1.2 所示。

我国风貌研究与实践的兴起与 20 世纪八九十年代的城市特色危机反思密不可分。作为城市特色而被认知的风貌，是城市自然（地理）特征、人文历史特征的反映，风貌规划管理通过"加强城市建设过程中的城市新旧景观格局（风格）的协调""加强地方特色风貌符号的保护""从审美意象角度强化城市空间意象的识别性"以及"对城市整体感受和体验的塑造以凸显城市形象特征"等多种方式达到城市风貌特色保护与建设的规划管理目的。

进入 21 世纪以来，随着对"风貌"作为城市重要"文化"基因的解释，风貌从"审美意象结构"转向对历史文化和社会生活方式的反映，风貌转向对"意义"的解释，是一种"文化"的综合性解释。

1 张继刚 . 城市风貌的评价与管治研究 [D]. 重庆：重庆大学，2001：7.

2 池泽宽 . 城市风貌设计 [M]. 郝慎钧，译 . 天津：天津大学出版社，1989：76.

3 吴伟 . 塑造城市风貌——城市绿地系统规划专题研究 [J]. 中国园林，1998（6）：30-32.

表 1.2　风貌演变的主要历史阶段

城市建设		时代背景	基本概念	主要内涵
指导思想	建设阶段			
空间物质观	1949 年中华人民共和国成立以前	西方现代建筑美学思想渗入，开始偏重空间艺术布局和技术性处理	—	作为规划客体的审美对象
	改革开放前（1949—1977）	城市建设以生产服务为主导，同时开始兼顾"美观"	—	作为城市美化运动的一种延伸，注重城市空间整体性视觉控制，以中华人民共和国成立后北京城市总体规划为代表
	风貌研究初始阶段（1978—1990）	20 世纪 80 年代末的"首都风貌"定位思考引发了对城市特色的反思	风貌是城市自然地理环境和人文特点的反映	自然环境和历史遗存是构成城市风貌特色的基础，建筑设计和城市设计是塑造特色的手段
转向空间中的社会问题研究（文化研究）	风貌研究发展阶段（1990—2000）	风貌研究兼顾物质要素与非物质要素，主体意识在环境认知作用中觉醒	风貌是城市物质环境、文化风俗、市民素质的总体印象	作为城市意义整体感受与体验的表达研究
	风貌研究的全面发展阶段（2000 至今）	新型城镇化背景下开始对城市空间环境质量全面提升的探讨	风貌是地方经济发展、文化变迁的结晶，是自然景观和人文景观及其所承载的城市历史文化和社会生活内涵的总和	风貌是城市发展的文化"基因"，是历史文化和社会生活内涵的反映

来源：作者绘制

1.4.2 当前我国城市风貌规划管理研究情况

当前我国城市风貌规划管理研究主要围绕规划编制、审批和实施管理三个方面展开。

风貌规划理论研究主要有系统论、景观学理论、城市形态学理论及传播学理论等。系统论视角认为城市风貌系统作为城市子系统之一，主要担负的独特功能在于通过物质形态的塑造，提供美的城市景观和城市面貌，体现城市的风格和水准，进而展现一个城市总体的精神取向（蔡晓丰，2005 [1]；杨文华、蔡晓丰，2005 [2]）。同时，应用层次分析法（AHP）划分风貌系统的层次结构，形成完整的风貌规划系统结构。景观学视角是

---

1 蔡晓丰. 城市风貌解析与控制 [D]. 上海：同济大学，2005.
2 杨华文，蔡晓丰. 城市风貌的系统构成与规划内容 [J]. 城市规划学刊，2006（2）：59-62.

近年来应用最为广泛的一种途径。景观学视角的城市风貌规划是通过景观物质实体去展现城市的文态要素和精神追求，景观系统规划成为城市风貌规划实施的技术语言，如吴伟（1998）[1]；俞孔坚等人的景观生态基础设施（2008）[2]；张继刚的风貌"三色原理"（2007）[3]；李晖等（2006）[4]；宁玲（2008）[5]。西方城市形态学中的"城市风貌区理论"是"文化（城市特色）视角下的城市形态"问题，这里面包含了城市景观、城市风貌等相关研究，研究对象为 urban form、urban landscape、townscape。张剑涛借用城市形态学，对历史风貌区进行相似性风貌区域划分，形成完整的风貌整治管理系统（张剑涛，2004 [6]）。余柏椿等学者以传播学原理为切入点，认为在信息时代背景下，风貌规划设计的重要特性是城市信息的大众媒介（王英姿，余柏椿，2007 [7]）。因此，风貌规划是找准城市的独特讯息（如城市风貌定位），通过规划建立传播信息的渠道，让人们感知信息。可感知的风貌包括两个方面，一方面是符合受众心理特征的、明确承载着信息的城市环境，另一方面是利于人们感知的场所。这种方法主要是在城市风貌意象提取上引入了新的思考模型，其实质相当于"风貌符号"所承载的内容。

　　风貌规划编制主要围绕"什么是城市风貌""城市风貌的系统构成""城市风貌系统规划编制层次""城市风貌规划编制与城市规划的关系"等几个方面来探讨。规划编制研究从城市风貌系统概念探讨开始，剖析城市风貌系统在城市规划系统中的独特功能，并逐步对城市风貌规划编制目的达成共识，即将城市人文要素符号引入城市空间形态的控制引导管理之中，以达到加强城市特色的规划管理目的（张继刚，2001 [8]；蔡晓丰，2005 [9]；杨华文，蔡晓丰，2006 [10]；汪小清，2014 [11]；王丽媛，2011 [12]；疏良仁，肖建飞，

1 吴伟.塑造城市风貌——城市绿地系统规划专题研究 [J].中国园林，1998（6）：30-32.

2 俞孔坚，奚雪松，王思思.基于生态基础设施的城市风貌规划——以山东省威海市为例 [J].城市规划，2008，32（3）：87-92.

3 张继刚.城市景观风貌的研究对象、体系结构与方法浅谈 [J].规划师，2007，23（8）：14-18.

4 李晖，杨树华，李国彦，等.基于景观设计原理的城市风貌规划——以《景洪市澜沧江沿江风貌规划》为例 [J].城市问题，2006（5）：40-44.

5 宁玲.城市景观系统优化原理研究 [D].武汉：华中科技大学，2011.

6 张剑涛.城市形态学理论在历史风貌保护区规划中的应用 [J].城市规划汇刊，2004（6）：58-66.

7 王英姿，余柏椿.挖掘城市风貌的大众媒介特性：四川遂宁市城市风貌规划思考 [J].规划，2007（9）：42-46.

8 张继刚.城市风貌的评价与管治研究 [D].重庆：重庆大学，2001.

9 蔡晓丰.城市风貌解析与控制 [D].上海：同济大学，2005.

10 杨华文，蔡晓丰.城市风貌的系统构成与规划内容 [J].城市规划学刊，2006（2）：59-62.

11 汪小清.基于文化传承的城市风貌规划分析 [J].门窗，2014（6）：246-246.

12 王丽媛.基于可操作性的城市风貌控制研究初探——以宝鸡市为例 [D].西安：西安建筑科技大学，2011.

郭建强，2008 [1]；段德罡，刘瑾，2011 [2]；马素娜，朱烈建，2013 [3]；付少慧，2009 [4]）。

风貌规划审批管理研究则主要集中于管理依据的探讨。我国现行城市规划法律法规体系是城市风貌规划管理审批的主要依据，主要涉及空间形态的管控，其他部分涉及历史文化与城市绿化等，则见于其他相关部门的法律法规，作为单列的专项法规则以地方探索性规范性文件为主；实施管理涉及行政管理体制结构、建设运行制度、法律法规体系等系统结构性问题（刘悦来，2005 [5]；范燕群，2006 [6]；侯兴华，2011 [7]）。

风貌规划实施主要探讨与土地管理制度的整合。要真正对建设管理产生实际的指导作用，就必须与规划管理对接（戴慎志，刘婷婷，2013 [8]；方豪杰等，2012 [9]），可通过三种途径加以落实，即：一是通过"总体 – 详细"多层次的风貌规划编制体系管理，逐层落实风貌规划目标；二是通过规划图则将风貌规划要求纳入控规管理之中，将风貌规划要求落实到具体的地块或建设项目管理之中；三是将规划成果转化为地方管理的技术性规范文件作为管理依据。有学者提出，城市风貌规划应根据风貌基因划定风貌控制单元，编制风貌控制单元，并形成相应的控制导则作为风貌规划管理依据（王丽媛，2011 [10]；刘瑾，2011 [11]）；曹胜威认为，从规划管理的角度看，风貌规划管理作为一项公共政策，应由"技术导则"转向"管理导则"，"将具体化和形象化的技术内容转化为规划实施的管理导则"，如图 1.3 所示。

---

1 疏良仁，肖建飞，郭建强，等 . 城市风貌规划编制内容与方法的探索——以杭州市余杭区临平城区风貌规划为例 [J]. 城市发展研究，2008（2）：15-19.
2 段德罡，刘瑾 . 城市风貌规划的内涵和框架探讨 [J]. 城乡建设，2011（5）：30-32.
3 马素娜，朱烈建 . 城市风貌特色规划浅析 [C] // 城市时代，协同规划——2013 中国城市规划年会论文集（04- 风景旅游规划）. 2013：1-6.
4 付少慧 . 城市建筑风貌特色塑造及城市设计导则的引入 [D]. 天津：天津大学，2009.
5 刘悦来 . 中国城市景观管治基础性研究 [D]. 上海：同济大学，2005.
6 范燕群 . 作为管理与沟通工具的城市街道景观导则 [D]. 上海：同济大学，2006.
7 侯兴华 . 城市风貌管治研究——以蓬莱为例 [D]. 青岛：山东建筑大学建筑城规学院，2011.
8 戴慎志，刘婷婷 . 面向实施的城市风貌规划编制体系与编制方法探索 [J]. 城市规划学刊，2013（4）：101-108.
9 方豪杰，周玉斌，王婷，等 . 引入控规导则控制手段的城市风貌规划新探索——基于富拉尔基区风貌规划的实践 [J]. 城市规划学刊，2012（4）：92-97.
10 王丽媛 . 基于可操作性的城市风貌控制研究初探——以宝鸡市为例 [D]. 西安：西安建筑科技大学，2011.
11 刘瑾 . 城市风貌规划框架研究——以宝鸡市为例 [D]. 西安：西安建筑科技大学，2011.

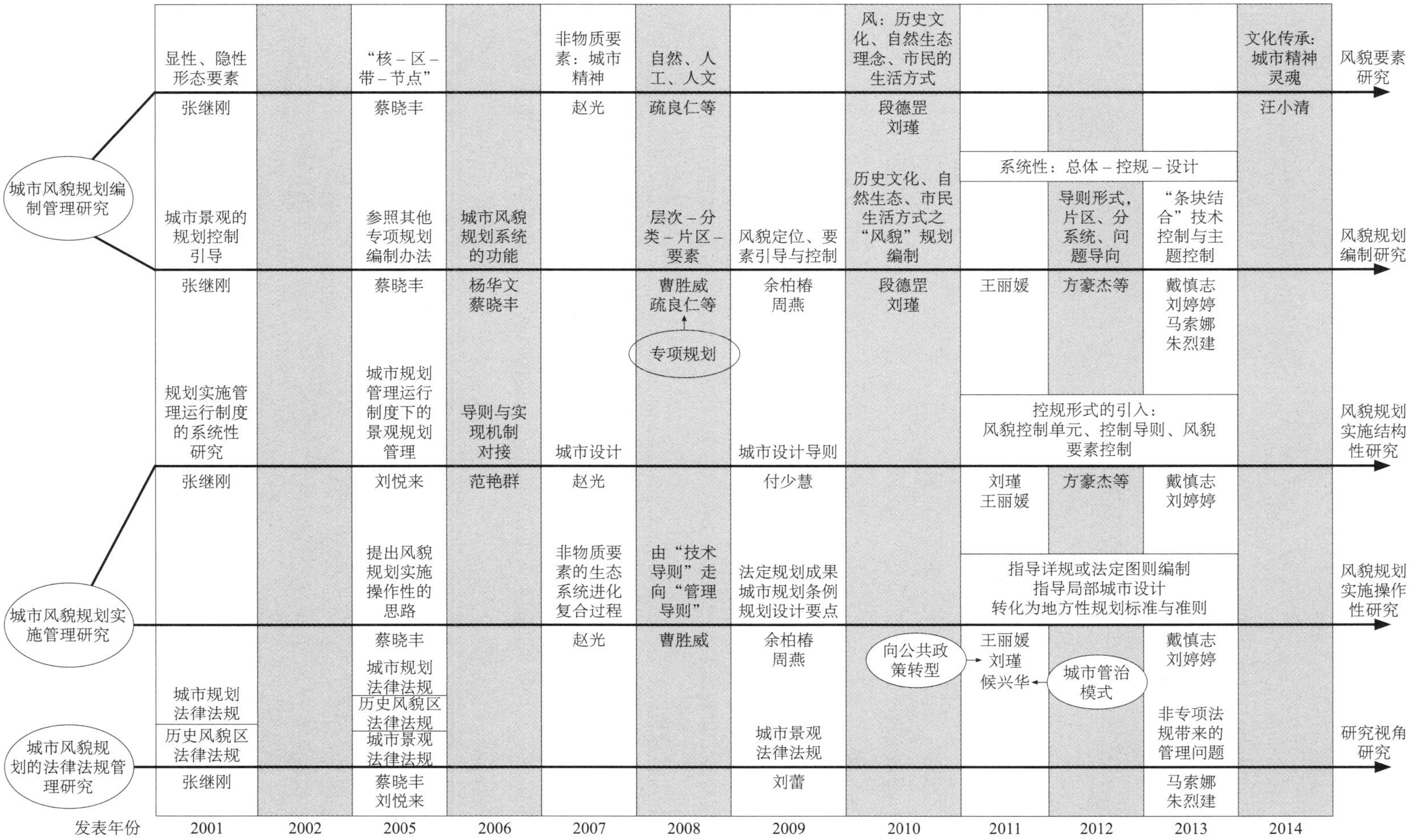

图 1.3 我国城市风貌规划管理研究现状

来源：作者绘制

1.5 研究方法

研究以理论结合实践的方法，以虹桥商务区风貌规划管理实践活动为基础，直面当前城市风貌规划管理的困惑——城市风貌规划管理的模糊性。我们在虹桥商务区实践过程中发现城市风貌规划管理的现实性需求，同时也发现其实施的难点在于"风貌规划的非法定性"，这背后的根源在于风貌本身是一种城市文化特征的表达，现行城市规划管理技术更多是满足大建设时期经济技术指标的管理需求，对于影响城市空间品质的"文化特征"尚缺乏理论梳理和有效的实践探讨。本书针对这种现实性困惑，通过对文化理论的深度研读，解读"文化理论中的城市风貌文化特征内涵应该是怎样的"，并试图解答文化理论下的城市风貌规划管理内涵、规划策略及实施途径等三方面的主要问题，这是一个"理论－实践－再理论"的研究过程。

1. 理论演绎

研究就近年来我国城市建设提出的文化发展战略目标，从城市风貌规划管理的内涵、规划策略及实施途径等解读空间文化的建构方法。

理论研究主要是从文化理论、景观学、城市规划管理等基础理论及学科原理出发，重新剖析城市风貌规划管理的基本理论与方法，并形成相应的城市风貌规划管理方法框架。

2. 文献分析

城市风貌规划是一个关于城市空间形态文化特征表达的话题，城市景观系统构成了城市风貌的空间物质载体。研究通过文献阅读发现，城市风貌的"文化特征"在20世纪90年代以来，已经从传统的审美文化扩大为多元文化的概念（文化理论下的文化概念），城市风貌也不仅仅是审美意象的表达，更是人有意义的文化活动的符号表征，它是多元文化视角的解释。

对文化理论进行深度阅读，以归纳总结出这种新的文化概念背后的哲学思想、认知方法，用以指导城市风貌规划管理的调整。

3. 归纳分析

通过对相关理论学科的文献和相关专著及系列思想、观念和理论的筛选、总结、提炼和抽象，形成本书研究的主线、内容、要素及研究框架。

4. 实证反馈

研究分析国内城市风貌规划管理现状，借鉴不同国家、地方规划体制下城市风貌规划管理的主要特征与管理办法，突破当前我国城市风貌规划管理思想认识上的制约，从"审美文化"到"多元文化"认识城市风貌的文化特征，再认识城市风貌规划管理，并通过虹桥商务区风貌规划管理实践案例进行佐证，具有较强的典型性和操作指导性。

1.6 研究内容

全书紧紧围绕城市风貌规划管理"目的"与"工具"有效性展开，从管理目的与管理工具不协调所产生的问题现象出发，剖析其背后的基本原因在于对城市风貌的文化内涵认知角度选择——保护还是建构？通过文化理论研究梳理，结合全球化背景下国际城市纷纷转向文化发展策略的管理趋势，提出当前我国城市风貌规划管理应迎难而上，应正面解答文化建构（即新的场所意义生成）下的城市风貌塑造应如何展开其规划管理。

在确定城市风貌规划管理是一种以文化建构为导向的规划管理基础上，进一步论证城市风貌的文化建构本质是什么，理论方法如何，如何重新认知城市风貌规划管理目标、管理特征以及管理要点，再针对我国现行风貌规划管理提出相关优化建议，由此构成本书的研究逻辑，如图 1.4 和图 1.5 所示。

全书共分以下 8 章。

第 1 章为绪论，主要介绍研究背景、研究对象、主要概念、研究问题、研究方法以及研究逻辑和研究框架。

第 2 章通过对我国现行城市风貌规划管理制度的梳理，进一步剖析我国现行城市风貌规划管理制度的特征与问题。当前的规划编制管理方法偏重对文化符号的精英式解读、规划文本的抽象原则管理以及文化演绎的内在统一性等管理机制，而缺乏对"意义"的实践性、过程性解释管理；规划审批管理中存在风貌专项审批管理制度严重缺位、管理目标模糊而导致审批对象不明确，以及风貌规划编制技术不足而导致规划审批依据欠缺等问题；规划实施管理中，"蓝图式"管理并不适用于场所体验的社会行动者管理逻辑，导致了当前风貌规划管理实践陷入"管"与"放"的争议。

第 3 章从当代文化理论研究的视角重新认知城市貌规划管理内涵——场所意义生成（文化建构）的管理。风貌作为城市文化特征的反映，城市风貌规划管理既包括对风貌符号和要素等文化价值的保护与传承，也包括新的人文精神的塑造管理过程，即生成新的风貌符号和要素，这是一种文化建构的管理，强调对场所意义（文化）生成的过程管

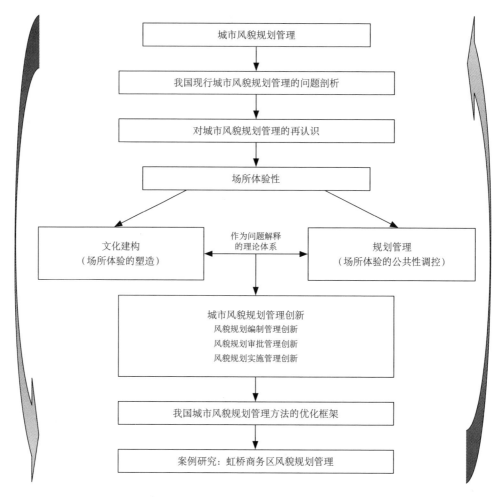

图 1.4 研究逻辑示意图
来源：作者绘制

理。同时，从场所意义（文化）生成的视角来看，风貌的文化建构是指对场所的文化感知，
反映为一种对场所的体验性，它是对场所的综合性认知，是主客体的统一，强调整体视
角下的跨学科理解，政治性凸显，并在实践中强调策略的重要性而非全面性，转向场所
体验的风貌规划管理是一种从文本技术管理到与社会行动引导相结合的全过程管理。

第 4 章主要探讨场所体验调控型风貌规划编制管理特征、要点以及对我国现行风貌
规划编制管理的优化建议。场所体验是一种社会行动的实践感知过程，城市风貌规划的
目的在于对场所共同感知的引导与塑造，它是一项政治行动，反映不同主体间的共同意志，

政治性与参与性凸显，规划过程应反映不同主体的"身份与参与"。同时，风貌规划编制是一种意义文本化的过程，是生活意义凝结为风貌符号体系的过程。为了对不同主体对意义的认知进行判断，社会学采用情境来解释人们如何理解环境并进而调节相应的行为。研究从不同主体对未来愿景的情境选择出发，在现行风貌规划编制中引入"情境"，以改善我国现行风貌规划编制只注重宏观结构性和资源性管理、微观上只强调风貌符号形态结果管理带来的不足，并进一步探讨风貌规划编制过程、风貌规划单元及重点风貌单元划定、风貌要素规划图则技术等重要规划编制内容的变化。

第 5 章主要探讨场所体验调控型风貌规划审批管理特征、要点以及对我国现行风貌规划审批管理的优化建议。审批管理是现行风貌规划行政主管部门管理的重要抓手，本章从公共服务型政府行政体制改革下的风貌规划行政主管部门职能转型出发，探讨城市风貌规划公共管理是一种社会共治的管理过程，风貌规划行政主管部门需要从传统技术文件的"审批管理"逐步转向"技术文件审批管理"＋"社会规则法定化"的管理，这是为了实现确保社会公正基础之上的社会自治的重要转型，也是实现风貌规划管理塑造"共同愿景"的管理目标。由此，我国现行城市风貌规划审批管理职能需要积极转型，并从审批管理转向政策制定管理、对技术文件的审查管理转向包含对关键问题的确认管理。

第 6 章主要探讨场所体验调控型风貌规划实施管理特征、要点以及对我国现行风貌规划实施管理的优化建议。场所体验下的风貌是一种文化解释，它往往是以一种隐性的、非线性的方式对主体产生作用，它强调实践的具体解释，传统抽象的、经验式的解释对之并不适用，文化的"启示性"与"实践性"决定了风貌规划实施管理的基本要求。本章探讨风貌规划实施是两种规划决策行为并存的管理行为，规划实施的评价存在"底线"与"满意度"两种标准，风貌规划实施不仅仅是规划行政主管部门单一的"依法行政"管理，更是一个多元主体参与的社会共治过程。因此，应在我国现行风貌规划实施管理制度基础之上引入社会管理，通过风貌专项审查与地区风貌规划师等管理制度，优化我国现行土地出让管理制度，提升城市空间环境品质。

第 7 章为实证研究部分。结合虹桥商务区空间风貌规划管理实践，从规划编制、规划审批到规划实施等三个环节论证本书所提出的观点在规划管理实践中的有效性。

最后为结论部分。

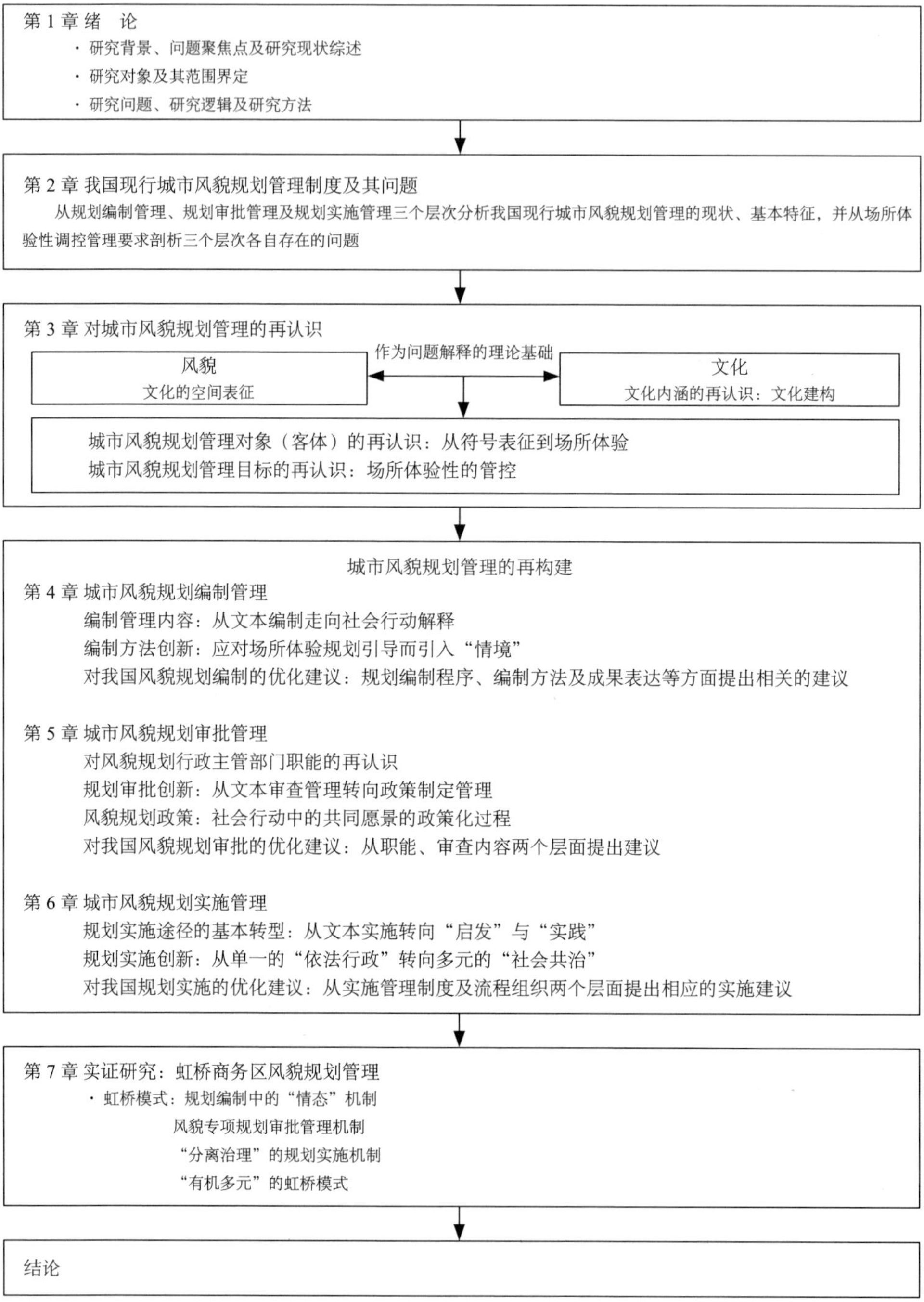

第1章 绪　论
· 研究背景、问题聚焦点及研究现状综述
· 研究对象及其范围界定
· 研究问题、研究逻辑及研究方法

第2章 我国现行城市风貌规划管理制度及其问题
　　从规划编制管理、规划审批管理及规划实施管理三个层次分析我国现行城市风貌规划管理的现状、基本特征，并从场所体验性调控管理要求剖析三个层次各自存在的问题

第3章 对城市风貌规划管理的再认识

风貌	作为问题解释的理论基础	文化
文化的空间表征		文化内涵的再认识：文化建构

　　城市风貌规划管理对象（客体）的再认识：从符号表征到场所体验
　　城市风貌规划管理目标的再认识：场所体验性的管控

城市风貌规划管理的再构建

第4章 城市风貌规划编制管理
　　编制管理内容：从文本编制走向社会行动解释
　　编制方法创新：应对场所体验规划引导而引入"情境"
　　对我国风貌规划编制的优化建议：规划编制程序、编制方法及成果表达等方面提出相关的建议

第5章 城市风貌规划审批管理
　　对风貌规划行政主管部门职能的再认识
　　规划审批创新：从文本审查管理转向政策制定管理
　　风貌规划政策：社会行动中的共同愿景的政策化过程
　　对我国风貌规划审批的优化建议：从职能、审查内容两个层面提出建议

第6章 城市风貌规划实施管理
　　规划实施途径的基本转型：从文本实施转向"启发"与"实践"
　　规划实施创新：从单一的"依法行政"转向多元的"社会共治"
　　对我国规划实施的优化建议：从实施管理制度及流程组织两个层面提出相应的实施建议

第7章 实证研究：虹桥商务区风貌规划管理
· 虹桥模式：规划编制中的"情态"机制
　　风貌专项规划审批管理机制
　　"分离治理"的规划实施机制
　　"有机多元"的虹桥模式

结论

图 1.5　研究框架
来源：作者绘制

第2章　我国现行城市风貌规划管理制度及其问题

> 任何现存的居住环境，都不仅仅是种种物理对象的总和，也并不是一切方面都完全由其物理对象初级特性所决定的事物，换言之，它在自身之内包括城市居民的意志，是城市居民有意识活动的一种物化体现，正是这种文化因素的作用，使环境超越自身的物质结构和基质，形成一种潜在的价值。因为这样，特别需要我们建筑师、规划师及其他一切从事旧城改造工作的同行们，通过自觉的追求，将城市中有效的、潜在的文化因素整合到物质环境的改造中去。
>
> 冯纪忠，王伯伟，1987 [1]

风貌规划通过对城市景观系统物质面貌与精神面貌的统一考虑，弥补城市总体规划中"城市文化与空间物质载体结合"的不足，在城市自然环境与人工环境建设过程中赋予丰富的人文精神，创造高品质的生活工作空间，满足人们日益增长的物质和精神文明需求，提高人们对自身环境的认同感和归属感，提升城市竞争力，优化城市发展模式，促进城市的可持续发展（蔡晓丰，2005 [2]；刘瑾，2011 [3]；窦宝仓，2011 [4]）。

风貌规划从人文、艺术、心理感知和心灵感受等精神层面出发，侧重于城市文化内涵研究，以塑造一种独具个性魅力的城市景观形态。

风貌规划的提出是对物质空间规划论的一种补充与完善，旨在建设城市景观的物质实体与空间实体时，培育和重视城市之"风格"，城市之"精神"，城市之"意境"。具体来说，风貌就是通过自然景观、人造景观和人文景观而体现出来的城市发展过程中

---

1 冯纪忠，王伯伟. 旧城改建中环境文化因素的价值和地位 [J]. 建筑学报，1987（10）：44-48.

2 蔡晓丰. 城市风貌解析与控制 [D]. 上海：同济大学，2005.

3 刘瑾. 城市风貌规划框架研究——以宝鸡市为例 [D]. 西安：西安建筑科技大学，2011.

4 窦宝仓. 城市风貌规划方法研究：以明城墙内为例 [D]. 西安：西北大学，2011.

形成的城市传统、文化和城市生活的环境特征（蔡晓丰，2005 [1]；张继刚，2007 [2]）。

2.1 现行城市风貌规划编制管理制度及其问题

2.1.1 现行城市风貌规划编制管理制度

2.1.1.1 风貌规划编制

风貌规划是利用系统优化的方法，以保护城市传统风貌、塑造城市风貌特色为目的，为影响城市风貌要素的规划设计和管理提供引导性建议和控制性规定的专项规划（余柏椿，周燕，2009 [3]），其核心内容主要包括两大部分：一是城市风貌的定位，即确定城市风貌规划目标；二是通过相关规划与设计手段贯彻与实施该风貌塑造目标，将城市特有的文化资源与城市整体的景观塑造结合起来，即确定城市风貌规划目标实现的空间规划框架。

1. 风貌定位

风貌规划编制的核心是解决风貌特色定位的问题。风貌定位通过对城市自然和文化特色资源的分析与归纳、城市规模、性质类型来确定城市风貌的目标与类型，如图 2.1 所示。不同的城市，影响其风貌的因素不同，风貌定位也有所差异。风貌定位直接决定了规划师对城市风貌的认识，继而影响到城市风貌规划的思路和成果。

2. 风貌规划层次

我国城市规划编制分为总体规划和详细规划两个层次，城市风貌规划与城市规划相协调，分为总体规划和详细规划两个层次。其中，详细规划又可分为控制性详细规划和修建性详细规划两个层次，如图 2.2 所示。

3. 各层次风貌规划编制内容

规划编制是规划管理工作正常运转的基础和根本保障，是提高城市规划管理水平和管理效能的根本途径。

风貌规划属于非法定规划，其编制体系属于"条块结合"的规划类型，纵向层次贯穿整个城市规划编制体系的各个阶段，每个阶段又可分为若干专项规划，并形成"总体规划 – 控制性详细规划 – 修建性详细规划"三个主要规划层次，如图 2.3 所示。

---

1 蔡晓丰. 城市风貌解析与控制 [D]. 上海：同济大学，2005.

2 张继刚. 城市景观风貌的研究对象、体系结构与方法浅谈——兼谈城市风貌特色 [J]. 规划师，2007，23（8）：14-18.

3 余柏椿，周燕. 论市风貌规划的角色与方向 [J]. 规划师，2009，25（12）：22-25.

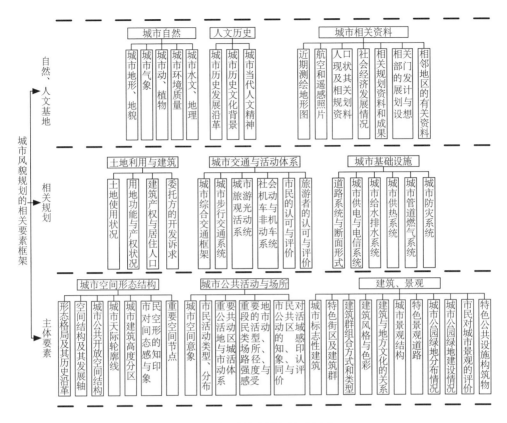

图 2.1　城市风貌规划的相关要素框架
来源：作者绘制

（1）总体规划层次

综合分析城市自然环境资源、历史人文资源和城市市民生活方式，结合城市总体规划定位，确定城市整体风貌定位，提出城市风貌总体发展策略，确定城市风貌规划的空间层次、范围以及风貌分区，构建城市风貌整体框架结构。

城市风貌总体规划层面的主要任务包括：

① 充分掌握城市自然生态资源、历史人文资源、当代城市市民的生活方式及精神追求和城市建设现状，调查城市风貌现状，分析存在的问题，明确规划要解决的问题；

② 结合城市总体规划和城市社会经济发展状况，制定城市风貌规划的总体目标，确定城市整体风貌定位和发展战略；

③ 划定城市风貌规划分区，并确定各分区的风貌定位；

④ 确定城市重要风貌区、重要风貌走廊、重要风貌节点，构建宏观层面城市风貌空

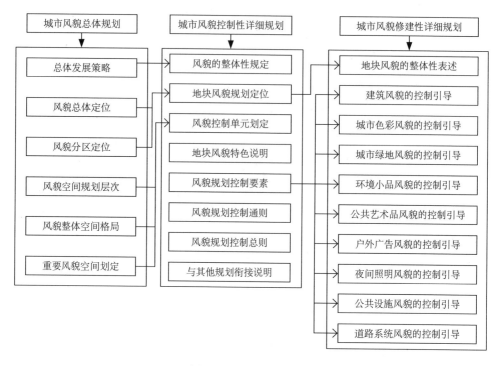

图 2.2　城市风貌规划层次
来源：作者绘制

间骨架。

城市风貌总体规划的目标在于建立完善的城市空间形态和环境风貌体系，塑造有特色的城市艺术面貌，为城市规划编制和管理提供依据。规划主要是抓住城市特色，进行特色分区和风貌空间结构的梳理。

（2）控制性详细规划层次

控制性详细规划是城市建设的法定依据，对指导城市建设意义重大。城市风貌是城市文化和特色的直接载体，是城市品质的重要体现，我国传统控制性详细规划对城市风貌涉及较少，或语焉不详（尹潘等，2011[1]），属于非法定规划。

风貌控制性详细规划是城市风貌规划管理实施的重要法定依据，是保证风貌规划实施的重要层面。它将城市整体层面的风貌规划成果分解到各个地块上，进行具体落实，

---

1 尹潘，薛小川，张榜.城市风貌要素在控制性详细规划中的应用研究 [C]// 转型与重构——2011 中国城市规划年会论文集 . 2011：4221-4227.

需要有清晰的、可操作的技术依据，一方面是厘清各利益相关群体直接的关系，另一方面是为修建性详细规划提供深化设计的条件。由此，城市风貌控制性详细规划包括以下主要内容。

① "特色性" "艺术性" "文化性" 构成城市风貌规划独特的内在逻辑，反映为城市空间形态各要素间的相互协调关系，是城市政府对城市地块建设项目进行开发管理的直接依据，是对城市风貌总体规划目标的具体落实，并对土地利用和建设提出相应的风貌规划要求。

② 根据不同任务、目标和深度要求，对城市空间的视线景观、建筑风格、城市色彩

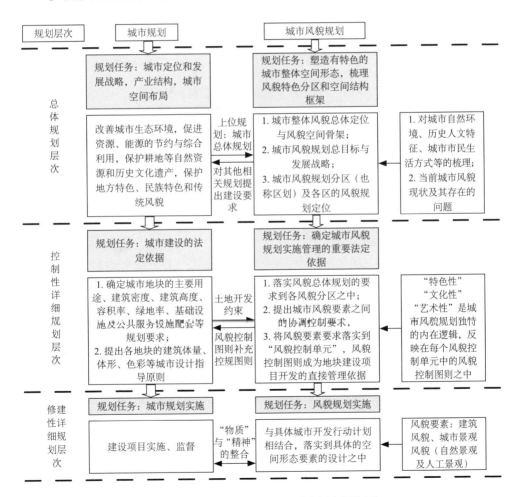

图 2.3　城市风貌规划编制层次及其各层次主要内容
来源：作者绘制

和建筑高度与密度等反映空间品质的要素予以风貌建设的要求，形成城市风貌控制单元，对每个风貌单元给出一定的控制导则要求，是城市（规划）管理部门进行有效管理的工具。

③风貌控制性详细规划成果应"通则优先、图则精简"，通则主要是反映各个风貌分区间的共性控制内容，"统一性"和"公平性"是其主要特点；图则则是表达各风貌分区的差异性，"针对性"和"具体性"是其主要特点。

④风貌规划图则成果纳入相关地块的规划条件之中，与控规中的法定规划条件共同作为土地出让或划拨的规划依据，风貌控制图则与控规图则相互补充，从而实现对地块土地开发经济技术指标和风貌的双重控制。

（3）修建性详细规划层次

对城市地段（或地块）进行详细的风貌设计，与建筑设计、街景设计相结合，规划设计成果直接指导建设。

城市风貌规划属于非法定规划，是城市规划的社会目的性表现之一，通过物质空间环境建设，塑造健康、积极的城市空间环境，从而孕育高尚的社会人格。城市风貌规划贯穿于城市规划的各个阶段，并与其他各相关规划密不可分，是城市法定规划在空间形态方面的有益补充与完善。

2.1.1.2 风貌规划编制管理的特征

规划编制是一个有机的组织过程。作为城市规划系统的有机组成部分，城市风貌规划受到城市规划科学理性规划理论的影响与制约，风貌规划编制过程表现出一种科学系统的理性分析过程与成果表达。

1. 非法定规划

我国城市规划控制体系是在借鉴和吸收国外的法律制度和规划控制经验的基础之上建立起来的，政府拥有足够的权力主导城市的发展，表现出极强的"自上而下"的作用方式。

法定规划体系是一个自上而下、单向的法律约束体系，具有系统平衡、空间覆盖、标准化等特点，对城市空间形态的影响最直接、最显著。法定规划从规划编制内容到成果核定（即审批）都有严格的规定，具有法律的约束性和严肃性，其控制作用是通过强制性内容体现出来的，这种强制力表现为：①规划的强制性内容具有法定的强制力，必须严格执行，任何个人和组织都不得违反；②下位规划不得擅自违背和变更上位规划确定的强制性内容；③涉及规划强制性内容的调整，必须按照法定的程序进行。《中华人民共和国城乡规划法》通过赋予强制性内容近乎绝对的刚性，为规划之间的衔接和规划的实施提供了法律依据（许剑锋，2010[1]）。

非法定规划虽不是法律规定的，但为决策层及规划主管部门提供了重要的战略性构想，为法定文件的制定提供了参考和指导，是对经济社会发展中出现的矛盾的反映，非法定规划在广度和深度上更具有弹性和灵活性。近年来，我国住房和城乡建设部积极倡导研究城市设计制度对城市空间形态控制的引导，将城市设计制度从非法定规划转向法定规划。这背后反映了非法定规划在实践中的重要作用，同时也反映了法律立法的严肃性与规范性。

城市风貌规划管理目前仍属于非法定规划，是城市规划管理制定公共政策的重要依据之一。城市风貌规划在城市规划系统中承担着独特的"人文精神塑造"功能，对城市整体格调、景观面貌特征进行引导和控制，发挥着重要的非法定规划管理作用。

2. 规划编制内容凸显"人文"要素

"风"是城市社会人文系统的高度概括与提炼，"风貌"是城市社会人文系统在城市物质空间载体上映射的综合性结果。风貌规划编制不同于其他相关空间规划编制系统之处，正是其在规划编制管理中社会人文性要素的凸显。

风貌规划编制管理中，对人文要素的提炼及其分区、分系统的编制控制引导构成风貌规划编制的重要内容。

3. 规划编制是一个定位研究与空间要素管控结合的过程

风貌是一个城市体貌特征、文化韵致、精神格调等特质性状态的高度表达，反映城市人文历史、社会、文化、经济、政治等作用下所形成的城市空间特色、识别性，风貌规划编制重在厘清城市的特色资源和确定未来空间发展的特色定位，并通过加强各层次景观要素的规划管控来实施，如图 2.4 所示（承德市城市总体风貌规划，上海同济规划设计研究院，2008）。

风貌被看作城市定位直接的物质表现和视觉意象，承德风貌特色定位通过城市功能定位、空间结构以及自然资源与人文资源特征来确定，并落实到城市空间结构以及景观要素、重要景观区域等的规划管控，以形成风貌规划管控体系。

4. 规划编制凸显空间要素管控的系统性与层次性

---

1 许剑锋.基于政策法规体系下的城市形态研究 [D].天津：天津大学，2010：34.

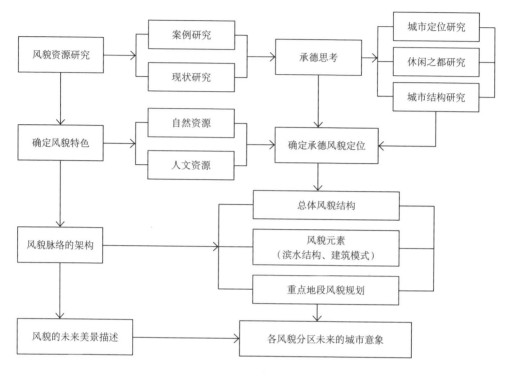

图 2.4 定位研究与空间要素管控结合的风貌规划编制框架
来源：根据《承德市城市总体风貌规划》归纳整理绘制

我国城市规划编制体系属于"条块结合"的规划类型，风貌规划编制体系遵循这种规律，横向联系各风貌要素，纵向则贯穿各个不同的空间规划层次（总体规划与详细规划两大规划层次），形成横纵结合的系统化层次，如图 2.5 所示（射洪城市风貌规划，上海同济规划设计研究院，2006）。

射洪城市风貌规划以建设山水整体旅游城市为目标，确定基于旅游导向的功能片区，根据城市发展规律以及自然山水布局特征确定组团发展的空间拓展模式，并引入轴线控制的城市特色塑造方式，强化城市中的特色节点和重点建设地段，引导城市的开发和空间拓展的方向。

5. 风貌规划编制的技术语言特征

城市风貌规划的制定不同于一般公共政策制定的特点在于其空间技术特征。城市风貌规划是一个关于空间文化建设的管理工具，是城市规划管理的有机组成部分，涉及一切与空间建设相关的学科领域的知识，如建筑、地理、经济、环境等。城市风貌规划制定是在对上述学科知识进行分析与判断之下的一种综合性判断，需要把这些相关因素构

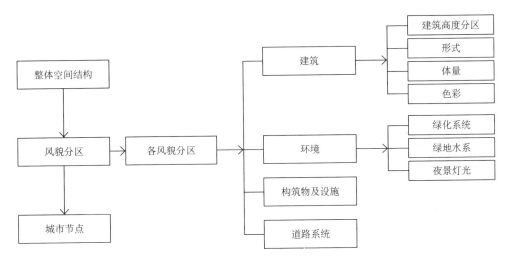

图 2.5　条块结合的风貌规划编制框架
来源：根据《射洪城市风貌规划》归纳整理绘制

建在城市风貌规划控制指标中，并在实施管理过程中加以应用。

风貌规划编制遵循《城市规划编制办法》[1] 的要求，规划成果包括规划文本、图纸、说明和基础资料汇编四个部分，具体内容、深度要求根据规划层次而异。

技术文本和图纸是构成城市规划管理语言的最基本特征，城市风貌规划管理也遵循这一点。城市风貌规划管理要想得到真正的实施，须纳入现行规划管理体系之中，技术表达需要制度化才能得以真正的实施。

城市风貌规划管理行政执法除须依据国家和地方颁布的法律法规外，主要是依据当地实际发展需要和实际情况制定并通过法定程序批准实施的规划，这些规划一般以技术文件和图纸的形式加以表述，与城市规划管理的技术原则和标准相衔接。

城市风貌规划管理实施极为重要的环节之一就是纳入城市建设"一书两证"的管理之中。城市风貌规划管理的文化价值追求通过"一书两证"管理，与其他相关技术要求相结合，共同形成了指导土地开发建设的"土地出让条件"，成为空间规划建设管理的法律依据。在这种管理过程中，处处体现出城市风貌规划管理的技术性沟通与表达的特征。

---

1 中华人民共和国建设部令第 146 号 . 城市规划编制办法 [EB/OL]. [2005-12-31]. http://www.mohurd.gov.cn/fgjs/jsbgz/200611/t20061101_159085.html.

2.1.2 现行城市风貌规划编制管理存在的问题

现行风貌规划编制的理性符号分析与抽象意义的象征导致了风貌规划管理"一管就死"的困境。

2.1.2.1 缺乏相应技术规范文件的指导

目前，我国城市规划管理技术规范中并没有一个统一的指导城市风貌规划编制的技术规范，部分地方城市已出台的相关风貌管理文件，也以行政规范性文件为主，对规划编制工作指导性不强，风貌规划编制成果形式与深度差异性较大。

2.1.2.2 逻辑实证主义下的僵化与刻板

我国现行的技术标准大多是在"大建设大发展"时代建构起来的，主要是针对一般性的新增行为（吕晓蓓，2011 [1]）；同时，作为主流的法律渊源形式，以"实证法"为主，对符号意义的分析与判断具有明显的经验主义特征，风貌规划编制对符号"所指"与"能指"的指定带有经验性色彩，对风貌符号更多的是一种"结构性"的关系语言研究，对其"所指"与"能指"关系更偏重技术理性下的"类推"，规划成果呈现出"刻板的""僵化的""令人无法理解的"结果。

逻辑实证主义的科学解释观中，"演绎–定律论模式"（Deductive-Nomological model，即 D-N 模式）处于核心地位，力求运用适当逻辑和经验条件，精确解释科学解释的逻辑过程，给出某些满足某些条件的科学解释的定义（图 2.6）。

图 2.6 逻辑实证主义的"演绎–定律论模式"

来源：曹志平．理解与科学解释——解释学视野中的科学解释研究 [M]．北京：社会科学文献出版社，2005：17.

逻辑实证主义模式下的风貌规划编制出现了四种倾向：一是定律在历史解释中的作用；二是解释中的理想模型倾向；三是通过"移情"对人的行为进行解释；四是偏向于功能的解释。逻辑实证主义的抽象理性主义本质导致它在解释城市风貌规划时出现了严重的偏失，即：

1 吕晓蓓．城市更新规划在规划体系中的定位及其影响 [J]．现代城市研究，2011（1）：17-20.

① 对城市风貌规划目的的解释是对"为什么"问题的回答，是对原因的说明，忽视了城市风貌是一种与人的需要、目的和心理动机有关的活动理由；

② 强调城市风貌规划中科学指标逐层落实的逻辑结构，忽视对城市风貌规划行为中经验事实本身的解释，并将城市风貌规划简化为一个逻辑论证或推导过程，从而忽略了定律解释（即解释经验现象）和"对定律的解释"两个过程之间的区别；

③ 逻辑实证主义强调逻辑性[1]，"合逻辑性"成为其唯一的、合理的、可接受的解释标准，由此，将科学解释的"科学性"与"恰当性"（或适当性）混为一谈。

风貌符号的意义"所指"与"能指"是为了表达人们对生活环境以何种方式表达意义以及怎样影响我们行为方面所作出的解释，它是置于一种具体环境空间下的真实反映，与具体的情境和文化背景有关。

2.1.2.3 风貌符号意义表征的先验性与抽象性

现行风貌规划编制以符号的结构性管控为主导，它是一种先验的、抽象的意义设定管理。规划师通过田野调研、文献研究、相关规划研究等确定了风貌符号的文化意义，而文化探讨本身包括两部分：一是文化的道德（及美学）方面，价值性因素通常被归纳为"精神气质"，一个民族的精神气质是格调、性格及生活质量，是它的道德风格、审美风格及情绪，是对人类自己及生活所反映的世界的潜在态度；二是认知和存在的方面，被归纳为"世界观"，是对纯粹现实中的事物存在方式的描画，是自然、自身和社会的概念，包含着对秩序的最广泛的观念。精神气质依靠它所代表的现实事物暗示的生活方式，而现实事物是由世界观描述，价值观与存在之间的关系通过"意义"来揭示，人们借此解释自己的经验，组织自己的行为。

文化是一种意识形态，对文化的意识形态认知不能脱离其社会的、心理的情境。从外部认识思想是一种"外在理论"：思想由对符号体系的建构与操作构成，符号体系构成了系统的结构，系统在符号的运作方式中得到"理解"，这些外在的模型经常用来思考复杂的环境，符号模型的状态和过程与更广泛的现实世界状态和过程相匹配；同时，内隐思维中常使用的是意象。符号性构成了人类行为表达的基本方式，意义"储藏"在符号的象征之中，对那些与之产生共鸣的人来说，"象征符号"以某种方式囊括了世界存在的方式、情感生活的质量、人在这个世界中的行为举止。"把人看成一种符号化、

---

1 逻辑实证主义下的科学解释观将"逻辑性"看作其唯一的特性。

概念化、寻求意义的动物的观点，在过去的几年内在社会科学与哲学中变得越来越流行。"[1]它强调从经验中获得意义，并赋予其形式与秩序，强调群体的社会结构通过对作为基础的社会价值的仪式化或神话符号化得到加强和保持长久的方式，[2][3] 这是一种功能主义方法。这种功能主义方法最缺乏说服力的是其对社会变迁的研究，因为它无法同等探讨社会过程与文化过程。

现行风貌规划编制管理中的先验的、抽象的符号意义设定、符号组合模式设定等"简单同构"模式脱离了实践的意义解释与意义生成认知过程，现实社会是不断"变化"的，这种变化中的不连续性是推动事物发展的主要动因。客观地认识这一点，应将文化视为一个有序的意义与象征体系，社会的互动依据它而发生，文化是意义结构，人类依据它解释他们的经验并指导他们的行为，社会结构是行为的形式，是实际上存在的社会关系网络，两者是同一现象中不同的抽象，文化是从社会行为对于行为者的意义角度来考虑，社会是从它对社会体制功能的促进角度来考虑。

2.2 现行城市风貌规划审批管理制度及其问题

审批管理是规划管理中重要的行政管理措施之一，也是依法行政的主要依据。现行风貌规划审批管理主要是通过加强对各项建设用地"两证"审批（审查）管理中的空间形态要素（即景观）的审批（审查）管理，达到风貌管理的目的。

2.2.1 现行城市风貌规划审批管理制度

2.2.1.1 风貌规划管理权的来源

城市风貌规划管理是伴随着城市建设发展需要而产生的一种新兴的管理现象，它隶属于城市规划管理权，是城市规划管理权在新时期下一种新的内涵扩展延伸，城市风貌规划管理权是城市规划管理权执行过程中对空间形态景观面貌的"文化价值"管理，它贯穿于整个城市规划管理权的执行全过程。

城市建设对城市空间品质要求的提高促使城市规划管理从"二维空间"管理转向"三

---

1 克利福德·格尔茨. 文化的解释 [M]. 韩莉，译. 南京：译林出版社，2008：149.
2 爱弥尔·涂尔干. 宗教生活的基本形式 [M]. 渠敬东，汲喆，译. 北京：商务印书馆，2011.
3 马林诺夫斯基. 巫术科学宗教与神话 [M]. 李安宅，译. 北京：中国民间文艺出版社，1986.

维空间"管理、从"空间使用权限分配"转向"空间品质内涵提升"，城市风貌规划管理权附属于城市规划管理权限，是城市规划管理在土地开发建设管理过程中对空间形态景观面貌的管理。

城市风貌规划管理权依托城市规划管理权构成而形成。

根据《中华人民共和国城乡规划法》（以下简称《城乡规划法》），城市规划管理权包括规划的编制权、审批权、调整权、修改权、监督权以及行政处罚权等多种权力。从规划管理层次再次细分这些管理权划，可分为宏（中）观层面的规划编制权，如城镇体系规划、总体规划、分区规划、控制性详细规划等规划编制权[1]；微观层面围绕"一书两证"管理而展开的审批权、调整权、监督权及行政处罚权等。

城市风貌规划管理权是城乡规划行政主管部门行使相关管理权过程中，对空间形态景观面貌的管理权，是规划管理权向"纵深"发展的结果。

2.2.1.2 风貌规划审批主体

现代政府是全体社会成员共同利益的代表，通过民主程序产生，其权力得到社会公众认同，具有合法性和强制性。在社会生活中，政府负有承担公共服务的主要责任，旨在追求有效增进与公平分配社会公共利益的调控活动，是公共管理的核心主体。

《城乡规划法》第十一条规定，"县级以上地方人民政府城乡规划主管部门负责本行政区域内的城乡规划管理工作"。目前，我国已形成从国家到省、自治区、直辖市和市、县的城乡规划行政管理体系：国家城乡规划行政管理部门为住房和城乡建设部，具体工作由住房和城乡建设部内的城乡规划司负责；省、自治区城乡规划行政主管部门为省、自治区住房和城乡建设厅（或委员会），直辖市城乡规划行政主管部门为市规划和自然资源局（或规划局），市、县城乡规划行政主管部门为市、县城乡规划局。

城市风貌规划目前尚属于非法定规划，实践中主要是由城市规划行政主管部门负责组织编制与审批管理工作。

我国城市规划编制实行分级审批、本级人民代表大会审议的制度。根据《城乡规划法》规定，全国城镇体系规划，省域城镇体系规划及直辖市城市总体规划，省、自治区人民政府所在地的城市以及国务院确定的城市的总体规划由国务院审批，其他城市的总体规

---

1 根据《城乡规划法》，县级以上地方人民政府组织编制城市总体规划，城乡规划主管部门组织编制城市控制性详细规划，城市、县人民政府城乡规划主管部门和镇人民政府可以组织编制重要地块的修建性详细规划。

划由省、自治区人民政府审批，县人民政府所在地镇的总体规划由上一级人民政府审批，其他镇的总体规划由上一级人民政府审批。城市的控制性详细规划由本级人民政府根据城市总体规划的要求审批后，报本级人民代表大会常务委员会和上一级人民政府备案；镇的控制性详细规划报上一级人民政府审批；县人民政府所在地镇的控制性详细规划由县人民政府审批后，报本级人民代表大会常务委员会和上一级人民政府备案。

城市风貌规划审批情况因编制范围不同而不同：宏观层面（以城市为主）是经本级人民政府批准后，作为地方城市规划管理的技术性规范文件之一，如桂林的《城市风貌设计导则》；地块层面成果则直接作为规划主管部门土地出让管理的技术性规范文件之一，成果形式是作为地块城市设计的子系统，如上海虹桥商务区城市风貌规划。

2.2.1.3 风貌规划审批依据

法律是国家制定或认可的，由国家强制力保证实施、以规定当事人权利和义务为内容的具有普遍约束力的社会规范。法律规范属于社会规范，是调整人们社会关系的行为准则，反映由一定的物质生活条件所决定的统治阶级的意志；法律技术规范是指由国家赋予它的人人必须遵守的法律意义上的技术规范。

法律法规对城市空间形态的影响是宏观的、隐性的，像一只看不见的手，深刻地影响着城市空间形态的生成和演变（许剑锋，2010 [1]）。规划管理运用公权力来干预市场的自发过程，以克服市场缺陷，保障社会公众利益。同时，规划管理是一项技术性很强的工作，有一个明确的法律技术规范来约束、诱导和调节各种建设活动，作为建设行为的准则，以及制裁各种违章建设行为（任致远，2000 [2]）。1990年，《中华人民共和国城市规划法》正式施行是我国城市规划史上的一座里程碑，标志着我国在规划法治建设上又迈进了一大步，并逐步形成了"多层次""全方位"的法规框架体系（图2.7）。

1. 国家层面的法律法规

现行国家层面的城乡规划法律法规体系中有关城市风貌规划管理的内容，主要涉及以下三方面：一是城乡总体规划过程中提出加强城市空间特色资源的保护与利用，如自然资源和历史文化遗产、地方特色、民族特色和传统风貌等；二是城乡建设过程中应保护生态环境，保护人文资源，合理利用资源，注重城市建设应因地制宜，将在详细规划

1 许剑锋.基于政策法规体系下的城市形态研究[D].天津：天津大学，2010：60.
2 任致远.21世纪城市规划管理[M].南京：东南大学出版社，2000：47.

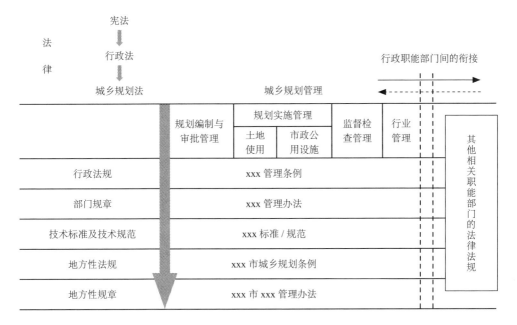

图 2.7　城市规划法规体系纵、横框架图
来源：作者绘制

阶段成果中提出的有关建筑体量、体形、色彩等设计指导原则纳入土地出让管理中；三是通过城市设计将空间环境形态的规划控制要求纳入土地出让管理中，如表 2.1 所示。

2. 地方政府层面的法规

地方政府对风貌进行管理并非新近之事。早在 1990 年，青岛就已经开始了风貌管理办法的制定工作，后进一步提升为地方管理条例[1]。无独有偶，随着各地方政府对风貌规划建设管理工作的重视，从省到市到区，从普遍意义的风貌到历史风貌、景观风貌、建筑风貌，近年来相继出台了《威海市城市风貌保护条例》（2020 修订）、《浙江省城市景观风貌条例》（2020 修订）、《西安市灞河重点区域风貌管控条例》（2022）、《成都市城市景观风貌保护条例》（2019）、《楚雄彝族自治州城乡特色风貌建设条例》（2019）、《南充市城市景观风貌保护条例》（2020）、《福建省传统风貌建筑保护条例》（2021）、《厦

表 2.1　现行城市规划法律法规体系中的风貌规划管理依据（国家层面）

规划层次	相关的法律法规名称	管理要点
总体规划层次	《中华人民共和国城乡规划法》	第四条: 制定和实施城乡规划……保护耕地等自然资源和历史文化遗产，保持地方特色、民族特色和传统风貌。 第十八条: 乡规划、村庄规划应当从农村实际出发，尊重村民意愿，体现地方和农村特色
	《城市市容和环境卫生管理条例》	第一条: 为了加强城市容和环境卫生管理，创造清洁、优美的城市工作、生活环境，促进城市社会主义物质文明和精神文明建设，制定本条例。 第九条: 城市中的建筑物和设施，应当符合国家规定的城市容貌标准。对外开放城市、风景旅游城市和有条件的其他城市，可以结合本地具体情况，制定严于国家规定的城市容貌标准；建制镇可以参照国家规定的城市容貌标准执行
	《城市设计管理办法》	第三条: 城市设计是落实城市规划、指导建筑设计、塑造城市特色风貌的有效手段，贯穿于城市规划建设管理全过程。通过城市设计，从整体平面和立体空间上统筹城市建筑布局、协调城市景观风貌，体现地域特征、民族特色和时代风貌。 第八条: 总体城市设计应当确定城市风貌特色，保护自然山水格局，优化城市形态格局，明确公共空间体系，并可与城市（县人民政府所在地建制镇）总体规划一并报批。 第十条: 重点地区城市设计应当塑造城市风貌特色，注重与山水自然的共生关系，协调市政工程，组织城市公共空间功能，注重建筑空间尺度，提出建筑高度、体量、风格、色彩等控制要求。 第十二条: 城市设计重点地区范围以外地区，可以根据当地实际条件，依据总体城市设计，单独或者结合控制性详细规划等开展城市设计，明确建筑特色、公共空间和景观风貌等方面的要求。 第十九条: 国务院和省、自治区人民政府城乡规划主管部门应当定期对各地的城市设计工作和风貌管理情况进行检查
控制性详细规划层次	《城市规划编制办法》	第四条: 编制城市规划，应当以科学发展观为指导，以构建社会主义和谐社会为基本目标，坚持五个统筹，坚持中国特色的城镇化道路，坚持节约和集约利用资源，保护生态环境，保护人文资源，尊重历史文化，坚持因地制宜确定城市发展目标与战略，促进城市全面协调可持续发展。 其他相关规定: 中心城区规划中确定历史文化保护及地方传统特色保护的内容和要求，确定特色风貌保护重点区域及保护措施。 控制性详细规划需包括各地块建筑高度、建筑密度、容积率、绿地率等控制指标，提出各地块的建筑体量、体型、色彩等城市设计指导原则等
	《城市容貌标准》	第1.0.4: 城市容貌建设应充分体现城市特色，保持当地风貌，使城市环境保持整洁、美观。 第2.0.1: "城市容貌"是城市外观的综合反映，是与城市环境密切相关的城市建（构）筑物、道路、园林绿化、公共设施、广告标志、照明、公共场所、城市水域、居住区等构成的城市局部或整体景观。 第3.0.1: 新建、扩建、改建的建（构）筑物应保持当地风貌，体现城市特色，其造型、装饰等应与所在区域环境相协调。

（续表）

规划层次	相关的法律法规名称	管理要点
控制性详细规划层次	《城市容貌标准》	第 3.0.2：城市文物古迹、历史街区、历史文化名城应按国家标准《历史文化名城保护规划规范》GB 50357 进行规划控制，历史保护建（构）筑物不得擅自拆除、改建、装饰装修，应设置专门标志。其他具有历史标志价值的建（构）筑物及具有代表性风格的建（构）筑物，宜保持原有风貌特色。 第 3.0.3：现有建（构）筑物应保持外形完美、整洁，保持设计建造时的形态和色彩，符合街景要求。 第 3.0.5：建筑物屋顶应保持整洁、美观，不得堆放杂物。屋顶安装的设施、设备应规范设置。屋顶色彩宜与周围景观相协调。 第 3.0.6：临街商店门面应美观，宜采用透视的防护措施，并与周边环境相协调。 第 3.0.7：城市道路两侧的用地分界宜采用透景围墙、绿篱、栅栏等形式，绿篱、栅栏的高度不宜超过 1.6 m。胡同里巷、楼群角道设置的景门，其造型、色调应与环境协调。 第 3.0.9：城市雕塑和各种街景小品应规范设置，其造型、风格、色彩应与周边环境相协调，应定期保洁，保持完好、清洁和美观。 第 6.0.1：公共设施应规范设置，标识应明显，外形、色彩应与周边环境相协调，并应保持完好、整洁、美观，无污迹、尘土，无乱涂写、乱刻画、乱张贴、乱吊挂，无破损、表面脱落现象。 第 7.0.2：广告设施与标识设置应符合城市专项规划，与周边环境相适应，兼顾昼夜景观
修建性详细规划层次	《建设工程总体设计文件编制深度规定》 《上海市建设工程总体设计文件编制深度规定》	建设工程设计方案主要审批建设项目位置、建设用地面积、建设用地性质、建设工程性质、规模、容积率、建筑密度、绿化率、建筑高度、建筑间距、退界及其他规划条件。 审批依据： ①建设项目应当符合经批准的控制性详细规划或村庄规划； ②符合规划管理技术规范和标准的要求； ③在历史文化风貌区核心保护范围、历史文化风貌区建设控制范围内进行建设活动，应当符合历史文化风貌区保护规划规定 总体设计文件主要审查：工程设计依据（如有关主管部门的批文、相关部门的要求和依据资料、生产工艺等）、工程的建设规模和设计范围、总平面及建筑，其中，建筑主要审查主要经济技术性指标和功能、工艺要求。 建筑工程图纸设计分为方案设计、初步设计及施工图设计三个阶段，主要内容包括审查： ①总平面审查中包括了有关主管部门的技术要求实施情况、功能分区、分期建设问题、环境协调与观赏性、空间组合及景观等； ②建筑的主要技术指标； ③建筑风格； ④建筑细部设计，包括室内外装修情况； ⑤古树名木及历史文化遗存等情况

来源：作者绘制

门经济特区历史风貌保护条例》（2016）等地方条例。地方管理条例从地方历史文化保护、地域特色彰显、城市发展软实力提升等角度，明确城市（景观／建筑）风貌立法的根本目的，并根据各地方城市空间特征确定其自然生态景观、人文景观、历史文化景观等风貌管理对象与管理内容，规划编制与审批要求以及其立法原则与实施管理要求。

除了管理条例，还有很多地方政府将风貌规划管理作为专项规章、技术导则进行立法，如烟台（2006）、重庆（2010）、会昌县（2011）、福建省（2013）、南阳市（2014）、珠海（2013）、淳安县千岛湖镇（2016）、澄迈县（2017）、三亚（2019）、秦皇岛（2019）、聊城（2020 修订）、遂宁（2020）、太原（2020）、金寨县（2021）。单项城市风貌规划管理办法多与具体的行动计划相结合，具有强烈的社会实践意义，如重庆以贯彻落实"五个重庆"建设为要旨，行动计划也多反映出时代的痕迹，如桂林、重庆从景观要素、建筑设计开始，到福建省的景观风貌系统规划。同时，也反映出其独特的技术特征。各地风貌规划管理办法（规定）中对城市风貌意象、城市重要风貌区（轴、廊）、自然山水格局、历史文化遗存、建筑形态与容貌、公共开放空间、街道界面、园林绿化、公共环境艺术品、城市景观照明、城市色彩等影响、决定城市空间形象的要素作出规划技术管理规定。

但是，从法学的角度来看，地方性管理办法（规定）更多地表现为技术性规范要求，对规划建设管理的技术指导是其重点，管理条例则更多地表现出其政策性的价值属性，对管理理念、程序规范、权利与义务都加以明确。它反映了新时期城市风貌规划管理的合法性与合理性特征，如表 2.2 所示。

3. 土地出让管理中的风貌审批（以上海为例）

审批管理是规划管理中重要的行政管理措施之一，宏观层面上，中央和地方政府通过加强城镇体系规划、城市总体规划的规划审批管理，合理引导城市的发展战略；中微观层面上，城市规划行政主管部门通过"控（详）规划"审批管理，明确具体的开发时序与开发目标，并落实到"一书两证"审批（查）管理制度之中，从而形成了具有系统性、层次性的法定性审批管理流程。

（1）建设项目规划条件核定管理

根据上海市规划和自然资源局的《核定规划条件审批办事指南（试行）》的有关规定，建设项目应当符合经批准的控制性详细规划或村庄规划，但近期无规划实施计划，原建筑解危改建的情形除外；应当符合规划管理技术规范和标准的要求；在历史文化风貌区

表 2.2　作为单项管理办法（或条例）的城市风貌规划管理要点

条文构成	管理要点
立法目的	加强城市景观风貌保护，营造美丽宜居环境，改善空间品质，彰显地域特色，提升城市发展软实力，体现其公共政策属性
适用范围	突破历史文化风貌的概念，走向城市整体风貌的保护与建设； 管理对象包括自然生态景观、人文景观、历史文化景观，涉及自然山水格局、历史文化遗存、建筑形态与容貌、公共开放空间、街道界面、园林绿化、公共环境艺术品、城市景观照明、城市色彩等
技术性规范要求	作为专项规划，主要由市城乡规划主管部门负责组织编制，并形成分区控制体系和控制措施； 指导城市设计导则的编制，落实景观体系、街道、开敞空间、建筑体量、高度、形态、色彩等风貌控制要求； 作为建设工程审批的法定依据之一； 控规中落实历史风貌道路沿街界面、空间尺度、建筑高度等控制要求； 风貌保护名录的确认需要经过法定程序，确认后，参照相关专项规划、控制性详细规划的规定执行； 有关的建筑风貌设计要求及园林要素设计要求； 景观系统结构规划
行为性规范要求	禁止破坏自然风貌的人为行为； 禁止破坏人文风貌的人为行为； 所有权人有义务对有关设施、历史环境要素进行维护与修缮，政府应予以相关的补助； 行政管理人员应严格依法管理
价值取向	作为城市规划下的独立专项规划； 其他专项规划应与风貌专项规划衔接； 与城市设计是并行的管理制度； 从景观的角度出发，针对城市风貌特色、构建城市空间景观格局的专项规划，是总体城市设计专篇的细化深化，又可作为单项城市设计的上位规划； 从建筑设计的角度出发，体现地方自然特征与人文特征
其他管理措施	对所有权人进行资金补助与技术指导、表彰与奖励、责令整改、限期拆除、罚款、没收违法所得等

来源：作者绘制[1]

---

1 文献来源：各地方政府官网。

核心保护范围、历史文化风貌区建设控制范围内进行建设活动，应当符合历史文化风貌区保护规划的有关规定。

规划条件核定包括：建设项目位置、建设用地面积、建设用地性质、建设工程性质、规模及其他规划条件。

（2）建设工程方案规划审批管理

建设工程设计方案主要审批建设项目位置。建设用地面积，建设用地性质，建设工程性质、规模、容积率、建筑密度、绿化率、建筑高度、建筑间距、退界及其他规划条件，其审核的主要法律法规依据如表 2.3 所示。

（3）建设工程设计文件审查管理

根据《城乡规划法》第四十条、《上海市城乡规划条例》第三十五条有关规定，建

表2.3 建设工程设计方案审批依据（以上海为例）

法律	《中华人民共和国城乡规划法》
行政法规	《中华人民共和国土地管理法实施条例》
地方性法规	《上海市城乡规划条例》 《上海市历史文化风貌区和优秀历史建筑保护条例》 《上海市地面沉降防治管理条例》
政府规章	《上海市城市规划管理技术规定（土地使用 建筑管理）》 《上海市城市雕塑建设管理办法》 《上海市管线工程规划管理办法》 《上海市零星建设工程规划管理办法》 《上海市农村村民住房建设管理办法》
规范性文件	《上海市市政交通工程规划管理暂行规定》 《日照分析规划管理暂行办法》 《容积率计算规则暂行规定》 《关于审理轨道交通车站及其周边地块项目时有关事项的通知》 《关于进一步加强对本市优秀历史建筑保护的若干意见的通知》 《关于加强对建筑高度控制及屋面建（构）筑物规划管理的暂行规定》 《关于发布〈建筑外墙外保温系统规划管理规定〉的通知》 《关于严格控制本市历史文化风貌区核心保护范围内新建、扩建地下室规划管理的若干意见》 《关于进一步加强上海民用机场净空保护区内建设项目及区外超高建筑审批管理的通知》 《关于加强本市保障性住房项目规划管理的若干意见》 《上海市地质灾害危险性评估管理规定》 《上海市农村村民住房建设管理办法》

来源：作者绘制

设工程设计方案审核是城市、县人民政府城乡规划主管部门或者省、自治区、直辖市人民政府确定的镇人民政府核定建设工程规划许可证法定程序。

上海市建设工程设计文件审查包括两个层次：总体设计文件审查和施工图设计审查（含方案设计文件及施工图设计文件两个阶段）。根据上海市《建设工程总体设计文件编制深度规定》规定，总体设计文件的编制是各相关职能部门程序性审查和技术性审查的需要。总体设计文件的编制深度必须符合本规定的要求，方案设计文件和施工图设计文件的编制深度必须符合住房和城乡建设部《建筑工程设计文件编制深度规定》[1]的要求。

总体设计文件审查主要是根据政府有关主管部门的批文，如该项目的核准、备案、方案设计文件等审批文件的文号和名称；规划、用地、环保、卫生、绿化市容、消防、人防、抗震、水务等相关部门要求和依据资料；建设单位提供的有关使用要求或生产工艺等资料。对总平面和建筑方案进行审查，主要审查内容包括：建筑控制线、城市绿线、建筑物控制高度、容积率、建筑密度、绿化率、建筑空间组织及其与四周环境的关系、环境景观和绿地布置及其功能性与观赏性等，建筑设计主要审查建筑层数和总高、建筑物使用功能和工艺要求、建筑设计的平立剖等图纸。

施工图设计审查主要是根据审查政府有关主管部门对项目设计要求的落实，如对总平面布置、环境协调、建筑风格等方面的要求，同时审查总体方案构思意图和布局特点（含对场地现状特点和周边环境情况及地质地貌特征的考虑），以及在竖向、交通、防火、景观绿化、环境保护、原有建筑和古树名木等方面所采取的措施和总体设想。建筑设计文件中要反映其立面造型及与周围环境的关系，阐述建筑外立面用料、屋面构造及用料、内部装修使用的主要或特殊建筑材料；立面图中表达主要部位的饰面用料等；建筑施工图设计文件详图部分包括了内外墙、屋面的节点，标注各材料名称及具体技术要求，注明细部和厚度尺寸等；室内外装饰方面的构造、线脚、图案等，标注材料及细部尺寸、与主体结构的连接构造等；门、窗、幕墙，绘制立面图，对开启面积大小和开启方式，与主体结构的连接方式、用料材质、颜色等作出规定。

---

1 中华人民共和国住房和城乡建设部 . 建筑工程设计文件编制深度规定：建质 [2016]247 号 [S/OL]. [2016-11-17]. http://www.mohurd.gov.cn/wjfb/201612/t20161201_229701.html.

2.2.2 风貌规划审批管理的特征

2.2.2.1 审批制度（规划许可）

我国城市规划管理实行"规划许可"制度（赵民，雷诚，2007[1]），现行《城乡规划法》中确立的"一书两证"制度是规划实施管理的基本制度，规划管理对象包含用地管理、建筑管理、工程管线管理三大类。

规划许可是一种行政许可，是一种依申请的具体行政行为，同时也是一种要式行政行为。

世界各国的规划实施许可审批方式主要有两大类型：通则审批和个案审批。通则审批是指法定规划作为开发控制的唯一依据，规划人员在审理开发申请个案时，不享有自由裁量权；只要开发活动符合规定，就能够获得规划许可，如美国的区划制度。个案审批是指规划部门在审理开发申请个案时，有权附加特定的规划条件，享有自由裁量的权力，如英国的规划许可制度（高中岗，2007[2]）。规划管理制度因各国国家体制不同而有所差异，通则审批与个案审批并非绝对的，通则审批中也有灵活性，有自由裁量，具有一定的弹性；同样，个案审批中也有一定的法规作依据，有羁束裁量。为寻求更为完善的开发管制体系，很多时候是两种手段并用。

由于我国城市多、类型复杂，各地社会经济文化背景差别很大，即使是再细致的法规、规范也难以十分有效地覆盖和适应各地的实际情况。因此，我国的规划许可制度更加接近于个案审批，并具有相对完善的法规体系及相关法规作为支撑。

现行城市风貌规划许可主要是"一书两证"管理中的要素形态管理，如表2.4所示。

2.2.2.2 正在迈向"专项审批"

城市风貌规划管理一直都是城市规划管理中的重要议题。20世纪初以来，城市风貌被理解为一种城市形态审美意识的追求，1956年的《城市规划编制暂行办法》中就作出了相关的规定，要求"总体规划编制应考虑经济、技术、艺术、卫生、安全等方面的原则"；从综合角度来认知城市风貌，尤其是从文化角度来认知城市风貌，则是20世纪80年代以后的事情，如八九十年代期间北京、青岛的城市总体规划批复中都明确指出了"城市中的建筑设计要注意发扬地方风格，使新建筑与地方风格相协调"；1989年颁布实施的《中

---

1 赵民，雷诚 . 论城市规划的公共政策导向与依法行政 [J]. 城市规划，2007，31（6）：21-27.
2 高中岗 . 中国城市规划制度及其创新 [D]. 上海：同济大学，2007：134-135.

表 2.4　"一书两证"管理中城市风貌规划许可内容

规划审批（查）阶段	主要审批（查）内容
项目建议书（或称可行性研究报告）	项目立项是否符合土地出让条件
建设用地规划许可证	风貌规划转化为建设规模、建筑密度、建筑高度、容积率、绿化率、建筑间距、建筑界面（主要指退界）、公共通道（含出入口）等强制性规划指标以及建筑风格、建筑色彩、与周边环境的协调要求等指导性要求
建设工程规划许可证	进一步审查规划指标实施的情况，如建筑限高、建筑退让各类控制线的要求、绿化率、日照标准、高压走廊、出入口位置以及停车泊位数等；同时对建筑空间组织与四周环境的关系、环境景观和绿地布局的观赏性等作出综合性的审查

来源：作者绘制

华人民共和国城市规划法》中指出："编制城市规划应当注意保护和改善城市生态环境，防止污染和其他公害，加强城市绿化建设和市容环境卫生建设，保护历史文化遗产、城市传统风貌、地方特色和自然景观；编制民族自治地方的城市规划，应当注意保持民族传统和地方特色。"城市风貌作为城市总体规划编制原则之一，被明确纳入城市规划编制体系管理之中。

城市风貌是城市规划系统的整体控制引导的结果，从城市规划的主干法体系来看，《城乡规划法》中提出原则性要求，《城市规划编制办法》中落实到各层次规划编制之中，地方性城乡规划管理技术规定中具体到"建筑、景观"的控制要求（其中，历史风貌保护区不同于一般地区，另外编制城市设计或按照历史文化保护规划有关规定执行），并通过控制性详细规划的"附加图则"来实施，最终纳入"一书两证"的规划实施管理之中，与土地开发相结合，实现其实践价值。"系统性""层次性"是城市风貌规划管理与城市规划管理的基本逻辑关系。

从城市规划的相关法系来看，《城市市容和环境卫生管理条例》和《城市容貌标准》涉及城市风貌规划管理要求，尤其是《城市容貌标准》，明确城市容貌的建设与管理应符合城市规划要求，并要充分体现城市特色，保持当地风貌，同时要求城市容貌构成要素，如城市建（构）筑物、道路、园林绿化、公共设施、广告标志、照明、公共场所、城市水域、居住区等的形态和色彩应体现地方特色，并与区域环境相协调，"地域性""协调性""审美性""清洁度"等构成了该技术规范的主要价值逻辑。

至于单列的城市风貌规划管理法规，目前尚未有国家层面的相关立法，以地方立法为主。单列的地方风貌立法，最早见于 1990 年青岛的《青岛市城市风貌保护管理暂行办法》，现发展为地方管理条例、规划管理办法（规定）及技术导则等多种管理法规形式。

同时，随着各地政府对风貌规划管理工作的重视，风貌规划管理正在逐步从城市规划编制审批管理中独立出来，作为单列的专项编制审批管理，反映了其重要性和法治化转型。

2.2.2.3 规划编制成果作为主要审批管理依据

我国城市规划管理执行"规划许可制度"，城市风貌规划编制成果构成城市规划管理行政许可的重要审批依据，如《桂林市城市风貌设计导则》[1]。《桂林市城市风貌设计导则》是桂林市强制性的地方技术法规，城市规划建设的设计图纸均要执行该法规。

值得注意的是，技术性规范文件属于"增设行政许可条件"（王伏刚，2015[2]），以"实证法"为主，不具备一般的普适性，难以适应当下日益复杂的变化以及多元价值利益者的需要（吕晓蓓，2011[3]）。因此，对规范性文件的探讨不应该脱离一个部门法或体系上的逻辑结构来探讨，也就是说，对城市风貌规划规范的探讨，不应该脱离城乡规划管理的法律法规体系，因为城市风貌规划管理的技术性规范文件重在于"体现一种集体协商法律精神与共同理念追求的价值"，重在于地方特色的探索，并非停留于一般性的解释。因此，耿慧志等学者建议，城市风貌规划管理技术规范文件应以"低位阶"的形式发布执行（耿慧志等，2014[4]）。

2.2.3 现行城市风貌规划审批管理的问题剖析

2.2.3.1 风貌专项审批管理制度缺位严重

城市风貌规划管理有赖于城市规划管理体系。现行城市规划管理体系依据土地开发建设管理，以规划指标实施核定为主，如规划条件阶段审查建设项目位置、建设用地面积、建设用地性质、建设工程性质、规模及其他规划条件，建设工程设计方案主要审批

---

1 桂林日报.《桂林市城市风貌设计导则》开始实施 [N/OL]. [2009-01-14]. http://news.idoican.com.cn/glrb/html/2009-01/14/content_25540462.htm.

2 王伏刚. 技术性规范不能作为行政许可的依据 [J]. 人民司法，2015（6）：90-91.

3 吕晓蓓. 城市更新规划在规划体系中的定位及其影响 [J]. 现代城市研究，2011（1）：17-20.

4 耿慧志，张乐，杨春侠.《城市规划管理技术规定》的综述分析和规范建议 [J]. 城市规划学刊，2014，219（6）：95-101.

建设项目位置、建设用地面积、建设用地性质、建设工程性质、规模、容积率、建筑密度、绿化率、建筑高度、建筑间距、退界及其他规划条件，方案设计文件阶段主要审查总用地面积、总建筑面积及各分项建筑面积、建筑基底总面积、绿地总面积、容积率、建筑密度、绿地率、停车泊位数以及主要建筑或核心建筑的层数、层高和总高度等指标，这是一种"不断细化设计蓝图直至施工建造的过程"，规划管理简化为一种单纯的技术指标管理。近年来，应城市建设发展要求，部分城市开始修改相关城乡规划技术管理办法，加强对空间形态的管理，以通则式管理为主，落实部分风貌要素的管理要求。

2.2.3.2 管理目标模糊性带来的审批管理困惑

不同的地区和国家，因不同的地理、气候和历史文化传统而具有不同的风貌个性和特点；同时，作为制度化的结果，反映不同社会发展阶段、国家意志、行政体制结构等经济、社会、政治的影响，这些不同之处直接影响着人们对风貌的理解，关系着人们对维育风貌采取怎样的措施。

在访谈中，我们发现，由于风貌的人文属性特征导致行政管理很难将之落实到现行以科学主义为主导的管理机制之中，如澳门地方政府认为，风貌是一个非常抽象的概念，很难界定出一个明确的评价标准。如果把风貌看作一种公共福利，概念太模糊，如果通过立法来执行会与现有的体制发生激烈的冲突，很难实施。香港则是将对风貌的理解更多地融入建设目标中，比如"安居"。

对风貌认知的不统一，带来的最直接的问题就是城市风貌规划管理对象与目标的不明确，也导致城市风貌规划审批管理"无抓手""有要素无灵魂"的尴尬。

2.2.3.3 规划编制技术不足导致的欠缺

目前，城市风貌规划编制因循既有规划编制技术，更多的是对城市空间形态的"蓝图式描绘"，仍然是规划师根据自身的专业知识，结合现状调研后编制出非常"系统"的规划成果，规划成果形式存在建设指导性弱、管理依据性差等不足。一方面主要表现为传统的点、线、面和意象图的组合，具有高度的抽象性，对于具体地块和风貌要素的设计要求、建设内容都没有相应的表述，致使在实际操作时对如何控制景观节点、眺望系统、视觉廊道、天际线、开放空间、建筑高度等风貌要素往往无所适从，难以切实指导建设实践；另一方面，城市风貌规划的文字说明中抽象原则表述过多，而绩效标准描述较少，"协调""统一""提高"等词汇大量出现，笼统而宽泛，致使对规划内容的理解"仁者见仁，智者见智"，既无法给城市风貌建设活动提供必要的参考依据，又使规划管理人员的裁量标准难以取得一致,给管理部门的监管督察工作增加了难度(戴慎志,刘婷婷,2013 [1];余柏椿,周燕,2009 [2])。

即使当前城市风貌规划管理可以搭乘着城市设计制度或控规管理的弹性管理改革得到某种程度上的重视,可以解决城市风貌规划管理的制度性问题,但对于风貌特色等精神文化因素的管理,至今仍"缺乏既具操作性又具弹性的引导和管控办法"(吴伟,2015 [3])。

2.2.3.4 重实体性管理轻程序性管理

行政体制改革进一步促进政府向服务型政府转型 [4],政府从干预走向监督,不再是市场的掌舵者,而是服务者。实体性内容作为政府、市场、社会三方之间的"契约",体现了规划实施和管理的意图、组织方式和操作途径,城市规划管理主客体都应共同遵守(高中岗,2007 [5]);而程序性内容较之实体性内容,在市场经济条件下更具有稳定性,能较好地适应城市建设中各种复杂的和不确定的社会关系 [6]。

我国城市规划管理具有这样一个普遍性的特征:重实体性内容的规范,轻行为程序的约束。反观部分发达国家及地区,他们普遍比较重视对严密的程序性内容的设计和规范。计划经济体制下,我国规划法规以实体性内容为主进行调控的模式,为我国城市规划的发展和城市的建设管理提供了法定依据和法律保障。但随着社会主义市场经济的逐步建立和发展,我国的经济组织与运行、政府职能、社会文化与伦理道德都在发生着根本性的变化,城市规划和建设中的社会关系趋向多元化和复杂化,传统的以实体性内容的规定为主、缺乏程序性的规划法规,在实践中难以应付诸多新的问题和矛盾,难以适应对城市规划和建设管理进行法律调控的需要(张萍,2000 [7])。

---

1 戴慎志,刘婷婷.面向实施的城市风貌规划编制体系与编制方法探索 [J].城市规划学刊,2013(4):101-108.
2 余柏椿,周燕.论城市风貌规划的角色与方向 [J].规划师,2009,25(12):22-25.
3 吴伟.城市设计的实效性问题 [R].世界华人建筑师协会 2015 年会报告,2015.
4 公共管理理论的变革经历了三个时期:韦伯主义、管理主义、新公共服务。我国目前处于计划经济向市场经济的转轨时期,政府部门正经历着从计划型政府向服务型政府的角色转变。
5 高中岗.地方城乡规划管理制度的渐进改革和完善:以温州为案例的研究 [J].城市发展研究,2007,14(6):113-118.
6 法律条文中的实体性内容在法学上称为实体性规范,是指有关行政关系主体之间的权利与义务的具体内容的规范,如有关行政机关的职责权限的规范、行政相对人(开发机构和公众)的权利义务的规范等。
法律条文中的程序性内容在法学上称为法律程序,是实现行政关系主体的权利与义务的程序方面的规范,如行政机构建立、变更和撤销的程序规范,行政许可的程序规范,请求补偿或者赔偿的程序等。
7 张萍.加强城市规划法规的程序性——对我国规划法规修订的思考 [J].城市规划,2000,24(3):41-44.

2.3 现行城市风貌规划实施管理制度及其问题

规划实施管理就是依法编制和批准规划，依据国家和各级政府颁布的有关规划管理的法规和具体规定，采用法治的、行政的、社会的、经济的和科学的管理办法，对城乡发展的各类用地和建设活动进行统一的安排和控制，引导和调节并监督城乡的各级建设发展事业有计划、有步骤、有秩序地协调发展，保证城乡规划的实施[1]。

围绕风貌"保护城市特有地域环境、文化特色、建筑风格等'基因'，传承文化，彰显特色，提升城市空间空间品质"的规划管理目标，风貌规划实施管理是城市规划行政职能部门从文化传承、城市精神塑造的角度对城市建筑群体、道路与市政设施、自然山水与植被、城市色彩与材料、广告店招与城市照明等景观要素进行有效的引导、控制管理，以最大限度地发挥城市空间的综合效应。

2.3.1 现行城市风貌规划实施管理制度

2.3.1.1 实施原则：依法行政

城市规划依法行政是指城市规划行政主管部门依法对城市规划的编制、审批和实施行使行政权，综合指导和安排城市各项建设用地和建设工程活动的全过程（任致远，2000[2]）。城市规划依法行政的内容主要包括城市规划的编制管理、审批管理和实施管理。

依法治国[3]是我国的基本方针政策，要求国家行政机关进行行政管理必须有明文的法律依据。对于行政机关而言，只有法律规定能为的行为，才能为之，即"法无授权不得行、法有授权必须行"，以"有法可依、有法必依、违法必究、执法必严"为准则。1989年《城市规划法》的颁布有力推动了我国城市规划法治建设，彻底变"人治"为"法治"，实现了依法治城、依法行政的崭新局面。

"规划是政府协调经济、社会发展的杠杆"（耿毓修，2004[4]）。各级政府通过制定"公共政策"对"具体行政"行为产生指导作用，通过政策文件转变为法律规范，或以"行政命令"形式发布后，对"具体行政"行为具有羁束力。由此，"'依法行政'的本质

---

1 全国城市规划执业制度管理委员会.城市规划原理（2011版）[M].北京：中国计划出版社，2011：88-90.
2 任致远.21世纪城市规划管理[M].南京：东南大学出版社，2000：299.
3 1999年我国通过《中华人民共和国宪法修正案》，法案规定："中华人民共和国实行依法治国，建设社会主义法治国家。"
4 耿毓修.编制城市规划要以科学精神落实科学发展观[J].城市规划，2004，28（4）：15-18.

就是依法行使'规划许可'的行政行为，使其行为具有法律效力的行为。"实施阶段的依法行政是将上位规划（即上一层次的宏观、战略性规划，如城镇体系规划、城市总体规划等）所确定的有关政策要求，落实到控制性详细规划编制之中，综合各项社会性、工程性因素，协调各方利益，形成指导土地开发和利用的技术规定，形成"地方性法规"或"公共契约"，并作为开发控制阶段"规划许可"审批管理的法定依据（赵民，雷诚，2007[1]）。

城市规划实施管理依法行政包括两个层面的内涵：一是城市规划管理部门依据法律、法规获得审核、颁发规划许可的权力，并依据法律、法规的保障去实现这种权力，法律、法规是城市规划管理部门行使权力的"尚方宝剑"；二是城市规划管理部门权力的行使、管理流程，都要受到法律、法规的全面规范和制约（耿毓修，2007[2]）。

依法行政是城市风貌规划实施管理的最基本要求，城市风貌规划管理的依法行政体现在两方面：一是依法编制和审批城市风貌规划；二是根据国家和地方有关的法律法规，执行城市风貌规划，并将规划成果转化为设计导则或图则，纳入"一书两证"的管理之中。

目前，城市风貌规划实施管理研究主要在于从控规技术角度探讨城市风貌规划编制成果，并倡导将之纳入"一书两证"审批管理制度之中，比较超前的城市也有将城市风貌规划编制成果转化为地方性法规文件，如桂林、重庆等城市。

2.3.1.2 实施途径：一书两证

城市风貌规划要真正达到引导和控制城市建设、彰显城市特色风貌的目标，就必须面向规划管理和实施，尤其要与规划管理（即城市规划编制管理、城市规划审批管理和城市规划实施管理）的具体要求相结合，才能真正发挥其实践指导作用（戴慎志，刘婷婷，2013[3]）。

目前，城市风貌规划作为必要的非法定规划，将风貌规划编制技术成果文件转化为开发建设管理的法律依据是其得以真正实施的最根本途径。

"如何将规划成果纳入规划管理之中"是城市风貌规划实施管理探讨的重点。研究与实践路径基本上围绕"风貌规划编制成果与城市土地开发控制制度的结合"而展开，

---

1 赵民，雷诚. 论城市规划的公共政策导向与依法行政 [J]. 城市规划，2007，31（6）：21-27.
2 耿毓修. 城市规划管理 [M]. 北京：中国建筑工业出版社，2007：162.
3 戴慎志，刘婷婷. 面向实施的城市风貌规划编制体系与编制方法探索 [J]. 城市规划学刊，2013（4）：101-108.

特别是在规划实施这一层级的衔接，以推动城市风貌规划对城市空间开发的控制引导作用。从城市规划管理体系构成来看，我国城市风貌规划编制主要依托于城市设计制度或作为独立的专项规划而展开，其实施路径均是规划成果与控规制度的结合，也是城市风貌规划管理"法治化"的根本途径。

2.3.2 现行风貌规划实施管理存在的问题

2.3.2.1 "一管就死"背后的管理工具危机

"文化特征"作为城市风貌规划管理客体[1]，具有以下特征。

（1）价值的客观性

城市风貌规划管理对文化价值的追求，对城市规划的作用是"唯真"的，这一点是毋庸置疑的。工具理性下，我们已经失去了一次对文化价值的主动把握机会，但并不等于说我们永远没有机会。进入 21 世纪以来，我国城市化建设已经达到一定的高度，特别是 2010 年以来，我国城市建设全面进入"品质化"建设阶段，以北上广深等为代表的发达地区，更是明确提出"国际城市"的发展战略定位，文化战略在城市发展战略中的作用与优势地位进一步凸显。可以说，文化发展战略一方面体现了国家、地方政府的发展意志，另一方面，体现了国家、地方政府对民主意识的重视，文化发展战略也体现了社会公众的日常生活需求。

（2）内涵的多元性

城市风貌规划管理绝对不仅仅是改变过去"主、客二分"现象的结果，它的价值内涵也不是追求单一的文化符号表征，对文化符号的传承只是风貌规划管理的一部分。

空间理论研究转向文化观念领域，是从过去"形而上的、抽象化的"研究转向"日常现实生活回归"的研究，从"客观中立的实证主义"研究模式转向"政治关怀"，城市风貌规划管理内涵从"文化符号表征"扩展到"身份认同"，构成了"文化符号表征 ＋ 文化空间生产 ＋ 文化身份认同"的内涵系统。

---

1 客体，作为一个哲学概念，是指与主体相对的客观事物、外部事物，是主体认识和改造的对象，在管理学上，也被称为管理的对象，是指能够被一定管理主体影响和控制的客观事物。

（3）解释的实践性

价值是一种主体性事实，是一个表征关系的范畴，揭示了人的实践活动的动机和目的。城市风貌规划管理的价值是通过规划实践的结果（或可能结果）来解释，它是一个动态的过程，在实践中去解决"价值－事实二分"问题，并与"科学事实"具有同样的客观性质和效力。

（4）作用机制的柔性

文化是城市规划的价值追求，对城市规划的作用更多表现为一种"理"，以一种"柔性"的方式决定、影响着城市空间形态结果。城市风貌规划管理关注到文化的"生成性"，倡导城市规划管理的综合管理观，将空间中的理性要素与非理性要素整合到一起，将空间文化秩序空间整合到城市空间规划体系之中。

现行城市风貌规划编制遵循一种工具理性的理性方法论，遵循科学途径，实施理性策略的工作体系。城市风貌规划通过技术性工作把模糊的、感性的城市风貌意象转变成精确的空间风貌符号控制引导，通过规划工作体系将人们对城市风貌的感性认知高度抽象为理性的空间形态审美性表达，建构一套完整的城市风貌规划目标、调研与分析城市人文资源及厘清其价值清单、研究并提炼具有地域特色的风貌符号、形成一套基于形态符号的空间规划控制体系以及制定相关的技术导则，这构成了当前我国城市风貌规划管理的主要方法。

2.3.2.2 "一放就乱"背后的管理目的危机

风貌规划管理从文化的角度对城市空间的组成系统（即空间形态系统）进行规划，这与传统的规划有所不同，它更侧重于从艺术、审美、文化、历史等非理性要素的角度[1]对空间建设提出引导，是对传统规划体系的补充与完善[2]。文化是复杂的、动态的，甚至是流变的，所以，对城市风貌的内涵认知也就因"市"而异、因"人"而异，规划成果也无法评价。因此，风貌规划管理实践中对涉及空间品质的管理往往被忽视或淡化处理，这导致了城市空间形态无序、杂乱、缺乏特色。

---

1 文化是指社会（即一群人）所赖以起作用的规则。
2 戴慎志教授在"2013 城市发展与规划大会"的主要观点。

2.4 本章小结

城市风貌规划管理直接关系到城市空间的品质。当前，城市风貌规划在我国仍属于非法定规划，研究多因具体实践需要而不同，缺乏规范性的探讨基础。本书研究从城乡规划管理制度出发，结合国家与地方的相关管理实践以及有关学者的研究来梳理城市风貌规划管理的基本框架，即城市风貌规划管理是对"城市风貌规划编制、审批和实施等管理工作的通称"，如图 2.8 所示。

在空间研究中，风貌用于指反映城市文化特征的景观。引入风貌的概念，是为了强调城市建设不仅要满足经济发展的建设需要，也要满足人们文化生活的需要，城市空间形态是"形"与"神"、"内"与"外"的有机统一。

城市风貌规划是城市规划必要的非法定规划，其所担负的独特功能在于"通过物质形态的塑造，提供美的城市景观和面貌，体现一个城市的文化风格和水准，进而展现一个城市总体的精神取向"。"物质空间规划与精神文化表达的结合"是城市风貌规划最核心的特征，城市风貌反映城市的文化特征，是对城市自然生态、社会、文化、经济、政治等各种因素相互作用的表征，城市风貌规划通过对反映城市文化特征的景观系统要素进行规划干预，引导城市空间形态的发展走向。

风貌规划编制的主要任务是解决城市风貌的总体定位及其各层次的空间落实，它通过对城市（或地区）的自然与文化特色资源的分析与总结确定城市风貌的目标与类型，并与各层次的空间规划相结合，将风貌目标落实到具体空间要素的规划引导之中。风貌规划编制反映城市风貌的"特色性""文化性""艺术性"等主要特征，划定风貌控制单元，并对其内在的逻辑作出解释性说明；同时，对各风貌单元的风貌要素控制提出规划要求，规划要求将与土地出让管理结合（备注：近年来，随着对空间质量要求的不断提高，城市风貌的研究和实践都倡导这一点），以加强城市风貌规划的实施。

风貌规划审批是城市规划行政主管部门实施城市风貌规划管理的重要行政措施。城市规划管理制度是落实风貌规划管理的重要途径（国际经验也证明了这一点，详见第 4 章论述），当前我国城市规划管理制度主要是通过建设项目规划管理中的"一书两证"制度落实对风貌要素（即景观要素）的形态管控以达到风貌规划管理要求，地区控制性详细规划和国家（地方）建设工程设计审批依据成为"规划文本"审批的主要依据，主要审批建设规模、建筑密度、建筑高度、容积率、绿化率、建筑间距、建筑界面（主要

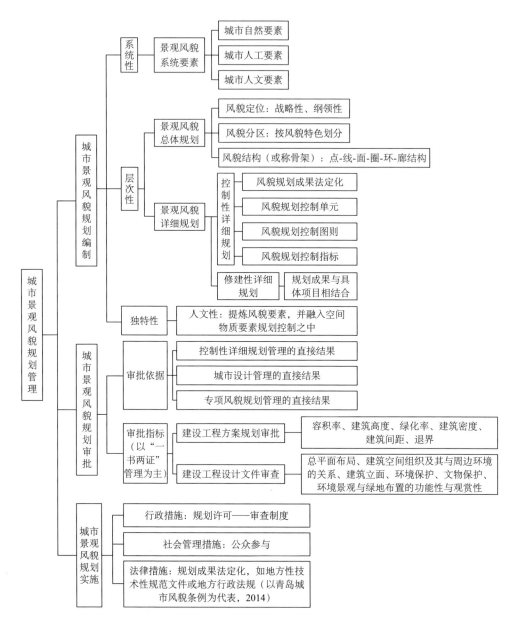

图 2.8　我国现行城市风貌规划管理框架（现状）

来源：作者绘制

指退界）、公共通道（含出入口）等强制性规划指标以及建筑风格、建筑色彩、与周边环境的协调要求等指导性要求。城市规划管理研究中已经在探讨修改当前相关技术规范以适应新的发展要求，即在过去经济技术管理要求基础之上向"文化的""艺术的"发展需要转型，从中我们能看出，风貌要素的规划审批管理也在逐步得到重视。

规划实施管理就是依照法定规划、国家和各级政府规划管理依据，对各类用地和建设活动进行统一的安排和控制，以确保国家（地方）建设发展事业有序发展。城市风貌规划实施的主要措施是"规划许可"制度，但具体执行中反映出明显的自由裁量权较大的特点，对空间形态的判断更多地依赖于管理人员的专业素质修养或者是淡化处理。

本章同时探讨我国现行城市风貌规划管理制度下存在的管理"工具"与"目的"不协调的问题根源。风貌作为一个城市特色的高度表达，现行理性规划编制和政府管理过程很难适应作为文化的景观和上升到精神气质高度的风貌（尤其是新城风貌）的管理要求，往往是强调了"合法性"而忽视了"合理性"，重视了"效率管理"而忽视了"品质管理"，带来了管理实践中"一管就死""一放就乱"的现实情况。"千城一面"是一个长期性、普遍性的问题，要逆转这种文化的衰退趋势，需要改变基于城市科学和理性主义的管理习惯，发展文化"品质管理"的规划理论、方法和思维模式，努力探索"回归人本"的精神文化发展规律与现代公共管理相统一的特有途径。

第 3 章　对城市风貌规划管理的再认识

> 自人类进入现代化社会，便对自己的城市产生一种理性的记忆的要求，开始觉悟到要保护这些历史人文的记忆载体。应该说到了 20 世纪 50 年代著名的《威尼斯宪章》一出来，人们对城市的保护就非常自觉了。保护它，绝不仅仅因为是一种旅游资源或是什么"风貌景观"，更是要见证自己城市生命由来与独自的历程，留住它的丰富性，使地域气质与人文情感可触与可感。当然，这些都是从精神和文化层面上来认识的。
>
> 冯骥才，2006，2011 [1]

土地管理制度是风貌塑造的重要途径，城市政府对土地开发设置规则以便有目的、有计划地改变和改造城市的物质与非物质环境，从而塑造城市风貌。由此，风貌塑造既是城市建设的结果，也是其目的之一，风貌规划管理是城市政府的重要行政管理职能之一。

3.1 文化及文化生成（建构）

风貌是城市文化特征的反映，那么，文化又是什么呢？当代文化研究如何认知文化的生成呢？

3.1.1 文化及其本质

1. 文化的基本概念

文化的英文"culture"一词最初是一个农业术语，原意为种植和耕作，后转义为"培养、教养和修养"。"culture"作为"文化"之义，明确地表明它属于人类的范围，是指

---

1 冯骥才. 城市为什么要有记忆 [J]. 艺术评论，2006（6）：卷首语.

人类对自然界的改造过程，也包括其改造的结果（即人类文明）。

第一次十分明确和全面地对文化作出定义的是爱德华·伯内特·泰勒（Edward Burnett Taylor[1]）。"文化……就其宽泛的民族学意义来讲，是一个复杂的整体，它包括知识、信仰、艺术、道德、法律、风俗，以及作为社会成员的人所获得的其他任何能力和习惯。"[2] 这一定义指出文化在社会生活中的渗透性，强调文化是生活在一起的人的一种参悟，并且是习得的。

自泰勒时代起，对文化的定义就层出不穷。对如此多变的字眼进行界定，最有代表性的是雷蒙·威廉斯（Raymond Williams）。威廉斯认为文化有四层意思：第一层意思是"心灵的普遍状态或习惯"，与人类追求完美的思想观念有密切关系；第二层意思是"整个社会知识发展的普遍状态"；第三层意思是"各种艺术的普遍状态"；第四层意思是"文化是一种物质、知识与精神构成的整个生活方式"[3]。威廉斯将文化看成是涵盖物质、知识、精神三部分在内的整体构成，这种"整体的生活方式"既指向那些有意识的知识形态与艺术样式，也包含了未曾言明的无意识范畴，如共有的习惯和信仰。此外，"整体的生活方式"建立在日常经验的基础之上，涉及各种各样的关系网络与社会机制，旗帜鲜明地批判了庸俗的"经济决定论"，带有强烈的马克思主义色彩。威廉斯并不否认经济的重要性，但是强调要重视上层建筑的丰富性、复杂性与历史性，即：在所有影响上层建筑的因素当中，经济处于"首要"而非"最终决定"的地位（邹赞，2014[4]）。

哲学上对文化的研究是对人类特殊性的探讨。亚里士多德从"善""德性"来揭示对人的特殊本性理解，而人的德性通过人的本质的优化过程来实现，这个过程其实就是一个文化习得过程；古罗马哲学家西塞罗从哲学或思想修养的角度解释，将文化和个人的智性发展与知识、智慧和悟性的获得联系起来，文化被看作一个过程，而不是产品或成果；意大利启蒙运动思想家 G. B. 维柯则从人类自身的符号创造来考察人类的存在，将文化看作人类的历史积淀、沟通方式、信念体系以及法律约定等，并引出了社会涵化理论（即文化的濡化功能）（维柯，1986[5]）。从哲学的立场阐述人的文化本质是不可回

---

1 社会人类学的创建者泰勒爵士于 1871 年提出。
2 爱德华·泰勒. 原始文化 [M]. 连树声，译. 上海：上海文艺出版社，1992.
3 雷蒙·威廉斯. 文化与社会 1780—1950[M]. 高晓玲，译. 长春：吉林出版集团有限责任公司，2011：18-19.
4 邹赞. 试析雷蒙·威廉斯的"文化"定义 [J]. 新疆大学学报：哲学·人文社会科学版，2014, 42（1）：115-120.
5 维柯. 新科学 [M]. 朱光潜，译. 北京：人民文学出版社，1986.

避的事情，哲学家探索人的生命存在及其活动，体现了"文化作为人类存在"的本质认知。

文学传统上则是从一种文化理想的角度来认知文化的，强调本真性和自然性，注重生活内容和生活方式，追求人的价值和自我表现，即精神上的完美。英国诗人和思想家 S. T. 柯勒律治认为，人具有追求精神完美的能力和必然性，他将这一目标称为"修养"（cultivation），意指"均衡地发展我们人类所特有的品质和能力"。柯勒律治引用"cultivation"一词来指代一种精神状态，尤其是社会生活中的一种精神状态，是人类所向往并为之奋斗的一种目标。值得注意的是，与 18 世纪艺术家所追求的精神艺术创作不同，柯勒律治的"精神状态"更带有社会属性，是用来指代那些能够使"人类的完美得以实现的社会条件"，它是一种文化观，而不是艺术观。文学角度下的文化概念是一种心理学的维度，文化突破传统意义上的思想修养，从哲学走向了社会化和文化传播的过程，是人类通过追求完美、汲取知识宝库之精华而达到的自我实现的过程。

而人类学视角下的"文化"则是指"一个社会共享的和通过社会传播的思想、价值观以及感知——被用来使经验具备意义、产生行为，并反映该行为中的准则，这些准则是通过社会习得的，而不是通过生物遗传获得的。"[1] 美国人类学家弗朗兹·博厄斯认为，文化只是特殊的、具体的文化，它是特定的历史过程的产物，是通过传播和与异文化的相互借鉴而发展的，不存在一种文化同一进化的模塑[2]。文化在共同的象征符号基础上，被习得、被分享，它是综合而动态的，同时也是一种工具，用于帮助人类处理自身的存在问题。

社会学对文化的研究更加注重共同的价值观、符号、信念以及行动特征等，这些概念也成为人类学的核心概念。

人类学和社会学把有意义的行为，把人们对自己的行动、思想和情感的理解看作文化，这种文化的概念涉及社会中个体和群体共享的理解（或生活方式）。

2. 文化的基本特性

（1）文化的共享性与习得性

文化是统一文化群体的成员所共享的，是作为群体成员的个人所具有的属性共享的信念、价值、记忆和期望，使个人的行为能为社会其他成员所理解，而且赋予他们的生活以意义。

---

1 威廉·A.哈维兰，等. 文化人类学：人类的挑战 [M].陈相超，冯然，译. 北京：机械工业出版社，2014：11.
2 弗朗兹·博厄斯. 人类学与现代生活 [M].刘莎，谭晓勤，张卓宏，译. 北京：华夏出版社，1999.

文化的"濡化"（enculturation）过程使人们结合在一起，每个人通过一套有意识或无意识的学习，以及与他人互动的过程，随时间开始内化或整合为一个文化传统。

（2）文化的生成性

人类的文化是在自身与其生存环境之间的互动关系中逐渐形成的，文化生产基础的多样性内在地决定了文化类型的多样性，也决定了人类文化发展模式的多样性选择。

人类与环境的关系是客观存在的，但是，对于这种相互关系的解释则因语境不同而多样化。1955 年 J. H. 斯图尔德提出了文化生态学[1]，倡导采用"多线进化"方法来解释文化间的差异和相似的问题，并依据"文化 - 生态适应"创始了文化生态学，将"文化变迁看作适应环境的一个重要的创造过程。"

随着文化生态学的兴起，人类对文化的解释是人对自然生态的适应过程中的一种选择结果[2]，"文化在与自然相互作用所形成的生境内在地规定了文化的基本走向，文化通过主动的适应过程和选择形成相互区别的文化特征"（蒋立松，2008[3]），文化需要在特定的"生境"中加以具体解释，从而形成独特的文化特征——文化的生成过程。

（3）文化的符号性

文化是人类最大的区别性特征，而文化最根本的属性在于它的"符号性"。恩斯特·卡西尔（Ernst Cassirer）在《人论》中说道："对理解人类文化生活形式的丰富性和多样性来说，理性是个很不充分的名称。但是，所有这些文化形式都是符号形式。因此，我们应当把人定义为符号的动物来取代把人定义为理性的动物，只有这样，我们才能指明人的独特之处，也才能理解对人开放的新路——通向文化之路。"[4]

人类社会通过应用符号来获得自身的区别性特征，从而建立关于人的自我定义（蒋立松，2008[5]）。基于文化的符号性，马克斯·韦伯（Max Weber）认为，"人是悬在由

---

1 文化生态学是由美国学者 J. H. 斯图尔德在 1955 年最早提出的，是"从人类生存的整个自然环境和社会环境中的各种因素交互作用去研究文化产生、发展、变异规律的一种学说"。文化生态学主张从人、自然、社会、文化的各种变量的交互作用中研究文化产生、发展的规律，用以寻求不同民族文化发展的特殊形貌和模式。
2 生态学中的"生境"概念引入文化人类学研究，意在强调人与自然之间的依赖关系，这里的"生境"不仅代表了自然的生态环境特征，同时也具备了人类活动的文化环境特征。
3 蒋立松 . 文化人类学概论 [M]. 重庆：西南师范大学出版社，2008：17，36.
4 恩斯特·卡西尔 . 人论 [M]. 甘阳，译 . 上海：上海译文出版社，2004：35，37.
5 蒋立松 . 文化人类学概论 [M]. 重庆：西南师范大学出版社，2008：17.

他自己所编织的意义之网中的动物",克利福德·格尔茨(Clifford Geertz)也认为,"文化就是这样一些由人自己编织的意义之网,对文化的分析是一种探求意义的解释科学"[1]。

（4）文化的整合性

文化并不是各种风俗习惯与信念的杂乱组合,而是整合的、有模式可循的体系,文化不仅藉由其主要的经济活动与相关社会模式被整合起来,也可藉由价值、观念、象征与判断方式的组合来进行整合。

一套特定的中心价值或核心价值(主要的、基本的、中心的价值)整合了每一种文化,并且有助于把这种文化与其他文化区分开来。

3. 文化的功能性与生产性

20 世纪 60 年代后,随着资本主义在全球范围内的迅速发展及其稳固性的加强,资本主义发展进入一个新的历史阶段(即从原来的物化的商品生产方式转向了对人的欲望的生产而引领的消费主义),消费主义的兴起以及由此形成的社会生产方式的转向和社会生活方式的转向,促使对资本主义现代商品拜物教的批判转向了对人的欲望的分析。这种理论的转向,一方面表现出现代资本主义社会矛盾从政治的、经济的领域转入文化观念领域,如 20 世纪 60 年代以来,各种各样的"文化理论"在西方学术界粉墨登场;另一方面表现出西方马克思主义理论阵营的分化及其理论斗争开始逐步偏离政治斗争的目标,转入对当代资本主义社会矛盾的分析,西方马克思主义的理论格局也从"政治经济学批判"转向"文化政治学批判",从"资本论"转向"文化论",从传统的"经济基础与上层建筑的还原主义"转向了"日常生活世界的回归","文化"作为一种重要的社会中介解释社会的发展规律之所以不同于自然的演变规律正是因为有了文化的活动和作用,"文化"具有功能意义,在对组建人的有意义的现实生活世界中起到决定作用。

文化转向意味着"文化成为理解和塑造当代社会的力量和研究的基础,文化指导我们的行为并形塑我们能够理解世界的方式,我们的知识和实践都由文化决定"。

文化是在社会发展中得以不断延续和发展的,作为社会经济发展动力机制的文化是一种不断建构的发展过程,它打破了传统文化作为社会经济发展结果表达的制约,成为推动社会发展的结构性力量,文化也从"幕后"走到了"台前"。

---

1 克利福德·格尔茨. 文化的解释 [M]. 韩莉,译. 南京:译林出版社,2008:5,149.

3.1.2 文化生成的一般要求

文化被视为"一种被生产和消费的具体事物",不再作为共同的价值观,也不代表最高的美学标准,而是与社会结构有着依存关系的实践活动。作为生产的文化建构[1],突破传统的"共识的标准与价值系统"(即一个信仰系统)的意蕴,转为某种渗透于日常生活中必不可少的要素,是生活经验的媒介,传达人类行为的意义。

1. 从历史主动性解答行动的意义

西方马克思主义在回答当代历史主动性实现的问题时,摒弃了经济决定论和机械反映论的思想路线,选择了文化辩证论。西方马克思主义借助"文化"解答当代历史主动性的实现问题,历史主动性是关于"人的主体性",是对马克思主义总体性范畴的维护与坚持。

马克思认为,"劳动,是产生生命的生活,一个种的全部特性、种的类特性就在于生命活动的性质","动物和自己的生命活动是直接同一的",而"人则使自己的生命活动本身变成自己的意志和自己意识的对象,他具有有意识的生命活动"。[2] 马克思从历史过程中人的存在的现实性意义上揭示出人的生命存在所实现的是"环境的改变和人的活动的一致",在于"改变世界"。从人的生成性意义上来看人的存在,社会生产方式就是"他们表现自己生活的一定方式",而"社会结构和国家总是从一定的个人的生活过程中产生的",它们构成了人的存在的确定性意义。马克思揭示了历史创造的实质就在于:"人们自己创造自己的历史,但不是随心所欲地创造,并不是在他们自己选定的条件下创造,而是在直接碰到的、既定的、从过去继承下来的条件下创造。"(潘于旭,2009[3])

---

1 所谓文化生产,即指"把文化作为一个群体过程中生产出来的'产品'"。文化生产在马克思主义那里是指"精神生产",是作为追求经济利益目标的结果表征;20世纪以来,文化生产被看作"生产美学",是作为"把艺术看作同物质生产有共同规律的一种特殊的生产活动和过程",同样由生产与消费、生产者、产品与消费者等要素构成,受生产力与生产关系的矛盾运动的制约。文化生产研究发展到霍尔那里时,已经与早期研究者关注生产环节不同,更加关注消费者的作用,认为"产品的意义既不能由生产厂家简单地'送出',也不是由消费者被动地'接受',而是通过消费者在日常生活中对产品的使用使产品在消费过程中主动地产生意义"。当文化成为社会经济的基础要素之一被认知后,文化生产被看作"将一个想法或者观念变成作品、并把这个产品传播、传递给消费者的过程",更加关注文化在生产过程中的"能动性与结构""构成主义与本质主义""系统与差异"等问题。参见保罗·杜盖伊. 做文化研究:索尼随身听的故事 [M]. 霍炜,译. 北京:商务印书馆,2003:3.

2 马克思 .1844 年经济学哲学手稿 [M]. 北京:人民出版社,2000:57.

3 潘于旭. 从"物化"到"异质性":西方马克思主义哲学逻辑转向的历史分析 [M]. 杭州:浙江大学出版社,2009:绪论.

马克思的"总体性范畴"是一个实践性的本体论概念，同时也是一个凸显历史主动性的方法论概念。总体性范畴体现了历史过程中物质与精神的统一，建立起以实践主体为中心的历史发展逻辑，而文化作为"社会整体生活方式中各种因素之间的关系和组合"的概念，反映了人类主体实践过程中的总体性结构和总体性过程。[1] "文化不再是一种附属的和寄生的东西，不再是一种装饰品和修饰物，不再是一种反映的和消极的活动；相反，文化也是一种生产活动和物质实践。文化不仅是一种理想的东西，而且还是一种现实的力量，具有一种普遍的主体性品格"（欧阳谦等，2015 [2]）。因此，西方马克思主义转向文化概念解答当代的历史主动性实现探讨。

2. 强调基于实践的意义建构途径

我们知道，文化是通过"社会习得的"，而不是通过"生物遗传而获得的"。法国社会学家、哲学家布尔迪厄反对将文化看作"上层建筑式"的文化观，从"习性"出发，从身体与社会世界关系的哲学思辨中去认知文化，他反对理性化的经济最大化，也排斥实证主义的唯物主义，提出建立在一种"实际活动"场域中的行为文化理论。从某种意义上来说，布尔迪厄的"习性"建构过程就是一种"文化实践"的过程，行动者以"习性"为导引去感知和行事，而行动者的行为又受到"实践感"的约束，文化是一种实践，属于物质活动范畴。[3] 布尔迪厄把对社会行为和社会感知的主观感受同关于社会结构的客观主义理论融合在一起，依据主观的对社会世界的实践感和客观结构化的一系列组成社会世界之可能性之间的相互作用去理解社会世界，而实践中形成的关系存在于作为社会建构的感知与评价原则的习性与决定习性的世界之间。[4]

英国文化主义学者将文化看作一种物质存在，一种生产方式，一种整体生活方式，是同生产、贸易、政治等一样，实实在在地发挥着自身的作用，而不是经济政治的副产品（即作为经济政治的结果表征）。文化主义强调了文化的"平常性"和在人类构造共

---

1 西方马克思主义学者卢卡奇等人，将马克思主义的总体性范畴重新解读为一种具有实践性、历史主动性、主体性、目的论等兼具多重规定的理论概念。参见卢卡奇.历史与阶级意识：关于马克思主义辩证法的研究[M].杜章智，任立，燕宏远，译.北京：商务印书馆，2009；安东尼奥·葛兰西.狱中札记[M].曹雷雨，姜丽，张跣，译.北京：中国社会科学出版社，2000.
2 欧阳谦，等.文化的转向：西方马克思主义的总体性思想研究[M].北京：人民大学出版社，2015：导言，77-89.
3 布尔迪厄认为，"文化是实践的，属于物质活动范畴"；而马克思主义则认为，"文化是政治、经济的反映，是对物质活动结果的反映"，二者在这一点上是截然不同的。
4 皮埃尔·布尔迪厄.实践理性：关于行为理论[M].谭立德，译.北京：生活·读书·新知三联书店，2007.

同意义实践活动中的主动性和创造性能力，文化不再仅限于"高雅"艺术，而是走向了日常生活过程中的建构，文化作为一个共同拥有某个地域和语言的群体生活的"蓝图"。法兰克福学派借助文化的经验性和体验性特征，从人的解放角度出发，引入总体性批判思想，以克服工业化以来日趋一体化的问题。霍克海默（Max Horkheimer）认为，传统理论表现出明显的科学主义倾向，过于凸显实证科学的功能，并将自然科学的理念与方法拓展到对现代社会的研究之中，用一种预先设定的普遍概念来解释现实世界，缺乏对其的反思和批判。由此，霍克海默将"历史的维度"引入了进来，从社会的总体性来解释现实世界，对世界的认识过程不仅仅是一个逻辑的过程，同时也是一个具体的历史过程（即实践过程）。[1] 霍克海默与阿多尔诺（Theoder Wiesengrund Adorno）认为，工具理性绑架了启蒙精神的总体性意蕴，科学技术成为总体性的唯一统治力量，导致主体之间、主客体之间走向异化状态；然而，启蒙精神本身是具有社会文化的总体性意蕴，它是一种现代科学技术与传统理性主义结合的人类文化精神，[2] 应该是人的主体向度与科学技术向度的有机结合[3]。

文化对经济基础与上层建筑的统一作用反映在体现了"意识形态的社会功能"上，它反映了经济基础与上层建筑之间复杂的动态关系，这种关系统一于社会实践之中。

3. 跨学科与整体性

威廉斯为文化定义建构了一个多角度理解和评价的框架，文化研究是一种综合性的研究，它是围绕着对文化的共同兴趣、将不同的学科观点汇集和相互渗透，"没有固定的边界，没有堡垒围墙，理论和主题从不同的学科中吸收进来，然后也许在一种被转换状态中又流回去，影响那里的思想"[4]。

文化研究的跨学科性关注文化与其他社会活动领域之间的联系，并不把文化看作一个孤立的整体，文化总是以"现实生活"为对象，不仅是一种知识与想象的作品，更是一种面向现实生活的"整体生活方式"[5]，文化在经济（生产）、政治（社会关系）的关联中得到阐释与说明。

---

1 霍克海默. 批判理论 [M]. 李小兵，等译. 重庆：重庆出版社，1989：181-228.
2 霍克海默，阿多尔诺. 启蒙辩证法：哲学片断 [M]. 洪佩郁，蔺月峰，译. 重庆：重庆出版社，1990.
3 赫伯特·马尔库塞. 单向度的人：发达工业社会意识形态研究 [M]. 刘继，译. 上海：上海译文出版社，2014.
4 阿雷恩·鲍尔德温，等. 文化研究导论（修订版）[M]. 陶东风，等译. 北京：高等教育出版社，2004：43.
5 这里的"整体"是指文化研究关注的是某一群体／集体的整体性表达，而不是个体／个人的表达。

4. 实践性与策略性

斯图尔特·霍尔（Stuart Hall）认为，文化研究的使命是"使人们理解正在发生什么，提供思维方法、生存策略与反抗资源"（武桂杰，2009）。文化研究的理论与方法选择了它所提出的问题，而问题则源于对背景的认知。问题取向与问题意识本身成为文化研究的方法论特征之一，也决定了文化研究的实践性与开放性，文化研究只能根据自身的需要在特定的实践中融入自身的研究，从而制定相应的策略。因此，文化研究中的语言学、历史学、社会学、美学、政治学等，都不能以一种固定的模式被应用，而是要在实践中加以合理综合运用。

5. 政治性的凸显

受卢卡奇、葛兰西、马尔库塞、阿尔都塞、福柯等学者的影响，文化研究更加关注文化与权力、文化与意识形态霸权等的关系，并将之运用于各个经验研究领域。

文化研究的政治性与传统文化批判文学批判的视角不同，前者认为，社会分化与等级秩序通过文化而得以合理化与自然化，而后者则认为文化是艺术与审美的自主领域，它超越功利关系、社会利益并具有超越时空的永恒价值。文化研究的政治性"解构"了这种"自主性"的神话，不是通过参照文本的内在的（或永恒的）价值来认识文化，而是通过社会关系来解释文化的差异与实践，文化也因此被看作争夺、确立与反抗霸权的领域。

6. 参与性与批判性

文化研究的政治视角使其转向对弱势群体、边缘群体的关注。一种高度的参与性分析方法被引入，文化研究为被剥夺者辩护，代表被压迫的、沉默的、被支配的个体与群体的声音，为在统治话语中没有声音的人们而辩护。文化研究自觉地反对那些标榜"客观性"的实证主义，反对"价值中立"，认为价值是有偏向性的。

文化研究是一种批判性的研究方法。20 世纪 30 年代以来，法兰克福学派通过对西方功利主义文化所造成的文化产品商品化、标准化和大众化的批判，围绕"统治"指出文化工业论的欺骗性，并认为文化研究不是停留于单纯的文化分析，而是转向政治和思想层面的剖析，文化研究由具体经验和批判分析所组成。以文化批判为手段的经济意识形态综合分析，是对关于经验和实践领域的研究的合理化解释（这些领域在马克思主义时期被认为是一种附随现象领域），而文化批判则将这种"精神"转化为"意识形态与文化"，

成为政治经济实践合理性的一种解释。（萧俊明，2004 [1]）

文化作为一种指导社会实践的理论方法所认知，从幕后走向了台前，指导文化的生产（建构）实践。"文化"是一种艺术及艺术活动（即由知性的作品与活动组成），是一种特殊的生活方式（即人类学与社会学的研究），是一种"过程与发展"（即历史学的研究）。文化研究作为一种独特的理论方法，具有跨学科、整体性、实践性、政治性、参与性、批判性等特点。

3.2 从符号表征转向场所体验的风貌

人们是根据所获得的场所意义来对环境作出反应的，意义受意象与观念影响，是一种整体的情感反应，是环境及其特定的方面所赋予人们的 [2]。

3.2.1 风貌与符号表征

3.2.1.1 风貌的符号性

文化总是体现为各种各样的符号，人类学的研究表明，人区别于其他动物的根本差异在于人超越自然的文化。卡西尔从符号功能揭示人及其文化的本质，"（与动物的功能圈相比）人的功能圈不仅仅在量上有所扩大，而且经历了一个质的变化。在使自己适应于环境方面，人仿佛已经发现了一种新的方法。除了在一切动物种属中都可看到的感受器系统和效应器系统以外，在人那里还可发现可称之为符号系统的第三环境，它存在于这两个系统之间。这个新的获得物改变了整个人类生活。" [3]

符号之所以被创造出来，就是为了向人们传达某种意义。费尔迪南·德·索绪尔（Ferdinand de Saussure）认为，符号是一种意义编码，是人们对客观世界的意义化，或者说造就的一个意义世界（张天勇，2008 [4]）。从符号的角度看，文化的基本功能在于表征，是借助符号来传达意义的人类行为，符号总是被看作是种种文化价值和意义的主要载体 [5]。

---

1 萧俊明 . 文化转向的由来：关于当代西方文化概念、文化理论和文化研究的考察 [M]. 北京：社会科学文献出版社，2004：118-153.

2 阿摩斯·拉普卜特 . 建成环境的意义——非言语表达方式 [M]. 黄兰谷，等译 . 北京：中国建筑工业出版社，2003：5.

3 恩斯特·卡西尔 . 人论 [M]. 甘阳，译 . 上海：上海译文出版社，2004：35.

4 张天勇 . 社会符号化：马克思主义视阈中的鲍德里亚后期思想研究 [M]. 北京：人民出版社，2008：126.

5 斯图尔特·霍尔 . 表征：文化表征与意指实践 [M]. 徐亮，陆兴华，译 . 北京：商务印书馆，2013：1.

索绪尔认为，意义的产生依赖于语言，"语言是一个符号系统，符号是一个意指形式（能指）与一个被指观念（所指）的结合体"[1]。"语言符号是任意性的，关系将某个特定的听觉印象（所指）与某个确定的概念（能指）连接起来，并赋予它们符号的价值。"[2]符号所指与能指之间关系的是由我们的文化和维系表征的语言信码所决定，符号是意义产生的基础。

"意义不在客体或人或事物中，也不在词语中，而是被符号表征的系统建构出来的，它是由信码建构和确定的。信码确定概念和符号间的关系，它们使意义在不同语言和文化内稳定下来……信码是一套社会惯例的产物，是在社会中确定的，在文化中确定的。"[3]统一文化群体的成员共享相似的信码，作为群体成员的个人所具有的属性——共享的信念、价值、记忆和期望，使个人的行为能为社会其他成员所理解，而且赋予他们的生活以意义[4]。

意义通过符号的选择和组合，被组织到一个特定环境中，通过其用法的文化习俗来生成意义序列，符号成为自然的代码，其意义是文化习成的结果，这一结果是文化代码的实践行为。符号学作为通达语言和意义的普遍途径的一个基础，提供了一种表征的模式，并广泛应用于各种文化对象和实践中。

3.2.1.2 作为文化表征的风貌符号

空间总是以一定的表象形式呈现在我们的面前，形成具体的空间环境。空间表象，即作为现实空间自身直接呈现的表象，是人、物体、建筑、场所等在空间中直接显现其相互空间关系的表象，就是人居住、生活在这个世界上的直接表象。空间表象具有两种再现方式：二维的（平面的）和三维的（立体的），城市三维空间表象展现的是一个城市的形象。

所谓"表征"是指赋予事物以价值和意义的文化实践活动，是运用物象、形象、语言等符号系统来实现某种意义的象征或表达的文化实践方式。《牛津英语简明词典》对"表征"给出了两个相关意义的解释：一是，表征某物即通过描绘或想象来描绘或摹状某物；

---

1 J. 卡勒 . 索绪尔 [M]. 张景智，译 . 北京：中国社会科学出版社，1989：19.

2 费尔迪南·德·索绪尔 . 索绪尔第三次普通语言学教程 [M]. 屠友祥，译 . 上海：上海人民出版社，2002：86.

3 斯图尔特·霍尔 . 表征：文化表征与意指实践 [M]. 徐亮，陆兴华，译 . 北京：商务印书馆，2013：29-30.

4 科塔克 . 文化人类学：文化多样性的探索 [M]. 徐雨村，译 . 台北：桂冠图书股份有限公司，2009：81.

二是，表征意味着（该物的）象征、代表、做（什么的）标本或替代了什么。表征将意义和语言同文化相联系，某一文化的众成员间意义产生和交换过程包括语言、各种记号及代表和表述事物的诸形象的使用[1]。

风貌系统中的"风"（即社会人文系统）是城市风貌系统结构的内在隐性结构，"貌"（即景观空间系统）则是其外在显性结构，风貌系统结构是指城市社会、经济、政治、文化、生态等综合作用之下的城市景观特征，它是一种城市文化特征的反映。美国文化人类学家 A. L. 克罗伯和 K. 科拉克洪在 1952 年发表的《文化：一个概念定义的考评》中认为"文化存在于各种内隐的和外显的模式之中，借助符号的运用得以学习与传播，并构成人类群体的特殊成就，这些成就包括他们制造物品的各种具体式样，文化的基本要素是传统（通过历史衍生和由选择得到的）思想观念和价值，其中尤以价值观最为重要"。城市风貌的显性物质形态是其隐性物质形态在空间上的符号投射，表现为一个城市的整体面貌和景观，是由各层次的空间要素所构成的城市空间形象。

3.2.2 风貌与场所体验

3.2.2.1 场所体验

20 世纪 70 年代，西方地理学领域开启了关于场所[2]的探讨，并影响到了环境规划设计的研究。澳大利亚地理学家和风景园林师赛顿（Seddon）把地形、植被、土壤、气候、地质、河流等自然要素视为场所感的重要参数，并进而转向对场所的文化复杂性的探索（Seddon, 1972 [3], 1997 [4]）。场所感不仅包含自然要素的特征，还包含着人对空间的体验、空间中发生的事件、人们的记忆等个人化的、无形的要素，它是"风"（社会人文）独特性的反映。

场所（place）是"由具有物质的本质、形态、质感及颜色的具体的事物组成的一个

---

1 斯图尔特·霍尔. 表征：文化表征与意指实践 [M]. 徐亮，陆兴华，译. 北京：商务印书馆，2013：15-16.
2 场所包含了两方面的含义：一是场所感（sense of place），它是人在特定场所的特定经历的总和；二是场所本身的内在特征，它包含了场所的独特性，这种独特性反映人对某些场所的特殊感觉，体现人的情感追求，场所是一种人性化的空间概念。
3 Seddon G. Sense of place: A response to an environment, the Swan coastal plain Western Australia [M]. Nedlands, Western Australia: University of Western Australia Press, 1972: 260.
4 Seddon G. Placing the debate: A long postscript [M]//Seddon G. Landprints: Reflections on place and landscape. Cambridge; Melbourne: Cambridge University Press, 1997: 136.

整体，这些物的总和决定了一种环境的特性"[1]。场所感是空间环境特征的表达，它把空间与人的社会活动与人们心理的要求统一起来，诺伯舒兹将之称为"场所精神"[2]，并认为它是某处区别于其他地方的感觉，人必须与其居留地区蕴含的场所精神和谐一致，才能获得居留在该地心理上的安定感和满足，城市空间作为一个"场所系统"应该与人的社会活动密切结合，创造出属于自己地方的"场所精神"[3]。场所感赋予场所以意义，段义孚（Yi-Fu Tuan）认为，"空间趋于无差别、无个性、抽象的，而场所则具有稳定、具体、熟悉、安全和日常等倾向，对空间的日益熟悉和价值的赋予使无特征的空间转变成充满意义的场所"[4]。人和空间的互动产生了场所意义，场所感包含着归属及情感的投入。虽然个体经验与感官对刺激的接受程度存在多样性，但在群体的层面上却存在一致性的看法，表现出社会趋同的特征，即对景观感知的集体认同（王先龙，2017[5]）。

场所体验是场所特性与观察者相关的生理、心理和文化因素相互作用的结果，是人与地域环境之间的情感纽带。场所体验研究遵循两种范式：一是客观主义范式，主要是为了识别及确定与景观偏好有关的物理景观属性，以景观为中心[6]；二是主观主义范式，侧重于心理和社会学的反应，以观察者及其社会文化背景为中心（Marc Antrop，Veerle Van Eetvelde，2017[7]）。

1. 景观（视觉）偏好

视觉偏好基于景观场景的成分、特征（客观因素）和观赏者的心理因素（主观因素）而确定"专家 / 设计参数""感官 / 知觉参数""认知结构"等景观质量参数（Daniel，2001[8]），它主要用于评价视觉变化的影响。

---

1 诺伯舒兹 . 场所精神：迈向建筑现象学 [M]. 施植明，译 . 武汉：华中科技大学出版社，2010：68.

2 场所精神（genius loci）是罗马的想法。根据古罗马人的信仰，每一种"独立的"本体都有自己的灵魂（genius），守护灵魂（guaraian spirit）赋予人和场所生命，自生至死伴随着人和场所，同时决定了他们的特性和本质。参见诺伯舒兹 . 场所精神：迈向建筑现象学 [M]. 施植明，译 . 武汉：华中科技大学出版社，2010：18.

3 诺伯舒兹 . 场所精神：迈向建筑现象学 [M] . 施植明，译 . 武汉：华中科技大学出版社，2010：68.

4 Tuan Yi-Fu. Space and place: The perspective of experience[M]. Minneapolis: University of Minnesota Press, 1977.

5 王先龙 . 景观感知视角下的中国传统八景现象研究 [J]. 中外建筑，2017（3）：51-54.

6 2000 年的《欧洲景观公约》（*European Landscape Convention*，简称 ELC）中提出，"景观"是指一片被人们感知到的"区域"，它是自然、人作用（或二者相互作用）的结果。

7 Marc Antrop, Veerle Van Eetvelde. Landscape perspectives[M]. Springer Science+Business Media B.V, 2017: 103.

8 Daniel T C. Whither scenic beauty? Visual landscape quality assessment in the 21st century[J]. Landscape & Urban Planning, 2001, 54(1): 267-281.

视觉偏好研究中主要应用客观因素的定量测量评价，如场景的形式特征、视觉的"几何学"（如视点、场域范围和深度、线条、颜色及纹理等）（Brabyn，2009 [1]），强调场所中的审美性（或吸引力）、形象的完整性和多样性。

2. 社会知觉

体验的过程不仅是欣赏魅力风景的审美过程，也是通过感知叙述赋予景观以意义的过程，它是主观的和认知的，受主体的文化背景影响。许多价值观都会影响场所的体验，"价值"在场所体验中发挥着重要的作用。

价值观通常会基于"观点"而有所不同，这是一个关于"谁对景观的感知"的话题。《欧洲景观公约》（COE，2000，2008 [2][3]）中明确表明："对于一个特定的景观而言，景观质量目标是由公共管理部门根据公众（对他们所处的环境）意愿而确定的景观特征。""应有相关的程序确保公众、地方或区域地方政府、其他相关利益群体能参与进来。"景观价值不仅通过所表达的意见得到社会的承认，而且还通过空间的实际使用和各种表现形式得以体现。因此，景观被认为具有不同的社会功能，因记忆载体、心理健康、舒适和教育等多方面的价值而被认知。

从社会知觉视角认知场所体验，则主要反映在其历史 – 文化价值（及传统价值）、身份价值（及对当地居民的价值）、审美价值及舒适性等几方面。（Cassatella，2011 [4]）

3.2.2.2 场所体验的认知方式

作为一种意识，建筑现象学认为，"意向性"和"身体 – 主体"是认知主体与客体之间相互构建关系的基本方法。

1. 意向性

"意向性"（intentionality），是布伦坦诺（Franz Brentano）提出的概念，它是指意识通过有目的的心理活动投射到客体，从而构成意向性的世界，意义的世界。胡塞尔继

---

1 Brabyn L. Classifying landscape character[J]. Landscape Research, 2009, 34(3): 299-321.

2 Council of Europe. European Landscape Convention[EB/OL]. [2000-10-20]. Florence, http://conventions.coe.int/Treaty/en/Treaties/Html/176.htm.

3 Council of Europe (2008). Guidelines for the implementation of the European Landscape Convention [EB/OL]. [2007-03-22,23]. http://www.coe.int/en/web/cm.

4 Cassatella Claudia. Assessing visual and social perceptions of landscape[M] // Cassatella C, Peano A. Landscape Indicators. Springer Netherlands, 2011: 110.

承了他老师的这个观点，进一步将"意向性"推广到潜在的意向领域，把外部世界包括在完整的意向内容（volles noema）之中，反对现象与本质、主体与客体的二分法，认为"现象就是本质"，并提出"生活世界"（lived world）的概念，认为日常生活世界是"唯一真实的"世界 [1]，这是一种通过现象研究意识的方法，研究的目的在于在纯粹的明证性或自身被给予性的范围之内探究所有的被给予性形式和所有的相互关系，并且对这一切进行明证性分析。

"意向性"和"回归事物本身"构成了胡塞尔最显著的两个基本方法论观点，他所说的认识对象不是客体，而是主体的认识结构，我们通过直观的"看视"（to see）看待意义世界，这是一种体验生活世界的超越性态度。

2. 身体 – 主体

存在主义（existentialism）是一个从揭示人的本身存在的意义出发来揭示存在的意义和方式进而揭示个人与他人及世界的关系的哲学流派。莫里斯·梅洛 - 庞蒂（Mauriu Merleau-Ponty）认为，知觉的主体就是具有精神和肉体两方面的人的身体，即"身体 – 主体"，身体是通向世界的结构，是人与世界发生关系的中介，知觉是认识的基础，它是感性与理性、意识与行动、主观与客观、信仰与本能等的综合体，它先于科学抽象和反省思维，是一切真实认知的基础，是真理和实在的体现 [2]。

赫尔曼·施密茨（Hermann Schmitz）认为，人的身体知觉不同于肉体知觉，它不依赖于感觉器官，而是一种由体验、情感等空间性力量组织起来的情感性空间。情感是一种激动人心的力量，这种力量不仅存在于身体之内，而且像天气、气氛一样包裹着人，是整体的、不可分割的 [3]。施密茨从情感方面解释人与世界的关系，赋予"身体的情绪震颤状态"以主客观两重性，肯定了人自身的经验、情感在生活中的意义以及个人体验的价值。

3. 将"知觉体验"锚固在场所之中

场所精神认知往往与一个人对某一特定空间的熟识度、个人的经验、感知、态度、情绪、记忆等相关联。霍尔借助"身体"感知、运动和体验，通过把对建筑的"知觉体验"

---

1 胡塞尔 . 纯粹现象学通论：纯粹现象学和现象学哲学的观念 [M]. 李幼燕，译 . 北京：商务印书馆，1992.
2 莫里斯·梅洛 - 庞蒂 . 知觉现象学 [M]. 姜志辉，译 . 北京：商务印书馆，2001.
3 赫尔曼·施密茨 . 新现象学 [M]. 庞学铨，李张林，译 . 上海：上海译文出版社，1997.

锚固在建筑创作之中，从而创造独属于自己场所的特征。霍尔正是通过探讨与建筑相关的现象学问题，关注人与环境场所的关系，用知觉体验建筑，从而探寻建筑的本质（王媚，2014 [1]）。

3.3 场所体验下的风貌

3.3.1 意义化的风貌空间

"城市是文化的容器，这容器所承载的生活比这容器自身更重要" [2]。约翰·汤姆林森在《全球化与文化》一书中指出："阐明文化的一种目的感，即什么样的感受使得生活充满了意义。" [3]文化作为城市精神和创造力的历史凝聚与积淀，是城市的精神和灵魂，其本质和核心价值在于探寻"什么样的城市让人们生活得更美好"，这对于正处于高速城市化建设发展的我国来说，是一个"热发展"中的"冷思考"，即反思城市自身应该具有什么样的人文尺度和文化特色。

"文化转向"下的空间实践追求的是社会认同基础之上的经济、政治、社会的和谐统一，城市规划作为一种功能性的"工具"作用转向规划的社会目的性，强调规划的社会目标和社会理想。

人类的生存实际上是人自身与环境交互作用的过程，空间在人类社会实践的作用下转变为人的空间，而人也成为了空间之中的"人"，这种转化过程是外在空间与人的主体性建构、自我意识形成的一种相互作用，空间环境必然反映主体的意志。

空间作为理解人类活动的基本属性之一，与时间共同形成了一个基本的构序系统（ordering system），楔入人类思想的方方面面。空间之所以会有各种不同的概念，源于人类将其从实体剥离出来而进行的不同抽象层次的概念描述，又因社会科学的解释模式缺乏统一性，空间的把握就变得更加复杂与多变 [4]。

我们对空间的认识进程是从物理空间开始的，它也是社会空间建立的基础。在最基本的层面上，人们相信，存在着一个客观的、绝对的物理空间（如牛顿时代），由纯粹

---

1 王媚.霍尔建筑现象学思想探析 [D].沈阳：东北大学，2014.

2 刘易斯·芒福德.城市文化 [M].宋俊岭，李翔宁，周鸣浩，等译.北京：中国建筑工业出版社，2009.

3 约翰·汤姆林森.全球化与文化 [M].郭英剑，译.南京：南京大学出版社，2002.

4 罗伯特·戴维·萨克.社会思想中的空间观：一种地理学的视角 [M].黄春芳，译.北京：北京师范大学出版社，2010：5.

意义上的物所指明的空间，这种学术假设的"绝对空间"是一种物理事实，20 世纪中叶的空间转向、空间性，使一些思想家纷纷将关注点转移到空间在人文生活中的意义上来，开始重视空间、重新认识空间，空间对理解和构建人文社科产生影响。这是一个把空间"复原"到历史决定论、唯物辩证论，重新构建历史唯物主义的解释方式，在这种解释范式中，空间是一个积极的、主动的因素，改变着我们的生活和生产以及整个社会的面貌。

　　列斐伏尔反对几何学角度上的"空洞的空间"，他认为，现代认识论者将空间视为精神性的事物，从空间的表象去解读空间的意义，并赋予各种不同的意义，而这种描述"仅是空间的片段或截面"，"绝不可能提供关于空间的知识"[1]，空间包括三种：空间的实践（spatial practice）、空间的再现（representations of space）及再现的空间（representational spaces）。"空间的实践"指空间性的生产，这种空间性"围绕生产和再生产，以及作为每一社会构成之特征的具体地点和空间集"。它"保证了连续性和某种程度的内聚力"，并"寓示一种基本层面上的能力和一种特殊层面上的行为"。空间的实践是生产社会空间性之物质形式的过程，因此空间既表现为人类活动、行为和经验的中介，又是它们的结果。"空间的再现"界定的是"概念化的空间，这是科学家、规划者、城市学家、分门别类的专家政要的空间，是仿佛某种有着科学爱好的艺术家的空间——他们都把实际的和感知的当作是构想的"，这种"构想的"空间还与生产关系特别是生产关系所强加的秩序或设计相连。这种秩序通过控制知识、符号和符码得以确立：它控制译解空间实践的手段进而控制空间知识的生产。列斐伏尔认为，"这是一切社会（或生产方式）中的主要空间"，是认识论的力量源泉；"再现的空间"包含了"复杂的符号体系，有时经过了编码，有时则没有"。它们与"社会生活的私密的或底层的一面"相连，也与艺术相连 [2]。它是物质领域（自然界）、精神领域（逻辑的和形式的抽象）以及社会领域三个领域的统一，揭示空间实际是一种生产过程 [3]，他强调空间作为社会关系的再生产以及社会秩序建构过程的产物，将动态的城市生活同哲学家更普遍的关系联系起来 [4]。

1 亨利·列斐伏尔 . 空间的生产 [M]. 刘怀玉，等译 . 北京：商务印书馆，2021.

2 Edward W Soja. 第三空间：去往洛杉矶和其他真实和想象地方的旅程 [M]. 陆扬，等译 . 上海：上海教育出版社，2005：84-86.

3 Edward W Soja. 第三空间：去往洛杉矶和其他真实和想象地方的旅程 [M]. 陆扬，等译 . 上海：上海教育出版社，2005：16.

4 安东尼·奥罗姆，陈向明 . 城市的世界——对地点的比较分析和历史分析 [M]. 曾茂娟，任远，译 . 上海：上海人民出版社，2005：38.

索亚（Edward W. Soja）在列斐伏尔的基础之上，提出了一种基于"真实"物质世界的"第一空间"和根据空间性的"想象"表征阐释现实的"第二空间"之上的"第三空间"，作为理解和行为的一种他者方法，目的在于改变人类生活的空间性，是适应空间性 – 历史性 – 社会性重新平衡的三维辩证法的新范域、新意义。索亚认为，"第一空间"视野和认识论模式关注的主要是空间形式具象的物质性，可由经验描述的事物；"第二空间"是在空间的观念之中构思而成，起源精神或认知形式中人类空间空间性深思熟虑的再表征。

与索亚一样，沙朗·佐京（Sharon Zukin）同样认为人类生活不是简单地运作于城市之中和城市之上，而是在很大程度上也从城市发源，从城市生活复杂的特殊性和激发点上发源。因此，佐京提出"谁的文化？谁的城市？"，力证了文化同样是控制城市空间的一种有力手段，作为意象与记忆的来源，它象征着"谁属于"特定的区域[1]。

大卫·哈维（David Harvey）继承了列斐伏尔的"社会空间是社会产物"这一观点，赞同"空间具有意识形态的意义"（张佳，2014[2]）；海德格尔则将空间问题与人类的生存本质联系在一起；列斐伏尔、哈维等把特定的空间与特定的生产方式相联系；吉登斯等社会学家则将空间与社会制度、社会结构结合起来；福柯则集中于权力与空间的各种关系上；詹姆逊等人致力于阐释后现代空间的特征。从他们的研究可知，各种社会力量、权力、机构、群体、个体都可能在历史地利用空间的同时，重新塑造、表述、想象空间，并且使这种空间成为自身社会力量的组成部分，这种社会力量的空间化过程不断地改变着空间构成的面貌，改变着空间蕴含的复杂语义，不断编写着各个区域、地方、场所的沿革史。

空间被视为社会产物，空间的内涵就得到根本性的扩展，空间不再是纯粹静止、客观、被动的，而是具有复杂的社会、政治属性，空间与社会之间充满了互动关系，空间以其虚空性而包罗社会与人各种线索的特征，使得我们在它之中、面对它、理解它、营造它，成为最具挑战性的社会实践（童强，2011[3]）。

1 Sharon Zukin. 城市文化 [M]. 张廷佺，杨东霞，谈瀛州，译. 上海：上海教育出版社，2006.
2 张佳. 大卫·哈维的历史 – 地理唯物主义理论研究 [M]. 北京：人民出版社，2014：51，91-92.
3 童强. 空间哲学 [M]. 北京：北京大学出版社，2011：34，86.

　　空间实践中的文化建构是在空间实践中追求社会认同基础之上的经济、政治、社会的和谐统一。空间由物理空间和社会性空间两部分组成。同时，空间包含了生产、概念化和意义化三种内涵，它是空间的历史性和社会性的辩证统一，是与人类的生存本质联系在一起，即作为生活环境的空间。

　　风貌作为城市长期发展过程中形成的传统、文化和生活的环境特征，是地域文化系统的一部分，是一种回归主体（人）的生活场域性的解释，文化意义的解释不再是形而上的超验解释或抽象的经验解释，而是一种动态的社会意义解释，风貌是具体的政治、经济和意识形态相互作用的结果，风貌突破传统"文化客体与痕迹的扩散"内涵，是物质性、精神性和社会性的统一，风貌内涵从科学实证主义的自然地理空间走向自然地理性与社会历史性的辩证统一，是人类改造自然的目的、过程及结果的统一，包括自然、社会及人文三种维度的综合统一，如图 3.1 所示。

　　风貌探讨文化如何赋予空间以意义，探究文化在形塑空间的过程中所具有的重要功能和决定性意义。空间不是一个非物质性的观念，而是种种文化现象、政治现象和心理

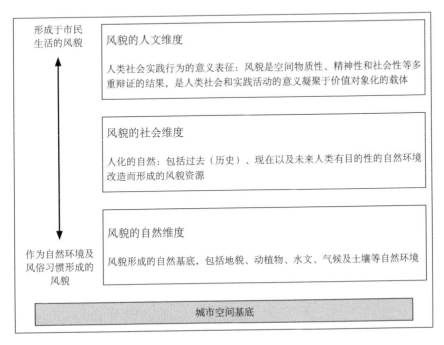

图 3.1　风貌的构成维度
来源：作者绘制

现象的化身，空间并不是一个纯粹客观的空洞容器，而是社会文化历史的产物，正如人类的生产活动是有意识、有目的的实践活动一样，空间在人类生产实践活动改造下，成为意义生成的场所。

3.3.2 从审美意象转向社会生活方式

从文化视角来认知空间实践，它反映了空间实践作为"人类社会"的建构属性，而非自然天成。"文化"是一个（或整个）社会群体、时期或国家的"精神"描述，指涉个别风格或特色、一个艺术或智识发展的阶段、社会群体表现性的生活与传统、某种社会历史时势，或是较广泛的整个时代，威廉斯将文化的指涉扩大到了"一种物质、知识与精神构成的整个生活方式"的广义层面。城市景观特征反映了城市空间实践思想的变化，表现出具有更丰富文化内涵的风貌特色。

从"整体的生活方式"的角度认识风貌内涵，它否定了风貌作为"经济决定论"结果的静态表征认知，进入一种全新的多角度理解认知，突破传统"高雅"艺术文化，转向日常生活方式与过程表达。风貌的文化意义解释不再是形而上的利维斯主义的精英解释或者是马克思主义的机械论解释（指资本论下的经济决定认知），而是作为一种生活方式的普遍性，是对具体情境下的意义表述，如表 3.1 所示。

作为生活方式的文化解释，是把有意义的行为都看作文化，即人们对自己的行为、思想和情感的理解，是在社会中建构的，"我们通过我们的社会处境及我们同他人的相互作用来理解我们的世界，对世界的理解是从社会角色和社会关系形成的"（陆扬等，2006[1]）。风貌反映了这种文化特征的变化，它从物质空间规划的审美意象转向了当代文化研究下的社会生活方式表达的内涵。

3.4 场所体验调控型风貌规划管理模式的设想

3.4.1 作用机制的非线性迭化作用

建成环境是物质的、社会的和文化的（这里强调作为精神的这部分）相互作用的结果，人们根据意义（文化）作用于对象。

哈耶克认为，文化作为"人之行动而非人之设计的结果"的"自生自发秩序"，是处于"非

---

1 陆扬，王毅 . 文化研究导论 [M]. 上海：复旦大学出版社，2006：10.

表3.1　"艺术管理"与"文化管理"的比较

	作为艺术管理的文化	作为文化管理的文化
文化意义的解释	作为艺术及艺术活动的意义	作为社会生活方式的符号特质
基本观念	文化是一个描述"音乐、文学、绘画和雕塑、戏剧、电影"的词语	把有意义的行为、人们对自己"行为、思想和情感"的理解等都看作文化
文化范畴	狭义文化	广义文化
文化符号的生成	形而上的艺术符号建构	社会生活方式的实践艺术符号建构
文化原则	文化普遍性	文化多样性
符号构成的路径	通过经验性赋予意义形式与秩序	意义来源于实践生活中，但形式与秩序的赋予需要借助于经验性
文化符号结构的解释	结构主义下的"层叠性"	从一种生活方式的选择开始，"结构性"只是其外在表现形式，"生成性"是其内在固有性
文化符号建构的基本逻辑	先验逻辑："因果－功能"整合 规范判断： 应然性判断； 模态判断； 以指示性管理为主； 对人的行为作出某种指示或规定； 解答主体应当怎样或不应当怎样	实践逻辑："逻辑－意义"的整合 价值判断： 实然性判断； 关系判断； 以揭示主客体之间的价值关系为目的； 通过"关系"（人与人、人与物之间）来传达对人的意义； 解答客体对主体的意义，但并不直接回答主体应该如何
艺术符号的生成	作为形而上的艺术： 推论性； 机械的、精英主义的； 非描述性的	作为实践的艺术： 非推论性； 多方"对话"机制； "参与"机制（即经验的真实来源）； 描述性（即对关键性事件或场景的认知）

来源：作者绘制

自然－非人为"的"第Ⅲ象限"，是一种自生自发的力量。[1] 正是文化这种"自生自发"特性，文化管理的核心问题就在于"关于目的、计划、措施和政策等的真正有根据的命题是否可能以及如何成为可能"（冯平，2006 [2]）。文化也就成为"内在制度（潜规则）与外在制度（显规则）互动的和"（吴福平，2012 [3]）。文化一方面作为"自生自发秩序"，具有动态和流变的特性（或属性），另一方面，则体现为任何一个组织所创设的外在制度（显规则）与组织或其成员本身所固有的潜在制度（潜规则）的互动结果。

---

1 冯·哈耶克.哈耶克论文集 [M]. 邓正来，译.北京：首都经济贸易大学出版社，2001：373.

2 冯平.杜威价值哲学之要义 [J]. 哲学研究，2006（12）：55-62.

3 吴福平.文化管理的视阈：效用与价值 [M].杭州：浙江大学出版社，2012：6-7.

文化作为场所体验生成与表达的一种内在的动因，风貌规划编制将其引入土地空间规划，与城市规划管理制度结合，发生一种"糅合作用"机制，以一种"内在的""无形的""肯定的""持久的"方式对城市空间建设产生一种"正反馈"的控制作用，如图 3.2 所示，通过迭代过程，产生一种新的"秩序"结构，进一步改善、优化规划建设管理中的"负反馈"控制现状。

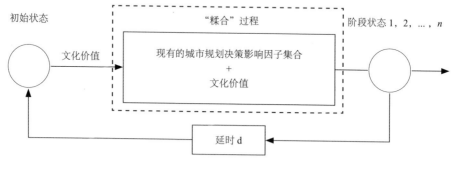

图 3.2　文化的迭化作用
来源：作者绘制

将"场所体验"纳入城市规划管理体系之中，其作用结果直接反映在城市空间形态结果上，城市空间形态构成了城市风貌规划管理的作用客体和直接产品，空间形态的审美价值、意识形态价值、民族文化传承价值，甚至身份表达价值等构成了城市风貌规划管理主体的行为价值出发点。

3.4.2 行动中的价值判断

场所体验调控型风貌规划管理对文化价值是一种在具体的社会行动中的解释、判断过程。

"全部社会生活在本质上是实践的"，实践是一切评价标准的出发点和归宿，人们在生活实践中形成特有的价值观念（或思维）和形象系统，成为指导和推动人的实践活动的精神力量源泉（李德顺，2007 [1]）。索罗金（Pitirim A. Sorokin）在《社会与文化动力》（Sorokin，1937 [2]）中对比了文化与社会体系之间的区别本质，并提出了"逻辑 – 意义的整合"与"因果 – 功能整合"的观点。"逻辑 – 意义的整合"即文化特征，是指一种风格，

---

1 李德顺 . 价值论 [M]. 2 版 . 北京：中国人民大学出版社，2007：269.

2 Sorokin P. Social & cultural dynamics[M]. Boston: Parter Sargent Publisher, 1937: 380-389.

逻辑含义、意义与价值的统一体；"因果 – 功能整合"即社会体系的特征，是指在有机体里可以发现的那种整合，其中所有的器官被组合为一个统一的因果网络，每一个器官都是一个因果反射圈中的因素，这个反射圈"维持体系运转"。

"从先验逻辑走向实践逻辑"是去除实证主义病根的重要路径，实践是检验城市规划的科学性、合理性、可行性的唯一标准。走向实践逻辑的文化意义解释是一种对主体性事实的尊重，是"应该怎样"的一种价值评价，评价标准反映人的需要、利益与客观现实之间统一的客观性。

与规范性评价不同的是，价值评价是事物所具有的对主体有意义的、可以满足主体需要的功能和属性的概念，是一种关系范畴，而非实体范畴、属性范畴，表明主客体之间一个特定关系方面的质、方向和作用，如表 3.2 所示。

价值事实存在于价值关系运动的现实的或可能的效果、结果之中，或者不如说，价值关系运动后果的事实，就是价值事实（李德顺，2007 [1]）。也就是说，对于文化意义的解释是一种实践行动下的价值解释。

从社会实践的角度看风貌空间，风貌不仅是人类生产实践的场域场所，还是凝聚实

表3.2　价值判断与规范判断的区别

价值判断	规范判断
实然性判断 （关于客体某种性状的判断）	应然性判断 （根据社会价值体系和客观实际情况对人的行动提出某种要求，解决"主体应如何"的问题）
关系判断	模态判断
揭示主客体之间的价值关系	采用指示性规范指导主体作用于客体以及应当如何作用于客体
客体价值属性的判断，通过与人的关系传达对人的意义	在一定情境中给人的行为作出某种指示或规定的判断
解答某种客体的意义，即主体对客体的一种评价、一种意向、一种态度，但并不直接回答主体应该如何	解答主体应当怎样或不应当怎样

来源：作者绘制

1 李德顺 . 价值论 [M]. 2 版 . 北京：中国人民大学出版社，2007：236.

践意义与价值的对象化载体，它强调对空间的经验性描述，强调空间的地方性或场域性。然而，空间场域并不是意味着某种外在于人的生活的环境围场，而是主体置身于其中并行动于其中的场域，同时也是主体行动的结果，即实践生产创造的产物，恢复空间的生活场域性并不意味着将空间还原为具体的物质存在场所，而是其内在动因乃在于探究空间建构的社会文化意义。

3.4.3 "在者"的对象化

迈向场所体验的风貌规划管理将主体（人）对场所的感知作为管理对象，解决空间环境主客体的统一。

马克思认为，人之存在的本原性根据和意义不在纯粹的客体之中，也不在主观的意识世界，而在于人与世界所构成的对象性关系之中，纯粹的、与人无关的客观世界，以及意识的、观念的主观世界，都不过是形而上学的理论设定；实践的过程是人的本质力量对象化的过程，对象性活动的过程是主观见之于客观、精神变为物质力量的过程，人通过实践活动达成自然与人、客观与主观的对象性统一关系，空间生产的过程就是文化表征的过程，也就是实践意义与价值的表征过程。

恢复空间的生活场域性，即恢复空间场所的社会生活意义，有助于建构一种日常生活世界的空间观念，有助于帮助人们透过生活场域性的空间了解生活本身的建构过程。梅洛-庞蒂运用现象学还原的方法提出，克服身心二元对立的方法是"身体的空间性"，"身体的空间性不是如同外部物体的空间性或'空间感觉'的空间性那样的一种位置的空间性，而是一种处境的空间性"，"身体的空间性是身体的存在的展开，身体作为身体实现的方式"[1]。离开身体的空间是游离于生活之外的形而上学空间，空间因此成为空洞而抽象的虚空，成为客观中立的容器；同样，离开空间的身体是抽象的大写的精神符号化的主体，身体只能成为脱离环境而孤立存在的主体。

走向社会实践的空间认知，实现了物质性、社会性与历史性的统一，空间成为物质性、精神性和社会性的多重辩证场域，空间的生活场域性最终将回到从事生产实践活动的主体——人，并以人的身为性或在场性构成空间的原点与焦点，激活空间的社会意蕴，使空间意义的生成得以成为可能。

---

1 莫里斯·梅洛-庞蒂.知觉现象学[M].姜志辉，译.北京：商务印书馆，2001：147，197.

场所体验型风貌规划管理过程中引入"主体"，解决了感知的对象化、实践性，是对意义的具体化解释，打破了形而上的意义限定。

3.4.4 从符号迈向话语

场所体验型风貌规划管理从话语解答主体（人）的历史主动性。

索绪尔的"符号学"是一种意义编码，是人们对客观世界的意义化。但索绪尔所建立的语言学描述是一种封闭系统的内部关系或结构研究，符号系统内部没有实存只有差异，所有的关系都内在于有限系统本身，与外在的、非符号学的现实毫无瓜葛。

符号学这种线性的方式，难以适应于复杂事物的解释。今天，我们解释复杂世界往往是从两种不同语言实体（即名词性主语和谓语动词）之间的综合建构作用（synthetic construction）去获得言语和信息的动态结构，它已经超越了有限系统本身的既定性，迈向了未来的复杂性和不确定性。

从符号到话语使语言学研究从符号学转向了语义学。符号学侧重于从形式的角度把语言拆解为部分，而语义学则直接关注"意义"（语句背后的隐含），它从根本上为语言的综合性程序所界定，强调语义需要在特定的语境中才能被确定。

"话语的根本的和首要的特征即它由一套语句所构成；借此，某人就某事对某人说了某话。"[1] 在这个意义上，话语不仅拥有一个世界，而且还拥有了他者、对话建立的场所以及不同主体之间的互动、延伸或者中断。由此，话语具有了三种辩证结构关系：① 事件（event）与意义（meaning）；② 说者的意义和说辞的意义；③ 含义（sense）与指涉（reference）（刘惠明，2013 [2]）。在事件与意义的辩证关系之中体现的是暂存（或变化）因素与持久（或稳定）因素两种力量的综合作用；说者意义与说辞意义之间则是一种交互性，它是话语意义内部主观性因素与客观性因素之间的辩证；"含义"与"指涉"之间则是内部的（或内在的）构成与外部的（或超越性的）影响的意向关联。

从符号到话语，本质上是从文本间的互文性转向了具体实践中的关系性表达。

3.4.5 从文本到规划行动

场所体验型风貌规划管理在具体的社会行动中解答符号的具体意义。

---

1 保罗·利科 . 从文本到行动 [M]. 夏小燕，译 . 上海：华东师范大学出版社，2015：108.
2 刘惠明 . 作为中介的叙事：保罗·利科叙事理论研究 [M]. 广州：世界图书出版广东有限公司，2013：47-48.

话语（discourse）通过文字被固定下来，即文本。[1] 文本借助于语言模式向世界进行说明与解释。文本在进行话语的主观意向说明时具有语义的自立性，文本被看作主观意向（意义）的一种投射，它独立于作者的意向，还独立于受众的接受和产生此（书面）话语时的经济的、社会的和文化方面的环境，从而获得了更为广泛的受众。

文本这种语言模式对原因的解释和说明依赖于符号学的结构性阐述，它是结构性的，而不是生成性的。文本的结构分析就似一台完全在内部运作的机器，与理解之间没有联系。理解作为一种交流，是作者与读者之间的一种交流、一种一致性，利科（Paul Ricoeur）认为，文本的自立性排除了这种相互作用，文本终止了与作者的意向、与最初的读者以及与交谈者共存的处境的原始联系，说明与理解之间则是关于一种"由问题和回答发展出来的理解"，说明的过程是自身外在化的过程，它通过理解而得以实现。

结构分析并不违反内在性规则，那么，是什么促使分析者在叙事文本内部去寻找叙述者和听者的各种表征甚至理解的呢？叙述重新被放回传承和鲜活传统的运动里，通过言语链构建文化共同体，在叙述的交流中展现出问题的整体性。这样，叙述就成为面向世界打开叙事的行动[2]。

从文本到行动是因果逻辑转向动机关系的秩序，两者都是关于说明与理解的众多场地之一，并在历史实践中得到辩证统一。

3.4.6 行动中的"知、情、意"统一

在城市化日渐成熟的今天，城市风貌规划不再仅仅是一种"乌托邦"描述，更是一种走向实践的社会行动框架，真实地影响和指导着我们今天的建设行为。

上海新一轮城市总体规划（即"上海2035"）中，基于城市发展的延续性进一步提出"卓越的全球城市"，明确"人文之城"的发展目标，突出"文化兴市、艺术建城"的理念，"文化+"的发展战略，包含：一是通过空间载体与文化活动打造具有全球影响力的国际文化大都市；二是将历史风貌、城市遗产整体性、自然特色等与城市有机更新紧密结合，塑造独特的大都市与江南水乡交相辉映的风貌特色空间形态；三是立足于多元包容的社会主体，激发全社会文化活力，繁荣城市文化产业，弘扬城市精神和软实力，纳入整体空间规划控制体系之中。

---

1 保罗·利科.从文本到行动[M].夏小燕，译.上海：华东师范大学出版社，2015：148.
2 同上，180.

即使我们说我们在绘制一幅诗意般的未来图景，但"诗意地，并非乌托邦，而是附加在大地上的（荷尔德林语），它是（人类）安居中的一种高级的、特殊的度测，如同大地尺规（几何学的，geometry）一样客观存在，它是对（人类）安居之度本真的测度，是建筑的原始形式，诗让人的安居进入它的本质，诗是源始的让居"[1]。城市风貌规划早已走出传统散漫的空间美学浪漫主义追求，走向与城市建设社会行动紧密结合的计划行动，与城市建设行为目的密不可分，成为城市空间文化特色保育、促进城市活力和竞争力的重要的空间规划技术工具，也成为空间文化政策实施的重要规划工具。

场所体验调控型风貌规划管理活动是城市景观形态"知""情""意"的综合性行为活动，是"真""善""美"的统一，最终目的是通过城市规划建设塑造高品质的生活空间，以满足人们不断发展的物质文明需要和精神文明需要。

场所体验调控型风貌规划管理所追求的"真"是指哲学层面的"唯真性"，是科学客观地认知规划实践行为是一种理性的过程，其目标不仅是解决经济发展问题，还是解决人自身发展的问题，因此，规划实践包括理性要素与非理性要素的管理，而文化则全面代表了规划实践中"非理性要素"部分的价值观。所以，这里的"真"是规划实践"唯真性"的追求，并非实证主义的"真"；"善"是道德问题。道德问题本身就是一个自律的问题，并非他律，他律只是一种手段，自律是根本。因此，这也为空间规划实践中引入"善"的管理提供了可能性，空间规划实践中可发挥文化内化控制力的作用，优化空间规划实践的结果。"美"，本质上是一种价值沟通工具。当我们上升到事物的普遍实在性时，"美"就脱离了虚幻世界的外形和幻想，成为一种普遍的统治力量存在着。

场所体验调控型风貌规划管理就是空间形态景观面貌的"真""善""美"统一的价值管理，它以非理性要素为基本特征，柔性管理是它的主要管理方法。

3.5 本章小结

因风貌作为城市文化特征的反映，本章从文化是什么、文化的生成特征以及当代文化研究的建构思想出发，重新认知风貌的内涵，并探讨其向场所体验调控管理的转型。

20 世纪 60 年代以来，"文化"不再仅是社会政治经济发展的结果表征，也是一种指

---

1 海德格尔. 人，诗意地安居 [M]. 郜元宝，译. 桂林：广西师范大学出版社，2000：71-77.

导社会实践的理论方法，文化具有功能性和生产性。文化的功能性表现在其作为"一种社会共享的和通过社会传播的思想、价值观以及感知而被用来使经验具备意义、产生行为，并反映该行为中的准则"内涵解释时，它对社会实践的指导意义，即社会实践中的人类行为意义。人们把对自己的行动、思想和情感的理解看作文化，这种文化的概念涉及社会中个体和群体共享的理解（或生活方式）；文化的生产性则表现为社会实践过程中的意义生成过程（即建构过程）。

文化视角下的风貌，是客观的领土、环境与人的主观感知的统一，是一种回归主体（人）的生活场域性的解释，是一种动态的社会意义解释，风貌是具体的政治、经济和意识形态相互作用的结果，是从科学实证主义的自然地理空间走向自然地理性与社会历史性的辩证统一，包括自然、社会及人文三种维度的综合统一，风貌不仅仅是某种"客观的实体"，更是一种"人们对某区域所分享的价值的、使用的感知表达"。

转向场所体验调控型的风貌规划管理是一种从符号要素结果管控转向场所意义（文化）建构引导的管理的转型，场所体验调控型风貌规划管理从整体性、跨学科性、人的历史主动性、社会实践性、政治性、参与性等视角重新构建风貌规划管理的内涵与管理方法，突破现行风貌规划管理线性的、抽象的、先验性的管理模式，在行动中实现具体的"知、情、意"统一。

第4章 城市风貌规划编制管理

"城市是一个由自我形成的整体，其中所有的元素都参与城市精神的塑造。"[1] 城市依其形象而存在，是时间、场所中与人类特定生活方式紧密相关的现实形态，是人类社会文化观念在形式上的表现（刘生军，2012 [2]）。

4.1 转向社会行动的风貌规划

何为"规划（planning）"？规划是一种对未来一定时期内的综合部署与具体安排，是意图、期待、行动及其关系的表现。从管理学的角度理解，规划是一种决策的过程，透过这种过程，管理者针对组织的未来设定目标，并拟定出一套达成这些目标的手段，规划包括目的与手段两个部分（林建煌，2010 [3]）。文化视角下，城市风貌规划从主体（人）出发，将人的日常生活行为方式的普遍生活意义看作文化的根本，将普遍生活意义解释引入规划文本化的过程之中，并转化为相关的规划实施运作计划、规划控制引导体系以及管理程序、风貌规划政策等，重塑新的空间文本，创造丰富的、现实的生活空间。

4.1.1 意义的行动实践解释

后现代主义关注到了文化现象作为一种政治过程的实践解释，即文化表征的过程也是政治表达的过程，霍尔将文化解释推到一种多元共存的"差异性"认知高度，文化的形成不再是简单的、机械的、单向的引导结果，而是由一系列各不相同的主体或立场所构成的、相互交错制衡的"协商"结果。

风貌规划通过景观要素管控，改善整体的生活环境来提升区域凝聚力和公众福利，其目的是创造一种共同的认同感，跨越学科与行政边界，反映了不同管理层次、利益相关者以及公众的共同愿景。

共同愿景的形成是一个社会化过程，它是对传统"规范"方法的一种补充。传统方

---

1 阿尔多·罗西. 城市建筑 [M]. 施植明，译. 台北：尚林出版社，1996：11.
2 刘生军. 城市设计诠释论 [M]. 北京：中国建筑工业出版社，2012：45.
3 林建煌. 管理学 [M]. 上海：复旦大学出版社，2010：121.

法所提供的结构连续性具有一定的局限性，它不能对未来快速变化（甚至是混乱的变化）进行有效的预测（即从过去到现在、未来的单一推理很难预测当前复杂变化下的发展趋势），引入社会过程的景观质量目标（landscape quality objectives，简称 LQOs）定义是一种实践集成的方法，通过整体规划尺度的探讨，从不同的相关利益群体（甚至潜在的）参与去探索各种可能的未来趋势，以撬动对未来发展潜在可能的认知。

场所体验调控型风貌规划通过分享同样的地方社会价值，增强了政府间的黏结度并促进"社会共同体"的形成，从而形成地区认同感，如法国综合土地规划中，部长负责景观政策协调就是一种法国鼓励和提倡的常见开发方式；瑞士则由中央国家和区域性机构来协调各部门的景观规划以促进整体风貌的形成；荷兰将景观纳入所有政府层级的土地规划政策之中 [1]；英国虽然没有独立的景观立法，但景观是国家规划政策框架的有机组成部分，规划主管部门需参照景观特征评估（Landscape Characteristics Evaluation, LCA）。

风貌的日益复杂性使其管理方法从过去的科学管理 [2] 转向了复杂科学管理 [3]。欧洲委员会引入社会文化视角，在《欧洲景观公约》实施操作指南中建议"景观的识别包括对地貌、考古学、历史、文化和自然特征及其相互关系、变化的分析，还包括对从景观历史发展和近期意义上对公众的景观感知（perception of landscape）的分析""公约的实施应注重'知识'的基础性作用""鼓励公众参与，促进公众的景观意识""景观政策的制定是以资源和机构为基础，在空间和时间上协调，并得以程序化"等具有突破性的管理建议（COE，2008 [4]）。景观的复杂科学管理反映在对其研究对象复杂性、不确定性、

---

1 荷兰的风貌管理由基础设施与环境部、经济部两部委负责。前者负责将景观纳入所有层级的土地规划管理之中，后者负责农村发展对景观和生物多样性的影响以及开放空间的规划。

2 泰勒的科学管理是建立在"效率和理性"基础之上的价值取向，从管理学的"程序和方法—组织—人"三维框架来看，科学管理中的"人"是指"经济人"，"组织"是指"机器"，"程序和方法"则是一种"经典物理学学科范式"。

3 复杂科学管理是复杂科学与管理的结合，它的研究对象是社会层面上的复杂系统，如社会、经济、文化等系统，理论基础是系统思维模式，研究方法则是定性与定量的结合。复杂科学管理理论是基于对"社会是具有思维能力的人介入其中的复杂系统""社会系统中的个体具有随机性、不确定性和非线性，个体之间相互影响、不断进化""系统本身及其组成部分受环境影响，同时又反过来影响环境""系统具有复杂的多层次结构，每个层次的经济利益通常并不一致，需要协调""'智能'是复杂系统的有机组成部分""复杂系统具有自组织性、自适应性和动态性"等的认知，对管理的"元方法论"进行探讨。参见李竹明，汤鸿. 从科学管理到复杂科学管理——管理理论的三维架构与研究范式的演进 [J]. 科协论坛（下半月），2009（3）：144-145.

4 The Committee of Ministers. Recommendation CM/Rec(2008)3 of the Committee of Ministers to member states on the guidelines for the implementation of the European Landscape Convention[EB/OL]. [2008-02-06]. http://www.coe.int/en/web/cm.

动态性的科学认知，并采取了非线性的管理思维，从人的参与性角度去解答问题，在复杂多变、不确定性的环境下，普遍适用规则的探讨不是管理的根本目的，发现管理对象之中所蕴藏的复杂关系更为重要，而这种"关系范畴"就是一种"价值"表达。

由于对景观复杂性、不确定性、动态性等的科学认知，风貌的"约定"意义不再存在于过去经典的"自上而下"规划过程中所固化、理论化的设定；相反，它的意思是在运动的过程中建立起来的，它涉及不同利益群体、政治和社区，是多元主体对风貌共同的认知并使之成为后续实践的依据。因此，对风貌意义的认知更多的是一种公众的社会行动实践结果，而非抽象的、形而上的科学推理结果（Olwig，2007[1]）。

4.1.2 塑造地方共同感知

场所体验调控型风貌规划突破传统人对自然审美意识表达的范畴，迈向了人与自然、人与人关系的文化解释，以某种有意识的方式去建立行动者与地域之间的关系，从而形成场所的意义以及对意义的感知，这种感知包括人与自然关系的感知、人的行为动机感知、空间结果的审美感知等综合结果。

在欧洲空间规划实践中，为了强调场所感知对空间建设的改善作用，从"研究/行动"出发探索社会感知，这意味着在所涉及的人群及其生活环境中开始了解和建议的过程（这种过程通常是循环类的），并包括（Giorgio Pizziolo, Rita Micarelli, 2002[2]）：

① 对生活环境的个人和普遍认知；

② 对指定环境赋予价值，形成"特定"的环境价值；

③ 从历史的、自然的数据，以及上述所提到的特定价值等方面评论环境条件；

④ 综述以上为必要条件和人口变化的需要；

⑤ 干预策略、过程、计划、方案和项目的目标；

⑥ 地方政府的最终决定，我们定义整个过程为"一种实验和参与的过程"。

风貌是塑造、影响人的行为决定的"生活环境"，它将环境自然尺度、文化的内在尺度、

---

1 Kenneth R Olwig. The practice of landscape "conventions" and the just landscape: The case of the European Landscape Convention[J]. Landscape Research, 2007, 32(5)：579-594.

2 Giorgio Pizziolo, Rita Micarelli. The perception of one's life environment: learning and project programme for the participated formation of life environments[C/OL]// First meeting of the Workshops for the implementation of the European Landscape Convention, Strasbourg, 23-24 May 2002:26. https://www.coe.int/en/web/landscape/home.

经济和社会尺度等统一于"生活"的概念之中，我们可以从个人的和地方社会层次对之进行再建构，鼓励人们参与到这种环境的建构之中。

"项目/程序经验和参与改变了生活环境（风貌）"（简称生活环境的参与程序），通过鼓励"经验转化"或"公众参与"，将人们对风貌的感知扩大化，并通过土地管理工具实施形成地区的共同感知。

土地管理工具中的计划制定了规则以引导行动，而地方决策者将组织行动的开展。前者将场所感知过程设为一种开放的过程、文化的过程，同时也是环境转换的过程，参与者的主观态度、社区集体的价值取向、社会制度的情况、景观与整个环境系统结构的关系等构成了场所感知过程的背景，计划将通过结构规划（项目评估和战略阶段）、政策选择（技术的制定阶段）、对每一个体验的经验指导和批判性评估（规划阶段）、城市总体规划（对参与成果的持续性评估）等规划程序过程管理来形成最终的场所感知认知（Giorgio Pizziolo, Rita Micarelli, 2002 [1]），后者则是在整个规划参与过程中起到重要的组织者作用，如法国的多尔多涅山谷景观规划（Yves Luginbühl, 2002 [2]）。在该项目过程中，市长组织召开了一系列会议，主要关注以下三方面内容：

一是有关地形的会议，目的是识别集体社区景观认知经验上的特征；

二是通过对景观变化的交流学习，将公共和私人景观联系在一起；

三是在政治行动中去解决发现的问题。

同时，对于不同规划阶段的景观问题认知（景观问题是逐渐呈现出来的，景观问题本身并没有改变，它只是被"过滤"而呈现出来），问题的解决可以由市长给他们提供行政程序或使用某些领域的专门机构的干预，这是一种基于知识交流的解决方法，是建立在各种领域合作之上的。研讨会议结束后，市长将继续负责组织行动、组织资金。该案例为我们提供了重要的经验借鉴，即相关参与者的选择、参与者对地图文件的特征识别、参与者之间共享的价值观演变成为"景观"。

场所体验调控型风貌规划将场所感知作为一种规划工具，可以整合风貌评估和地方

1 Giorgio Pizziolo, Rita Micarelli. The perception of one's life environment: Learning and project programme for the participated formation of life environments[C/OL]// First meeting of the Workshops for the implementation of the European Landscape Convention, Strasbourg, 23-24 May 2002:26-27. https://www.coe.int/en/web/landscape/home.
2 Yves Luginbühl. Présentation d'une expérience de sensibilisation et d'information: les «ateliers paysage» de la vallée de la Dordogne[C/OL]// First meeting of the Workshops for the implementation of the European Landscape Convention, Strasbourg, 23-24 May 2002:31-36. https://www.coe.int/en/web/landscape/home.

感，为空间规划决策提供基础。自《欧洲景观公约》之后，欧洲的空间规划战略已经在积极地探讨将"感知"引入空间规划之中，以塑造具有共同认同感的场所，形成自己独特的城市风貌。

4.1.3 身份与参与的凸显

1. 身份（identity）

场所感被看作一种身份认同的基础，景观有助于地方文化的形成，它是城市自然和文化遗产的一个基本组成部分，有助于人类福祉和地方认同的巩固，在个人和社会福祉中和人们的生活质量中，景观有助于人类发展和增强地方（身份）认同（Division，2006 [1]；Déjeant，2011 [2]）。

身份是一个地方的统一感知，它通过人和景观在感知与行动两个层次上的相互作用而形成，它取决于一个地区在景观方面的独特性和生活方式相关的特征，整合了景观的物理、社会和文化等方面，形成城市独特的风貌特色。

规划的过程是探讨具体物质形式背后主观维度的过程，多层次管理（即不仅包括物质性要素的建设，还包括主观性要素的建设）的土地使用政策是有价值的。景观作为"领土身份的表达"，强调其视觉与社会感知在规划实践中的重要性。城市的结构和形式是一个复杂的文化现实，风貌反映了这种复杂性，它使历史和文化的复杂演变过程存在于人们的历史记忆中。对感知的考察反映了各种景观价值的公共意义，它依赖于文化规范。

身份是话语和关系场的表达，它通过一种特别的城市风格设计、绿色开放空间、地域建筑以及历史性遗产保护、公众参与等来加强地方身份，促进对地区的历史和文化理解，增强地区认同和地方识别性。

2. 公众参与与社会协定

从社会视角去认知风貌，这不是简单的居民社会行为调查，更是一种不同人群为了建构他们与环境的联系的公众参与意识，这种联系是一种激励性学习过程，通过公众、专家和政策管理，风貌认知变成了一种"学习过程"，尤其是对于新来的居住者而言（Giorgio Pizziolo，Rita Micarelli，2002 [1]）。

---

1 Maguelonne Déjeant-Pons Head of the Spatial Planning and Landscape Division. The European Landscape Convention[J]. Landscape Research, 2006, 31(4): 363-384.

2 Déjeant-Pons M. The European Landscape Convention[M]. Springer Netherlands, 2011: 13.

公众参与主要体现在两个层次上：首先是风貌政策的定义，其次是风貌政策的实施（Michael Jones，2007 [2]）。与风貌政策定义相关的是景观质量目标的定义，它需要地方公共主管部门以"参与原则"与公众进行协商，以使不同的价值观和意识形态得以表达，规划实施阶段的参与可以调动、争取更多的利益相关者、所有权人以及相关部门政策的理解、认同和支持，提高了效率、理解和社会凝聚力，提高了透明度和问责制，增强了穷人和弱势群体的能力，增强了人们学习和行动的能力。

参与要求风貌规划过程中参与的人之间进行交流和对话，这并不是一个简单的交流问题，而是包括四个方面的一系列调解过程：

① 人们讨论什么？语言和概念是否清晰、能够被理解？

② 讨论与规划过程之间如何建立关系？

③ 哪些价值、含义、符号等，被赋予到了我们所讨论的主题里？

④ 如何促进讨论？（工具、方式、组织）

参与本身并不是目的，而是它作为一种工具集成在一个过程中带出的元素去增强意识，并将利益相关者的观点融入程序之中。

参与作为一个过程方法或方法集，通过参与和对话意味着附加的价值和意义，这种方法是受人类学家的启发，通过引入一些长期参与当地活动、分享当地生活理念的人们参与进来，更容易了解他们对风景的看法和感受，从理论上讲，这是获得精确和可靠信息的最准确的方法，但它需要大量的时间和相当多的人类学知识。

协定是建立在管理者与利益相关者之间的（Déjeant，2011 [3]）。参与过程中，不同群体就其风貌需要在竞争中进行谈判、协商，参与的过程是知识分享和学习的过程，同时也是共识形成的过程。"协定"是一种可行的管理办法，是利益相关者与管理者之间就风貌问题而达成并自愿实施的共识协议。

4.2 风貌规划编制方法创新：对体验的情境判断

1 Giorgio Pizziolo, Rita Micarelli. The perception of one's life environment: Learning and project programme for the participated formation of life environments[C/OL]// First meeting of the Workshops for the implementation of the European Landscape Convention, Strasbourg, 23-24 May 2002:21. https://www.coe.int/en/web/landscape/home.

2 Michael Jones. The European Landscape Convention and the question of public participation[J]. Landscape Research, 2007, 32(5): 613-633.

3 Déjeant-Pons M. The European Landscape Convention[M]. Springer Netherlands, 2011: 18.

场所体验调控型风貌规划编制通过意义文本化的过程将生活意义凝结于风貌符号体系之中，在这个过程中，编制者将现实生活中的多维意义转化为规划文本，再将文本化的设计语言转化为付诸实施的运作计划、引导控制体系、管理程序以及相关的规定、政策等，重新演绎出新的空间文本。

4.2.1 风貌规划编制中的情境预判

4.2.1.1 情境：社会学的象征身心交感论

人类精神通过风貌符号，如建筑群体、道路与市政设施、自然山水与植被、城市色彩与材料、广告店招与城市照明等景观元素的类别和图式而赋予世界以意义。风貌符号是空间建设行为活动的结果表征，它与空间建设本身、建设方式、建设目的以及空间场所中人的活动（含潜在的活动）等密切相关，反映为一个城市独特的风貌。风貌特色表达了整个城市（或地区）的精神追求，有助于意义的表达。

人们在城市中感受风貌特色是一种复杂的主观行为活动。它是一种非语言的交流方式，强调人们与空间环境之间的一种互动的交流。风貌作为一种建成环境，它给人们的刺激首先是情感刺激，这种感情上的反应是基于环境及其特定的方面所给予人们的意义[1]。也就是说，人们对建成环境的情感共鸣（即认知反应）本质上是一种空间意义的解释[2]，社会学的象征身心交感论（symbolic interactionism）借用情境[3]来帮助人们更好地理解环境，进而调节相应的行为。布鲁默认为，建成环境是客体物质的、社会的和抽象的等因素相互作用的结果，人们根据意义作用于对象（即对象指示人们如何行动），社会组织和文化提供了一套固定的线索用以解释情境，从而帮助人们举止适度（Blumer，1986[4]）。

社会学下的情境[1]解释从更为宽广的"场域"来理解情境的艺术准则、词汇的意义

---

1 阿摩斯·拉普卜特.建成环境的意义——非言语表达方式 [M].黄兰谷,等译.北京:中国建筑工业出版社,2003:4.
2 环境意义的研究至少包含了三种途径:符号学的语言模式、象征的方法,以及源于人类学、心理学和行为学的非语言交流模式。
3 "情境"最早出现于1967年Herman Kahn和Wiener合著的《2000年》一书中,它是有关世界如何变化以及世界在未来某个时间会如何变化的故事。参见 Kahn H, Wiener A J, Bell D. The year 2000: A framework for speculation on the next thirty-three years[M]. Macmillan New York, 1967.
4 Blumer H. Symbolic interactionism: Perspective and method[M]. University of California Press, 1986.

指征。情境符号指征是在行动所处的各种地点和场面的线索中被编码（这背后的诱因受文化差异影响），以表达特定的意义，如图 4.1 所示。

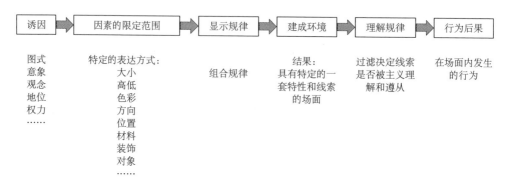

图 4.1 风貌意义的情境解释

来源：阿摩斯·拉普卜特.建成环境的意义——非言语表达方式 [M].黄兰谷，等译.北京：中国建筑工业出版社，2003：95

作为"第二代认知科学"[2]，情境认知强调事物认知的相互作用性、认知情景化的普遍性、意义的解释学性质及认知的分布式特性等特性，情境认知与身体、情境、周围因素直接相关。情境提供了某种行为的线索，引发按某种可以预料的方式来行动的倾向。从社会文化框架的视角解释，风貌是一种环境，而不仅仅是一种"艺术"，它是高度个性化、多变化的，甚至是片段性的场所意义，而非传统艺术所表现出来的"固定的""共通性的""持续性的"场所意义。

4.2.1.2 场所体验结构的情境描述

情境认知过程是人与环境之间的交互作用过程，人、周围环境、社会文化状况作为一个共存的整体，参与整个认知过程，共同构成认知系统；认知情境化的普遍性是指人

---

1 从环境中的行为来看，情境包括社会场合及其背景，即谁做什么，在哪里，什么时候，怎么做，包括谁或不包括谁。象征身心交感论对情境的定义包括三方面：第一，人类对事物（包括物体和人）的行动基于事物对他们所具有的意义；第二，事物的意义起源或产生于社会的相互影响过程；第三，这些意义是在人们处理他们所遇到的事物时采用的解释过程中运用，并通过这一过程加以修改。所以，意义不是固有的，解释起到重要作用，而解释是由文化所"赋予"的。

2 "第一代认知科学"专注于认知过程本质的研究，忽略了对情感、情绪、动机和主体体验等的关注，失去了对人的意识、情感、心灵等的合理解释。"第二代认知科学"强调认知的具身性（embodiment）和情境性（situatedness），更加强调认知的开放性与包容性。参见李江.情境认知探析 [D].太原：山西大学，2015：4.

类认知过程有赖于情境，没有脱离现实情境的认知成果，对意义的解释也不能脱离其具体、特殊的情境，人类所有的认知活动是一个适应环境的过程和依赖于自身主体性的解释和建构过程，是两者辩证的统一过程；意义的解释学性质是指不同于客观主义的认知主义所秉持的"意义具有纯粹的客观性和普遍性"，"意义"在整个认知过程中处于不可或缺的核心位置，人类心智的本质在于它是一种构造意义的认知活动，我们通过富有意义的认知活动和周围的整个世界发生关系，紧密地连接在一起；认知的分布式特性是指人的行为受到物理环境、文化环境和社会环境的约束，认知是在一个特有的开放的、活生生的、实际的情境体系中进行的，它强调认知活动是一个内含文化影响的实际"情境"，而非"实验室"的预设。

　　"体验性"作为一种意识存在，是文化现象的哲学抽象形式。当我们在进行城市风貌规划时，存在着一种"文化存在的解释原型"，它是隐匿的，以一种"概念化"或"意象"表达着"在者"的存在方式；它是科学存在的，并以隐蔽的方式影响着人们的认知，正如海德格尔在《人，诗意地安居》[1]中所说的那样：

> 神殿矗立于它所在之处，其中就有真理的发生。这并不意味着，神殿正确地反映或表现了某物，而是说，作为整体的在者被带入无蔽之境并且被保持在其中。真理在梵·高油画中发生，这也不是说，某种事物被正确地描画出来，而是说，通过油画对鞋的器具性存在的揭示，作为整体的在者——处于相互作用之中的世界和大地——趋于无蔽之境。

　　场所体验调控型风貌规划通过"情境"对场所体验进行规划引导。场所体验是有结构的，但这种结构是人文的，它是情感和审美的，是高层次方面的结构表现。克洛德·列维-施特劳斯将外在世界整个统摄到结构之中，结构在这里不再是具象的"形态结构"，而是系统内在一种"整体性"与"秩序性"，结构不仅规定了整体，联络整体的各组成部分，同时，结构还构成了整体，具有自主性[2]。

　　结构从"具象形态结构"认识发展为一种系统发展的认知框架、一种理论方法，是非具体构造物的结构，它通过人的感知诠释过程得以不断"再构造"，结构的意义因此

---

1 海德格尔. 人，诗意地安居 [M]. 郜元宝，译. 桂林：广西师范大学出版社，2000：87.
2 克洛德·列维-斯特劳斯. 结构人类学 [M]. 张祖建，译. 北京：中国人民大学出版社，2006.

而呈现。社会 – 文化系统有一个倾向，即从完全不具备普遍性类型特征的结构化整体的子系统中概括出系统的一般性特征。这种"有机体类比"几乎成为社会学中社会系统概念的内在品质。因此，当我们在处理社会 – 文化系统时，可借助具有同样认知核心的"类概念"来检验新的认知。这种结构的内在恒常性并不必然在经验层面上通过它取得的显著成果的单调重复来呈现自身，相反，实践上广阔无边的经验的多样性依然能够与恒定的甚至不可改变的深层结构相一致。结构化整体属于那些"不是任何事都可能发生"的整体，是内部松散的既定结构逻辑所定义的某些状态的概念最小化。

4.2.1.3 风貌客体的三种情境解释

1. 定律解释

定律解释[1]（Explanation of Individual Events），是用经验定律对某种经验现象或事件的描述的解释，它属于一种哲学层面的理解，在具体解释中用"具体的、现实的人"取代逻辑实证主义的"逻辑的抽象的人"以实现语形学、语义学和语用学三者的辩证统一，重建理性主义的科学解释观。它是人文、社会科学解释的基本类型。

与人文、社会科学解释的逻辑结构相同，城市风貌规划的科学解释中也包括定律解释，主要体现在城市规划师、专家们对形象感性思维经验的把握，即审美的经验把握；同时，这种定律解释也体现在构成风貌的各种空间要素的整体规律性认知方面，如各类设计规范、人的动机行为规律认知等，换句话说，城市风貌规划的定律解释涵盖了构成风貌各类空间形态要素的美学的、自然的及社会学的规律性认知，作为一种"前理解"而科学存在。

走向社会实践逻辑的城市风貌规划定律解释，其解释项不再是主客体之间单一的逻辑结果解释，而在于重建逻辑纲领：逻辑实证主义的"逻辑纲领"具有"形式化"和"完备化"倾向，过分强调科学解释的规范性，忽视了科学解释过程的特殊性与不确定性的结果；而定律解释则尽可能地接近实际情形的解释，是"可演绎的""支持覆盖率的"，也可以是"归纳的""或然的""统计的"，因此，它的解释项不宜（也不可能）囊括一切特殊的细节和充分的形式条件。

普遍律作为规划行为之前的一种客观存在的"前理解"，表现为对某种经验现象或

---

1 定律解释作为科学解释研究，最大的贡献者是美籍哲学家亨普尔（Hempel C. G.）。

事件的描述，而这种经验或描述背后的逻辑有效性条件就构成了定律解释的形式条件。亨普尔和奥本海姆提出，这些形式条件须满足以下四方面条件（Hempel，1965[1]）：

① 被解释项必须是解释项逻辑演绎的结果；

② 解释项必须包含导出被解释项所不可缺少的普遍律；

③ 解释项必须具有经验内容，或至少是能被实验或观察所检验的经验内容；

④ 组成解释项的句子必须是真的。

场所体验调控型风貌规划的定律解释与规划行动的具体语境相结合，它对事物的解释不是抽象的、想当然的全域性解释，而是直面具体的事件或事物的某种描述，表现为一种解释，这种"解释"负载着问题提出的问题境况、问题背景以及提问者的意向等，被称为"问题语境"的东西，以"论题""可选择集"和"具体要求"组成的问题逻辑影响和规定着科学解释的筹划和组建，而不是抽象的逻辑形式来决定。

2. 动机解释

"动机"是由某种需要所引起的有意识的或无意识的但可实现的行动倾向。它是目的的出发点，是人去行动以实现目的的内在动因。动机解释是城市风貌规划解释重要的类型之一，从环境行为学研究在城市风貌规划中的应用我们不难理解动机解释的重要性。

现实活动中，引起人的行为的动机往往不是单一的，而是复杂多元的，因此，社会学家往往会求助于普遍规律（即定律解释），以人的行为和活动的基本特点为背景，直指人的行动、活动或其结果的解释，是一种指涉人的目的、信念、理想、意向的解释。

场所体验调控型风貌规划中的动机解释将主体看作在一定的社会环境、一定的社会关系中生存和活动的解释者，将客体看作主体通过解释性文本意欲理解和领会的客观的事物。走向社会实践逻辑的城市风貌规划的动机解释不是将行为仅看作知识与实在之间的关系，而是看作实现人与人关系的语境，行为主体不再是抽象的逻辑主体，而是生活于现实社会、通过个体间的交往活动而存在的主体，主体与客体的关系在实践中通过人与人的主体间关系展开并表现出来；而客体作为行为主体的对象性活动指向，是规定和限制行为主体的意向及其对象性的解释活动，两者之间通过城市风貌规划文本形成一种对象性关系的约定。

---

1 C G Hempel. Aspects of scientific explanation and other essays in the philosophy of science[M]. New York: Free Press, 1965: 247-248.

3. 功能解释

功能解释是通过指明被解释对象在维持或实现它所属的系统的某些特征方面具有或履行的一个或多个功能（或功能失调），或者阐明它在导致某个目标中所起的作用对之进行解释的解释形式，它是对复杂功能系统内某种因素或部分过程发生的解释。

场所体验调控型风貌规划的功能解释更多的是表现为作为主体（人）对客体（城市）建设改造行为意义的一种解释。意义的本质是什么呢？意义是一种实践关系的表达，一方面，意义的赋予离不开人的实践活动，作为意义载体的风貌是人类实践的智力劳动成果，是人类实践活动领域中的客体，风貌的意义不是凝固在形态符号文本中僵死的意义，而是在人的理解与解释实践中领悟和创生的，它是理解者与城市空间环境融合创造的一个新的可能世界。因此，意义成为解释者与文本（城市空间环境）之间、现实与历史之间的一种对话。另一方面，文本意义的创生离不开主体间的关系，主体间意义的交流也是需要在人类实践活动中进行的。因此，共同的实践经验与日常生活为意义的解释提供了客观的社会基础。

4.2.1.4 规划行动中的场所体验结构协调

文化结构优先于社会的功能分化。"社会共同体"和制度化的"分支领域"阻碍了"更有意义地解决人类共相的企图"发展，人类认知陷入了视野狭窄的分析参考框架。要想探明真正的普遍性，必须超越位于表面的现象层次上的边界，需要扩大到包含人类实践的总体（一种概观的努力），才能被勾画出来。"文化存在"结构为各自共同成员提供一种明显的信息功能，通过指称/创造被称为"社会结构"的人类相互依赖网络的相关部分而反映和/或塑造行动的结构[1]，倡导人类朝向"将意义引入其他无意义的领域并向它提供一些指标，使之能够给那些读懂的人标明和显示其意义"。

路德维希·维特根斯坦（Ludwing Wittgenstein）在《逻辑哲学论》中说道："我们为自己构造事实的图像，图像是由图像中各要素之间以某种特定的方式相关联构成的，图像中的各要素以一定的方式相关，这也代表着事物之间也是如此相关联的。图像就是这样与实在结合起来，图像伸展到实在。"[2] 奥斯卡·兰格（Oscar Lange）也认为，结

---

1 齐格蒙特·鲍曼. 作为实践的文化 [M]. 郑莉，译. 北京：北京大学出版社，2009：186-187.
2 路德维希·维特根斯坦. 逻辑哲学论 [M]. 王平复，译. 北京：中国社会科学出版社，2009.

构可以理解为"系统各单元之间沟通过程中的'确定性'"，而不是某一个片段式的"经验归纳"。因为，沟通指涉的并不是任何实际指涉物，而是两个独立能动者之间的信息交流，是一种"关系"的表达，沟通意味着转译，"从一种象征空间转移到另一种象征空间"；沟通意味着解释，"从一种象征性属性的空间转移到另一种象征性属性的空间"；沟通意味着理解，"从现象域转移到在一种结构中组合的符号"[1]。诠释学也将结构的概念指向结构认识性活动中对主体活动的重视，倡导一种"协调而有互反关系"的交流沟通过程。

现行城市规划管理体系，城市风貌作为控制性详细规划管理下的"结果"输出，在"土地性质""容积率""建筑高度""建筑密度""绿地率"等刚性指标管理之下，被简化为符合"规范性"要求的结果，城市空间形态"千城一面"，城市"诗意"丧失，空间精神失落。

场所体验调控型风貌规划引入"风貌情境"预测机制，通过风貌情境愿景的构建过程来统一、协调相关利益者的建设诉求，即"文化普遍性"的形成，它是一种多元利益主体之间价值性的表达协商过程，并最终成为未来空间开发建设的一种行动框架。

场所体验调控型风貌规划编制采取一种"综合式前提批判"的文化情态引导，这是基于对城市精神普遍性的认知，是揭示城市空间形态建设背后精神文化的普遍存在事实。规划编制作为规划管理的重要法定依据，整体上提出城市空间形态建设的总体精神追求方向，为城市空间建设各系统的展开提供了方向性指导，确保了各系统在城市空间文化建设上的可能性与有效性。

场所体验调控型风貌规划通过"文化情境"预测赋予城市空间形态一种"城市精神"愿景，一旦这种精神被赋予了形式，它就成为场所的标志符号，而这种标志符号的解释并非单纯地返回到历史中去找到"原型"，而是作为一种认知的"前理解结构"应用于实践情境中的解释。

风貌情境反映地区开发过程中，多方（政府、规划师、开发建设者、公众等）就未来城市空间环境"意象"的协商结果，即关于某种特定目标的共识形成，是一种综合价值判断的结果（即"五位一体"）。风貌情境预测通过城市空间意象将文化的普遍性传达出来。广义文化是指一个社会共享的和通过社会传播的思想、价值观以及感知，是一

---

1 齐格蒙特·鲍曼.作为实践的文化 [M].郑莉，译.北京：北京大学出版社，2009：153-154.

种社会互动的结果，是人们对生活的需要和需求、理想和愿望，是人的精神得以承托的框架，表现在城市空间上就是"城市意象"（或称城市形象）。城市意象往往直接反映了当地居民认知中根深蒂固的价值观，并以一种规划愿景呈现出来，如美国新泽西州的"花园州"、马德里的"村庄和王冠"、巴塞罗那的"欧洲之花"（图4.2）。但是，值得关注的是，这里所指的文化情境虽也是一种"规划愿景"表达，但不同于过去规划编制中的"规划目标"单向度设定，它是一种多元协商的结果，反映的是各相关利益群体的价值诉求的"共识性"。

文化与城市意象之间存在着强烈的联系，风貌规划至少可以从三方面去应用：一是从政策上寻找可替代的情境或选择；二是在规划文件中呈现期望的未来空间形态情境；三是通过详细规划和建筑个案来展示情境。城市意象跨越社交、政治、经济、语言和观念的界限，成为政府协调的辅助工作，可以用来完成在无数伙伴之间同步的复杂任务，规划一个大都市；它们可以作为涉及多方竞争者的跨政府项目中利益与纪律的黏合剂，

新泽西大学

马德里城市意象

巴塞罗那城市意象

图4.2 作为"文化情境"表达的城市意象
来源：百度图片

规划师可以借助意象的这些特性，通过设计和管理规划过程和组织，借助清晰而令人信服的意象来实现规划的有效性管理。[1]

本质上，风貌情境是对城市空间环境建设品质的一种愿景表达，它反映了某一特定地区人们文化价值整体性与共时性的偏好选择，以一种"域面"来综合表达，它是三维的（甚至是四维的）、动态的、现实性的，而不是二维的、静态的、形而上的。

4.2.2 情境对多元主体共识的引导

主体间性是指主体作为语言交往的主体，是真实生活中的每个个体，而不仅仅是一个面对客观世界的主体。

4.2.2.1 风貌情境中的"主体间性"：体验共识

场所体验调控型风貌规划借助风貌情境来解决"主体间性"分裂问题的规划编制问题，这是一种突破理性主义传统美学的阐释模式，走向现实生活中多元主体"共识"的阐释模式。风貌规划的逻辑系统是将语言（视觉感知）本身视为一种现象，并开展辨识与创造。[2]城市风貌情境规划中以"情境思维"作为一种规划措施，从审美认知的"前结构"出发，进入实际规划情境之中的"意义重构"阶段，再次重回"审美共识"的认知结构表达，即城市风貌规划文本的真正形成，如图 4.3 所示。

1. 审美体验：先验审美经验作为理解的"前结构"

审美体验是对日常体验、个体体验的升华，它具有超构性与预构性，是一种上升到理论甚至哲学层面上的认知反映，是对我们所说的"美学"的一种现实反映。

审美体验代表了一般体验的本质类型，具有一定的构成规律性，城市规划师往往了解并掌握不同体验下的审美经验结论，并将其作为规划开始之前的一种"经验"，一种规划编制之前的"前结构"。当城市规划师接受某一规划任务之时，这种审美体验的"前结构"会自动反映在具体的实际情境之中，并通过相关的规划技术语言反映出来。

2. 移情表达：先验审美经验的现实检验

狄尔泰（Wilhelm Dilthey）认为，人文科学的研究对象为"客观精神"或"精神世界"，

---

1 Lewis D Hopkins，Marisa A Zapata. 融入未来：预测、情境、规划和个案 [M]. 韩昊英，赖世刚，译. 北京：科学出版社，2013：129-144.

2 M Elen Deming，Simon Swaffield. 景观设计学：调查·策略·设计 [M]. 陈晓宇，译. 北京：电子工业出版社，2013：232.

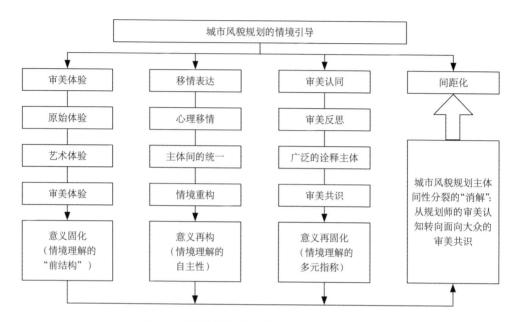

图 4.3　"情境引导"与风貌规划中的"主体间性"
来源：作者绘制

对它们的研究不能采用自然科学的观察、实验的方法，而是必须使用诠释学的方法，并强调在理解的过程中，"爱""同情心""移情作用"等可以使诠释者设身处地地为被诠释者思考。

场所体验调控型风貌规划中，先验经验被引入具体的行动情境（即"移情"）之中，解释者（城市规划师）通过将自身置于具体的历史背景之中，从而进入被解释者的真实"世界"，这是城市风貌规划文本（指先验文本）在具体情境下重建客观的必然过程，是规划师的主观表达与客观理解的精神重建过程。

风貌规划文本在"情境的移情"作用下，重新得到了"意义的认同"与"文本解释"的统一。

3. 审美认同：具体情境下的审美共识形成

认同是审美体验被接受的关键。狄尔泰的"引入"或"移情"使具体情境中的主体从被动接受走向主动反思。在审美反思中，不同的主体有不同的认知模式，规划师在其中起到"收集""协调""统一"不同认知模式的关键作用。

审美认同的过程就是城市风貌规划文本"诠释与接受"统一的过程。在经历了一系列审美体验（即对情境的不断修正过程，以促进审美共识的形成）之后，接受者退出，规划师开始重新编制规划文本，这时候的规划文本已经具备了具体情境下的"理解和认知""接受和诠释"的关系约束，具备了具体广泛的主体性和诠释与接受。

当我们走向一种整体化的解释时，"情境"消解了各种走向的内在性和极端性，使各部分之间走向共存与互补、消除歧义性，并获得逻辑、语义及语用分析的统一，是经验、理性与行为的统一。

4.2.2.2 对主体间体验共识的规划引导

场所体验调控型风貌规划过程的参与主体包括在规划过程中以组织或个人状态存在的所有人，如政府部门、规划（咨询）机构、利益集团（开发商）、市民、专家组织、规划学术研究机构、新闻媒体、非政府组织八大类（彭觉勇，2015[1]）。

规划行为的开始受主体意识系统影响，它是一种目标导向性下的，有意识的、动态的、综合复杂性的选择过程。从规划编制任务的提出、规划编制、规划编制的审批到规划实施的四个主要阶段中，主体行为的文化价值系统在社会化作用之下，表现为各主体的具体行为，是主体文化价值的一种具象化结果，文化构成了行为取向的内核，规划行动则是参与主体间共同理想的实现过程，并最终表现为具体的建成空间形态，而城市风貌规划则是以建成空间形态的审美来表达其背后文化价值系统，如图 4.4 所示。

风貌情境对某一特定规划行为过程中不同主体间的价值共识进行引导。"价值"（value），一种主体性事实，是一个表征关系的范畴，它反映的是人（主体）与外界物——自然、社会（客体）的关系，揭示的是人的实践活动的动机和目的。从 19 世纪末现代价值论的兴起开始，西方价值哲学就表现出对科学主义的反思以及对生活世界回归的倾向。我国价值论研究在 20 世纪 90 年代初出现一种主导性的方法论倾向，将价值看作一种关系范畴；西方现当代哲学超越了主客体关系模式，将实践和对象性活动作为人的生命存在方式，重视和强调人的需要，突出需要在人的生活和实践中的重要地位，立足需要把价值理解为一种主体性现象，人的生活价值问题构成了价值论哲学研究的出发点、目的和中心（孙伟平，2000[2]；李德顺，2007[3]）。

1 彭觉勇 . 规划过程参与主体的行为取向分析 [M]. 南京：东南大学出版社，2015：105-106.

2 孙伟平 . 事实与价值 [M]. 北京：中国社会科学出版社，2000：1-3, 191-199.

3 李德顺 . 价值论 [M]. 2 版 . 北京：中国人民大学出版社，2007：79-80.

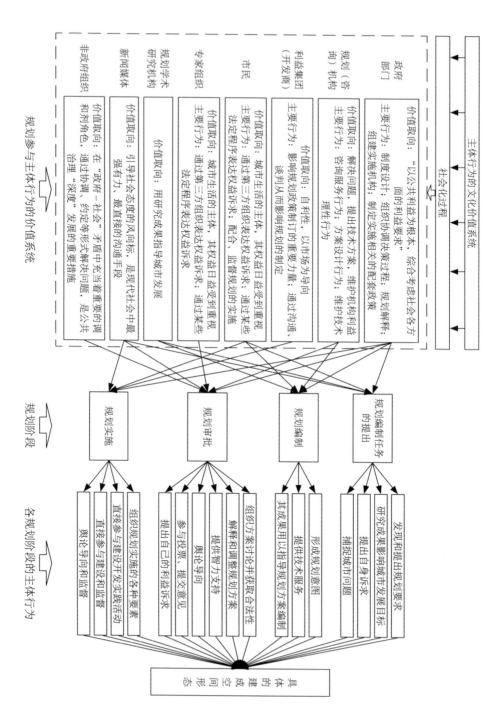

图 4.4 城市风貌规划过程中价值系统对规划行为的影响
来源：作者绘制

价值作为人类生存发展实践中一个普遍的、基本的内容，是以人类生活实践和科学研究中各个具体领域的特殊概况为基础而形成的，是对主客体相互关系的一种主体性描述，代表着客体主体化的过程的性质和程度，即客体的存在、属性和合乎规律的变化与主体尺度相一致、相符合或相接近的性质和程度。它反映了人类对人的内在尺度、主体尺度的自觉意识，是这一客观尺度的思想表达形式和理论表达形式。

风貌情境对主体间价值的引导是一种规范性引导，即对多元主体在"风貌"认知这个问题上相互关系的引导。城市风貌规划过程是由多人组成的群体共同参与决策的群体行为，因此，风貌规划过程中每个阶段都会涉及群体成员意见的收集，科学、合理地集结群体中各个成员的意见以形成整个群体的意见就显得十分重要。

那么，如何集结参与主体的偏好信息？关键是在城市风貌规划的规划阶段和实施阶段如何进行有效的价值判断。这取决于各阶段参与主体价值权重的赋值确定。

4.2.2.3 主体共识的多阶段规划引导

目前，较新的复杂系统决策方法是通过挖掘决策者的偏好信息来确定决策者价值判断的权重。值得注意的是，一般认为，单凭某次判断就确定决策者权重的方法在一些情况下是欠妥的，而多阶段决策过程中的决策者经过多次判断，具有更大的说服力，决策者在各阶段给出多元判断偏好并可将其转化为互反判断矩阵，后计算一致性比例 CR 和权重，进一步确定权重，再计算各阶段全体的偏好，最后进行阶段赋权及方案权重修正（方志耕等，2009[1]），如表 4.1 所示。

4.2.2.4 多元主体共识实证研究：澳门风貌规划

我们在"澳门城市风貌规划研究"（2012 年）中，就城市高度形态分别进行了澳门、上海两地多阶段的样本调查与评价工作[2]。

澳门特别行政区面积 27.3 平方千米，人口密度约为 1.88 万人 / 平方千米（2012 年统计数据），为世界人口密度高的城区之一。城市建设最大的问题源于严格的"历史保护制度"与"城市发展空间的局限性"矛盾冲突的日益加剧（如图 4.5 所示），城市发展急需对空间资源的深度、广度上的再挖掘，这也是我们课题研究的根本出发点——统筹优化

---

1 方志耕，刘思峰，朱建军，等 . 决策理论与方法 [M]. 北京：科学出版社，2009：111-119.
2 本项目中城市高度形态评价工作由同济大学建筑与城市规划学院建筑系徐磊青教授研究团队共同承担。

表 4.1 多阶段决策过程中的价值权重分析表

4.1.1 多元判断偏好的方案排序

第一阶段	方案 1	方案 2	方案 3	…	方案 n	CR
MD1						
MD2						
MD3						
…						
MDn						
第二阶段	方案 1	方案 2	方案 3	…	方案 n	CR
MD1						
MD2						
MD3						
…						
MDn						
…	…	…	…	…	…	…
第 n 阶段	方案 1	方案 2	方案 3	…	方案 n	CR
	…	…	…	…	…	…

4.1.2 各决策阶段方案权重表

阶段	方案 1	方案 2	方案 3	…	方案 n
第一阶段					
第二阶段					
…					
第 n 阶段					

4.1.3 各决策阶段方案排序偏差修正

阶段	方案 1	方案 2	方案 3	…	方案 n	dj
第一阶段						
第二阶段						
…						
第 n 阶段						

来源：方志耕，刘思峰，朱建军，等 . 决策理论与方法 [M]. 北京：科学出版社，2009：111-119.

澳门城市风貌，以解决城市发展与历史保护的矛盾，平衡各方利益，形成有益的操作机制，给城市空间发展提供新的血液。

澳门土地资源的极度稀缺性成为澳门发展的最大限制因素，在解决澳门"地少"的问题上，有三大发展方向：一是填海造陆；二是借地发展；三是竖向空间发展。澳门特

位于屋顶的学校　　　　　　　　　　高密度的住宅

激增的游客　　　　　　　　　　匮乏的停车空间

图 4.5　澳门城市土地空间的稀缺
来源：澳门风貌课题组拍摄

区政府与置业商会认为，发展高层建筑在解决土地资源稀缺问题上极具潜力。由此，我们在"保护"与"开发潜力"之间去探讨可能的城市空间形态发展方向。

第一阶段：决策主体（以政府为主）的价值判断

人类社会行动的目的是构架文明的社会秩序，它是一个理性思考的过程（包括我们所探讨的空间中非理性要素的制度化管理，也是一种理性思考的结果）。公共管理的目的在于通过公共权力的合理使用推动社会文明建设，以政府为主体的公共管理主体在这场社会行动中所担负的主要责任，并没有因市场经济的壮大而弱化，反而更加确定了政府在公共职能方面的合法性地位。

城市风貌规划决策作为公共管理的职能之一，建构合理的空间文化秩序是政府不可推卸的公共责任。因此，我们首先与澳门置业商会主要成员、澳门建筑师协会、澳门立法委员会及土地工务运输司官员等进行了深度的交流（图 4.6），了解他们在管理中的最大"问题共识"，即澳门需要竖向发展空间，但不能影响澳门历史风貌及自然风光（景观）。

通过访谈我们发现，城市风貌规划决策开始阶段的价值判断问题并非主要源于对审美的思考，而是源于对"公共权力"使用的判断。

图 4.6　澳门城市风貌课题深度访谈
来源：澳门风貌课题组拍摄

第二阶段：客体使用者的价值需求

　　"人们聚集到城市是为了生活，期望在城市中生活得更好。"人是城市生活的主体，民主社会下，不同利益群体的价值诉求得到更多关注。因此，此轮访谈，我们从市场、社会两个角度出发，对澳门置业商会、建筑师协会、当地居民、游客进行了城市天际线评价调研。

　　评价样本的选择是工作的第一步，选择过程中以技术判断为主。

　　课题组通过澳门城市风貌分区、城市主要景观走廊、城市整体竖向高度、城市主要旅游路线、城市建设管理者等几大要素的综合评价，最终确定了十大关键视域进行高度形态评价[1]。

　　样本选择的过程中，技术语言发挥着极为重要的中介作用，它是将感性认知转化为理性思考的一个重要媒介。

---

1 为了合理确定城市天际线研究样本的有效性，我们从城市整体性出发，通过澳门城市整体竖向高度建模、城市风貌分区划定、城市主要旅游景点与城市景观走廊的关系分析，并结合城市管理者对城市特色空间（我们将之看作富有活力的社会生活空间）的介绍，最终才确定了十大关键视域样本区。此阶段的分析，是我们借助专业技术工具对城市空间中复杂因子作用力的解释过程。我们不敢说，研究过程中我们是"价值中立"的，但我们尽量减少自己意识的渗入。

第三阶段："市场－建筑师－市民"价值偏好的权重整合

通过十个视域点不同参与者的价值选择评价结果进行权重赋值，并进行过程矫正，最终得出各自的价值偏好权重值（图 4.7）。

第四阶段：定性判断标准的确定

澳门城市天际线评价结果显示如下。

① 高层建筑在有山水的环境中比无山水环境中的偏好度高。

② 标志性制高点对提升公众对城市天际线的偏好度影响显著，里面不排除存在主观情感的偏好。

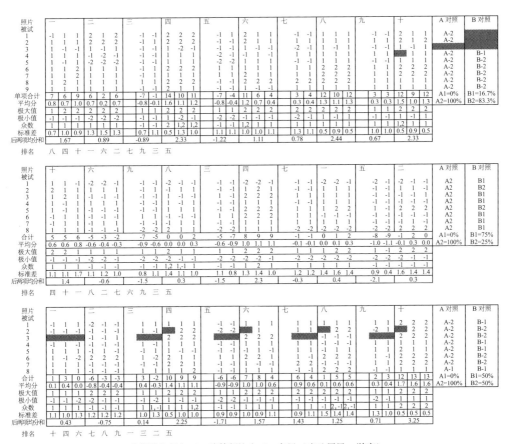

1—建筑置业商会　2—建筑师协会　3—市民（当地居民＋游客）

图 4.7　"市场－建筑师－市民"价值偏好权重分析

来源："澳门城市风貌规划"课题

③市民认为：

经济发展、大量土地开发、无序建设，破坏了澳门曾经的"美"，被破坏的城市景观不能再复原了；

大量的房产开发，引来大量的投资和移民，政府花大力气在围海造田，却很少想着去改善教育、培育人才、留住人才；

市民对新旧城区各自的观点不同，老年人倾向于回到老城区，生活便利，而年轻人则喜欢新区，但会选择旧城区幽静的人文历史点，不喜欢喷水池，人流太多；

希望城市中能透绿，喜欢自然的风景。

通过对澳门城市高度形态的评价分析，我们更加理解，城市风貌规划决策中的价值在于实践中的解释。城市风貌规划决策是一个定性与定量结合的分析过程，它始于定性判断，终于定性判断，但对于特定的阶段我们可以借助复杂性的量化分析工具进行辅助分析。

城市风貌规划决策是采用定性还是定量分析，本质上并不重要，决策的目的在于实现对文化价值的追求，而不是在于说明怎么描述什么是文化价值。文化价值是一种关系范畴的解释，在不同的语境中，有不同的文化价值解释方式，如果我们纠结于什么样的文化价值更好，那么我们就忘记了我们的初衷——推动空间文化秩序的建立！

因此，场所体验调控型风貌规划决策的任务是认清文化价值的重要性，政府部门的职责在于确保文化价值得到保护与重视，而具体的文化价值偏好（即什么样的文化价值更好），则应该交给一个规范性的分析流程去解释，在这个流程中可以去集结多元的声音，可以表达多元的价值利益诉求。

4.3 对我国风貌规划编制管理的优化建议

4.3.1 编制过程中增设情境选择过程

"情境"是一个相互融合、相互借鉴并相互关联的整体，规划在特定的语境中才能确定其特有的"城市性"，塑造出属于自己的城市文化精神，这是一种内省的、反思的、主体的、哲学的、个性化的活动，规划决策受到这些具体的情境约束，才能做出合理的决策——它是基于空间内在情境要求的结果，反映规划理论、规划文本、文本阅读者（即规划实施者）和有意义的在场[1]之间的整体性关系。

在城市规划实践中，通过"情境选择"对未来土地空间发展方式作出某种预测、判断与选择，它是一种由多个情境组合而成的一系列行动计划与框架，以应对城市空间发展未来的多元性、不确定性；城市风貌规划从空间实践的意义解释出发，通过"风貌"情境对人类建设城市空间环境文化价值追求进行一种预测，解答实际情境中景观客体对主体的意义，而主体对于客体则是一种评价、一种意象、一种态度，主客体之间的关系不再是"规范性"解释，而是"价值性"解释。

城市风貌规划决策的复杂性来源于两个方面：一方面，它自身非理性要素判断带来的复杂性；另一方面，它的运行平台——城市规划决策体系的复杂性。城市风貌规划作为城市规划系统的"软"系统，它的复杂性既源于当前城市规划实践的不确定增加，同时还有其自身"动态性""流变性"本质所决定的复杂性：一方面，它对城市规划系统的丰富和柔化；另一方面，它自身非理性要素特征所构成的复杂性，非理性要素管理本身就是一个复杂性问题。场所体验调控型风貌规划决策正是基于这两种双向作用力下的"复杂性"管理过程，其决策过程是建于城市规划管理体系之上的"文化价值"管理，以模糊性决策为主，呈现出一种非线性的特征，这是场所体验调控型风貌规划决策区别于其他管理决策的最大特征。

风貌情境是本书为应对风貌规划决策的不确定性和复杂性而提出的一种规划方法，它是对未来情形以及能使事态由初始状态向未来状态发展的一系列事实或条件的描述。当然，通向这种或那种未来结果的途径也不是唯一的，对可能出现的未来以及实现这种未来的途径的描述构成了一个"情境"。风貌情境规划通过"有规则的想象"来"思考不可思考之事"，减少不确定性的因素。风貌情境的目的不在于一味地寻求"最佳的方案"，而是通过一种对空间形态发展意向的预判推动"适合的战略及规划流程"，它是开放性的、人为的、复杂的。

场所体验调控型风貌规划引入"情境"，是在某一特定的文化目标下，勾勒与未来相关的风貌要素及其可能的变化范围，并从这些可能的未来状态中选择"规范性未来"

---

1 文化政治学认为"文化"作为意象与记忆的来源，象征着"谁属于"特定的区域，主体的"在场性"即为保护其利益、权利表达的必要途径。

的范围，再反过来缩小关键因素的变化范围，从而逐步明晰风貌规划中文化的关键因素和驱动力量，逐渐发展出一个完整的序列，如图 4.8 所示。

值得关注的是，不同层次的城市风貌情境规划分析重点应有所不同，宏观层面更应偏重整体规划策略的制定，解决的是空间环境整体形态发展战略，受"城市功能性"主导，以各空间规划系统的行政决策为主导；而微观层面则偏重风貌政策的实施，面对的是具体的开发建设，是一个多元主体参与的过程，此时的风貌情境规划往往是在一个具体的开发意向之下的决策过程，是直接决定城市空间品质的关键环节，如深圳福田中心区 22、23-1 地块的城市设计。福田中心区在 1987 年就提出总体构思、土地利用、交通规划、城市详细设计指导方针、详细的风景规划以及实施意见等；1994 年为了配合招商引资再次对街景、空间效果、地块规划设计要点等提出进一步的规定，但此次城市设计成果并未发挥应有的作用；1998 年，明确土地开发商之后，在土地出让之前再次编制地块城市设计并将成果纳入土地出让条件之中，不仅改善了 CBD 商务办公区环境品质，而且提高了土地价值，也赢得了优美的城市轮廓线和街景效果，成为深圳城市设计的范本和标杆，其成功最关键的因素是抓住了形态控制的最佳时机——已经落实开发商，但尚未签订土地使用合同（陈一新，2015 [1]）。

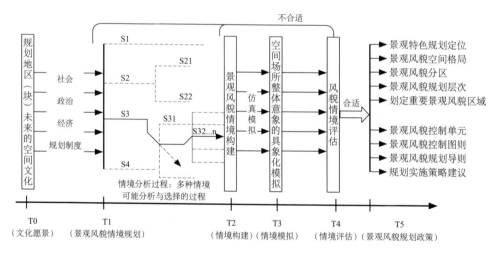

图 4.8　城市风貌规划过程中的情境选择
来源：作者绘制

1 陈一新 . 深圳福田中心区（CBD）城市规划建设三十年历史研究（1980—2010）[M]. 南京：东南大学出版社，2015.

4.3.2 情境选择下的风貌规划编制过程

规划编制是一种引导空间文化产品生产的技术工具。引入情境选择的场所体验调控型风貌规划，其文本编制过程转为一种空间文化意义生成的过程，在编制过程中，我们基于土地使用性质与开发建设诉求的背景，保持传统空间审美的情趣，同时引入大众文化生活的诉求，在具体规划行动情境中确定风貌规划的情境，并以之进行相关的风貌要素导引，风貌规划编制不再是过去"形而上""自上而下"的规划模式，而是将之看作一种文化生成的社会行动框架，规划文本编制需要去反映其作为行动框架的规划属性与特征。

1. 项目解读：风貌文化价值的整体性分析

风貌规划编制应对城市的社会、经济、文化、自然环境、城市建设、土地利用、文化遗产等历史与现状情况进行深入调查研究，通过文献查阅、现场踏勘、实地摄影、政府部门与社区走访、问卷调查、图纸分析、典型抽样等研究手段，对规划区域展开客观、准确、精炼的分析。

风貌规划的基础资料收集主要包括城市自然、历史与文化背景资料，城市形态与空间结构，城市景观，土地利用与建筑，城市公共活动与场所，城市交通，城市基础设施系统以及相关资料等部分。

2. 问题界定：风貌文化价值的社会实践解释

场所体验调控型风貌规划是一种社会行动目标指引下的具体实践行为，现状调研与基础资料分析需要与具体的规划目标导向相结合，产生明确的实践意义解释。对现状的调研与基础资料分析也紧密围绕规划区域的"审美认知规律""行为动机"以及相关规划要求三方面来展开，并与具体的规划目标相结合，找到规划要解决的具体问题，形成明确、具体的规划框架。

3. 城市风貌规划控制：风貌文化价值的具象化过程

城市风貌规划编制的核心是解决风貌特色定位的问题，并与城市风貌规划技术措施相结合，构建城市风貌规划框架。

城市风貌特色定位就是要解决城市空间文化政策的具体化问题，是城市风貌规划的纲领与灵魂。城市风貌的形成离不开城市自然、历史、文化、社会发展诸因素的作用，规划中重点把握自然环境景观特色、人工景观特色（这里指城市这一人工产物）、人文特色、城市功能等作用下的综合特色定位，以及反映在城市风貌规划编制中的景观特色、空间文化产业特色、城市人居环境特色、城市文化生活以及城市形象等方面的特色定位。

城市风貌总体规划体现城市空间文化政策的发展战略，明确风貌总体定位，并与城市空间总政策（即总体规划）相衔接，并落实到城市风貌整体空间结构、规划分区、空间层次以及重要风貌空间划定等相关内容。

城市风貌控制性详细规划面向城市建设法定性管理需要。城市风貌规划的独特性在于其文化属性的表达，其控制性详细规划的技术文本在表达上会不同于一般的控制性详细规划文本，这表现在地块风貌规划定位与特色形成规划说明的法定性要高于一般的"指导性要求"。由于文化的包摄性特征，上一层次的文化意义约定对下一层次的文化具有"规定性"的作用，以文字描述为主。因此，地块风貌规划特色说明构成了城市风貌规划的强制性原则，这些原则落实到风貌控制单元、控制要素、规划总则与通则等规划技术措施时，会因具体的规划目标不同而有所偏重，它们不是千篇一律的"格式重复"，而是风貌空间"场所精神整体性"的表达，"整体性""有序性"是风貌规划控制性详细规划编制的基本原则，并由此将引发对其他相关规划的影响说明。

城市风貌规划修建性详细规划是面向具体建设项目的文化意义解释，也是特殊文化的生成过程。建设项目的开发建设过程是城市文化向空间文本转向的具体过程，它通过空间中的风貌要素，如建筑、城市色彩、城市绿地环境小品、公共艺术品、户外广告、夜间照明、公共设施以及道路系统等的风貌表达出来，是风貌规划文本转化为空间文化产品的生产过程，也是城市文化的空间文本解释过程。

4. 风貌规划成果：风貌文化价值的技术性描述

城市风貌规划成果一般包括规划文本、规划图则、规划说明和基础资料汇编四部分。

风貌规划文本围绕风貌特色定位与规划控制引导来展开，规划文本重在特色描述、特色定位、规划目标、空间结构以及空间要素的引导，将城市风貌特色的意图、控制原则落实到不同空间层次的规划要素之中。

规划图则是将城市风貌规划要求落实到规划控制单元之中，它以土地使用控制单元为基础，以"附加"或"叠加"的方式与之衔接，重在风貌"表情"的塑造。城市风貌规划图则由风貌规划分区边界、场所表情定位、风貌要素表情定位、重点风貌单元划定、示范性景观划定、示范性建筑划定等构成，并通过文字性描述和三维意象表达对风貌要素间关系进行引导。

规划说明对规划背景与现状分析、专题研究、风貌特色定位以及规划成果进行解释。

基础资料汇编包括文献资料、调研与访谈资料、相关政策及有关技术规范要求、公众参与、相关部门的意见以及相关规划要求等。

4.3.3 风貌规划单元的划定：情态分区

场所体验调控型风貌规划的空间分区只是为了解释、说明各区之间的关系和过渡，而不是为了"有形的分割"。

景观作为理解领土的整体性尺寸，是自然元素、历史、文化及其关系的综合。作为土地空间规划的战略元素，与其他领土要素相比，景观最突出的作用在于其"感知尺度"，而感知往往与场所特征（主题）密切相关。

在斯洛文尼亚，空间规划引入景观是为了增强地区的识别性，从而形成一种文化形式、象征性意义以及景观的启发价值。规划控制单元是根据景观的识别区域来划定，景观的识别主要来自对景观结构及其意义的整体性特征的识别（注：这种整体性主要表现为要素之间的"关系"），景观的象征意义及其精神途径成为空间单元划定的依据之一（Hudoklin，2006）。英国的景观特征评估、法国的景观图谱等将场所的集体想象与情怀通过客观性和主观性的综合描述纳入土地规划管理单元之中。

风貌规划分区针对风貌的"文化"特性，以"情态"（现象学称之为"氛围"）来引导空间分区。

"氛围"是指围绕或归属于一特定根源的有特色的高度个体化的气氛，将之引入城市空间层面，则是指城市空间的特色。城市风貌的"氛围"是城市风貌空间所有的风貌要素相互协调组合后形成的一种空间文化特征。

利特温（George H. Litwin）与斯特林格（Robert A. Stringer. Jr）指出，氛围或气氛的概念是人员和环境之间的关键功能的连接，组织气氛是指一个特定的情境中，每个组织成员对环境的直接或间接的知觉（Litwin，1968 [1]）。"人格之于个体，恰似组织气氛之于组织"（Halpin，2016 [2]）。从这个意义上说，组织气氛就是组织的"性情"，气氛是解释情境的基础，是感知层面的，即"形而下"层面；而文化归属于组织的整体层次，

---

1 Litwin G H, Stringer R A Jr. Motivation and organization climate[M]. Boston: The President and Fellows of Harvard College, 1968.

2 Halpin A W. Theory and research in administration[M]. New York: The Macmillan Company, 1966.

是"形而上"层面，二者间是一种互为因果的互动关系。

风貌场所的氛围语言形象系统以场所文化感受程度词汇对空间文化进行定性与定量判断，并进一步形成原则性与指标性的规划语言，落实到风貌规划文本之中。

4.3.4 风貌要素的规划引导：表情引导

场所体验调控型风貌规划指标主要是要反映主客观的互动性，景观作为一种综合环境的概念，指标包括生物系统（植物、动物、生物多样性等）、非生物系统（空间、水、土壤和领土）以及人为系统（包括风景、文化、建筑、遗产、健康、人口、社会经济等）。在规划实践过程中，往往会采用"描述性指标"和"绩效性指标"两种类型来充实各个阶段的适当指标定义，其中，描述性指标主要用于描述环境状况和监测规划过程，绩效性指标将行动计划与目标联系起来用于衡量实现目标的程度，这些指标综合起来反映了领土环境和发展区域之间的积极和消极因素的相互作用。

景观指标反映的不是因果序列，而是一种行动计划过程内在的逻辑顺序，通过"对话"获得所需的信息以确定替代性变量和指标，指标的选择以参与式过程中形成的共识为最终结果，如意大利的环境分析协会（Association of Environmental Analysts，简称 AEA）所制定的景观指标。该指标体系提出 13 类 218 项指标，指标中已经开始包含对当地社区感知的考虑（注：涉及人类感知的有 27 个指标）（Cutaia，2016 [1]）。指标的重点在于对"设计认知功能"的反映，其目的是强调"设计本身不是最终目标"，"设计更是一种认知事物的过程"，过程和行动与景观质量追求目标是直接相关的。因此，景观指标出现了这样的清晰变化：认知功能——对过程和行为本身的描述，评价功能——对环境评价程序的要求。

尽管景观指标所承担的是知觉、感觉等大多数感性和不可通约性的主体性认知，但是越来越多的实践证明了以下指标内容的有效性。

①景观改造：改变其价值或外观的自然景观和文化特征的变化分析。

②景观多样性：景观配置丰富性的演变。

③景观破碎化：破碎和分裂成一个景观的连续性和连贯性的过程的结果。

---

1 Fabio Cutaia. Strategic environmental assessment: Integrating landscape and urban planning[M]. Springer International Publishing, 2016: 29-43.

④ 景观的经济价值：将景观特征转化为生产性资源的能力。

⑤ 景观知识：一个特定人群对景观的认识和互动水平。

⑥ 景观满意度：某一地区的人口对景观的满意程度或不满意程度。

对景观的感知和解释可以根据自然或文化行动建构的具体物来表达，任何具体对象的修改都会影响到解释。我们生活世界中的这两者（客观与主观）是不可分割的，指标反映二者间的互动关系。

研究认为，可以通过风貌要素的表情来描述人内心的感受，风貌要素的表情是人内心的反馈。城市风貌通过外部的形式将内在的文化精神反馈给城市阅读者（注：这里将城市风貌空间看作文化的空间文本形式），就如人的面部表情一般，用某种表情来反映出不同的内心活动，城市风貌也通过不同的表情来反映隐匿的、内在的文化精神。

> 上海就好像一个百看不厌的女人，每天甚至每一时刻都有不同的形象。有时，她像一位清新脱俗的少女，清纯窈窕；有时，她又像一位精明能干的少妇，热情忙碌；有时，她又像一位令人捉摸不透的散发着成熟魅力的神秘女郎。
>
> ——《上海的六种表情》[1]

这是一段关于上海的文化表情描述，它根源于城市历史和文化的长期积淀，渗透到城市的每个角落、每个细节，逐渐汇聚成一种鲜明的城市形象和独特的气质。

因此，城市风貌规划编制通过场所表情整体性——场所氛围的规划引导，逐层分解到各风貌要素的表情指标管理，如图 4.9 所示。

城市风貌表情是各景观要素整体性的一种表达，场所氛围也将通过风貌构成要素，如建筑、植物、环境小品、公共艺术品、户外广告、夜景灯光等的表情来表达，它更强调基于某一种共性之下的具体表情引导，而不是无序、杂乱的表达。

4.3.5 划定文化启示性的重点风貌单元

海德格尔通过把"理解"视为"此在"的存在方式，将人文科学认知从精神科学方法论转变为一种哲学，对"精神"的理解转变为"人的此在本身"，理解不再是对文本的外在解释，而是对人的存在方式的揭示，任何"理解"活动都是基于"前理解"的，

---

1 聂永有，钱海梅.上海的六种表情[M].上海：上海大学出版社，2010：37.

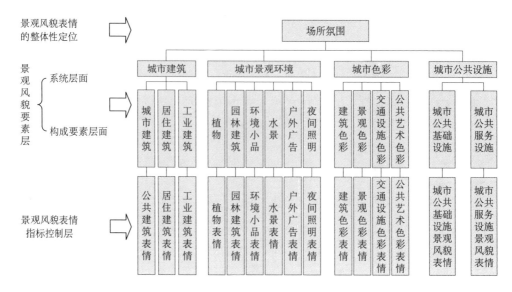

图 4.9　城市风貌表情控制层次
来源：作者绘制

理解活动就是"此在"的"前结构"向未来筹划的存在方式。

　　美国斯坦福大学社会心理学家利昂·费斯廷格（Leon Festinger）在 1957 年提出了"认知不协调理论"（cognitive dissonance）。该理论认为，人有保持认知一致性的倾向，当人发现行为与其信念不一致时，就会产生心理压力或精神痛苦，并将促使人通过改变行为或信念等方式减少或消除这种不协调状态。斯科特·普劳斯（Scott Plous）（1993）描述了与决策相关的两种认知不协调，即决策前的认知不协调（pre-decisional dissonance）和决策后的认知不协调（post-decisional dissonance），人们通过改变对行为的看法（如相信自己的选择的合理性）和对信息的选择性（selectivity of information seeking）两种行为来减少认知的不协调（武小悦，2010[1]）。

　　为降低（甚至消除）规划实践中管理对象对规划目标认知不协调，我们探讨了模糊意向的"文化默契"表达，在整个规划实施过程中，我们通过情境描述的"暗示"方法，对规划设计的构思风格、技术和艺术手法施加影响，这种专门针对技术和文化艺术创作特点的、"默契"导向的开发控制方式，称为"启示性"控制，它是一种行为决策中的"启发式"（heuristics）决策方法，如表 4.2 所示。

---

1 武小悦. 决策分析理论 [M]. 北京：科学出版社，2010：227-229.

表 4.2　场所体验的"启示性"开发控制体系

	强制性	引导性	启示性
管理行为属性	符合性管理	品质管理	启示激发
专家评议内容 专家评审属性	合格性批判	优异性评级	神态评价
文本图文属性	规定性批判	引导性要求	启示建筑 启示组群

来源：上海同济城市规划设计研究院.上海虹桥商务区核心区风貌控制研究——关于风貌控制管理机制和实践路径的探索：Gtz2013036[R]. 2014.

　　"启示性"控制不同于"强制性""引导性"控制的是，它不是"量性"或"质性"控制，而是以"术性"控制为特点，对关系及其品质进行技术示范、艺术启发，经由"领悟""默契"等"优异性评议"的精神文化过程。这种过程，使建筑的技术和艺术通过启示达成建筑与建筑之间的"默契"，同时保持其功能多样性、文化多元性，以实现"自洽性优化"与"场所气质优化"的统一。"启示性"控制与"强制性""引导性"控制相对应，在开发控制过程中各司其职、相得益彰，使城市治理走向城市空间文化的"品质管理"。

　　场所体验调控型风貌规划是对城市空间秩序的一种安排，它是一种科学，一种艺术，一种政策活动，它设计并指导空间品质的和谐发展，以满足社会与经济的需要[1]。作为城市规划的一个分支，城市风貌规划同样表现出动态意义、行为意义，即它同样也是一种对城市空间布局安排的行为，只不过它侧重于从文化的角度对城市空间布局进行安排，我们认为，这样的安排结果更多的是通过城市三维立体空间来表达。因此，规划技术性是其区别于文化系统的文化规划建设工作的最大特征。

4.3.6 风貌规划图则中的"关系"表达

　　图则表达重在于对场所氛围的引导，它遵从规划文本的一般规定，但表达内容中的定性规定相当于一般城市设计中的"强制性规定"，而城市设计中的"指导性规定"则体现在风貌要素关系的具体判断上。

　　不同于一般的规划图则，风貌规划图则的主要特征有以下方面。

---

1 美国国家资源委员会认为，城市规划应当"是一种科学、一种艺术、一种政策活动，它设计并指导空间的和谐发展，以满足社会与经济的需要"。

① 图则的核心是空间"文化主题"的表达，空间文化主题是具体开发地块空间场所的"特色定位"，它成为统领整个空间精神的具体语言形象表达。

② 文化精神的可操作性体现在场所氛围的定性描述上，并向风貌要素延伸，表现为各要素的表情规划控制。

③ 图则表达不仅是风貌要素各自表情的规定，更是要素之间的关系性表达。换句话说，在图则中，我们倡导的不仅是面向实施的具体表情要求，更关注于场所氛围下各要素之间的协调关系表达，因为，在图则中我们引入了"关系"判断引导，如图 4.10 所示。

④ 图则文本中，针对文化表达的特殊性，我们不仅采用科学认知的描述物表达方法，还引入了经验认知下的表现物表达方式，如图 4.11 所示。

"水墨晕染"   "透彩"   禁止"炫彩"

图 4.10　风貌要素表情的关系约束

来源：《上海虹桥商务区城市风貌详细规划》，上海同济城市规划设计研究院

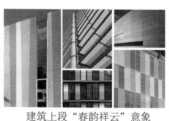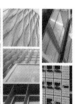

建筑上段"春韵祥云"意象

图 4.11　风貌要素表情的表现物表达

来源：《上海虹桥商务区城市风貌详细规划》，上海同济城市规划设计研究院

4.4 本章小结

场所体验调控型风貌规划从文化出发，从主体（人）出发，将人的日常生活行为方式的普遍生活意义看作文化的根本，将普遍生活意义解释引入规划文本化的过程之中，从"看的结果"转向了"看的方式"，规划结果从终极式法定文件成果编制转向一种对未来可能的景观情境的探索过程，是一种以"场所感知"为基础的人与环境关系的再认识过程，在认识过程中创造出新的关系，建立新的人地关系，赋予新的价值认知。"未来情境探索"构成了风貌规划编制的新特征，其核心问题是确定未来土地空间可能的形态趋势，"公众"与"愿望"构成了未来情境选择的重要概念，撬动对未来空间形态的多视角可能性的思考。

场所体验调控型风貌规划过程通过"规划"工具引导社会参与到"未来景观情境"认知的分析与选择之中，公共管理者、专业技术人员以及公众共同参与，"景观"变成了一种"知识的交流与相互学习的过程"，它从社会视角去解读风貌规划，是对传统风貌规划规范性编制的有益补充。

场所体验调控型风貌规划编制是一种意义文本化的过程，是生活意义凝结为景观符号体系的过程。场所体验调控型风貌规划编制不仅反映了对未来空间形态的客观理性思考，还包含了对其价值理性（文化价值）的综合性描述，它是一种基于公众意愿的未来情境表达。本书提出应在现有的规划编制制度之下积极引入"情境"规划，它是对景观的跨学科、整体性、公共利益等关键思想的回应，也是对规划决策中不确定性的一种解答。风貌情境规划的引入将进一步增加现有规划编制体系的弹性，它通过"有规则的想象"来"思考不可思考之事"，在不确定的未来状态中确定"可选择的'规范性未来'域的范围"，逐步明晰风貌规划中"文化"的关键因素与驱动力量，逐渐发展出一个完整的规划序列。

风貌情境规划的引入将引发我国现行风貌规划编制体系的相关调整，即：

① 规划问题源于实际行动中的问题焦点，对"问题范畴"的识别构成了规划前期的核心任务；

② 风貌问题的识别不是"形而上"的、"精英主义"的，而是一个全面的、历史的、民族的、文学的科学分析过程，并从公众感知出发，风貌问题的识别过程是一个"社会化的过程"；

③ 风貌情境规划的目的是确定"未来的景观情境",它更多的是对风貌问题"域"的描述,而不是一个明确的、肯定的"方案";

④ 对"未来情境"的描述将会出现多个选择,很难是唯一性的,多情境的比较旨在发现最核心的问题,以及已确定规划行动的方向性与原则性;

⑤ 风貌情境规划是对现有规划编制技术的有益补充。现有规划编制技术更多的是解答"如何做"的问题,而风貌情境规划则是解答"为何做"的问题,通过规划工具将价值集成到规划行动之中,是"文化价值"的赋予过程,风貌规划过程转为"科学"与"人文"相结合的文化建构(实践)过程,如图4.12所示。

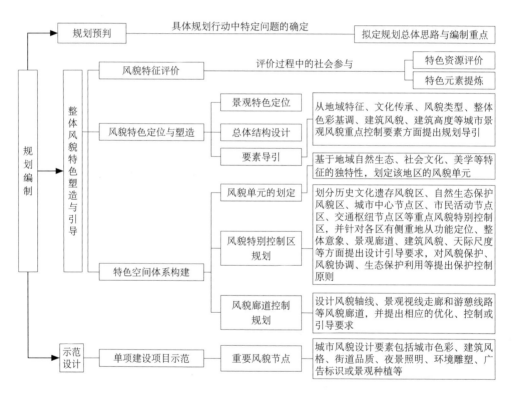

图 4.12 风貌规划编制框架(建议稿)
来源:作者绘制

第5章 城市风貌规划审批管理

场所体验调控型风貌规划管理引入集体性感知，是一种社会共治的过程。

5.1 风貌规划行政管理职能的再认知

《欧洲景观公约》之后，对景观的认识"不再仅仅是作为一种自然和社会科学家客观描述的物质性概念，而且是一种变化的文化观念和身份认同结果"。这意味着，"景观"概念的扩大，不再仅仅是"优美的风景"，而是一种"具有许多环境和历史遗产政策特征、比'自然'或'环境'更为广泛"的概念，"景观不是一种客观的风景，而是'可见的、不可见的社会和文化实践在土地上的投射'"，它"并不主要是专家规划和建设出来的景观"，更是"人们日常生活实践和观念塑造出来的社会和物质景观"（Olwig，2007 [1]；Scazzosi，2004 [2]）。

5.1.1 公共服务型的风貌规划管理职能转型

5.1.1.1 公共服务理论下的社会共治

城市风貌规划管理是一项政府职能活动，遵循公共行政管理的一般规律。行政，内含执行、施行和管理之意。从政治的角度来考察，行政可以指立法、司法之外的政府行政部门所管辖的事务，也可以指国家意志的执行（即从政治与行政分离的观点来解释）；从管理角度来考察，行政是指"为完成或实现一个权力机关所宣布的政策而采取的一切运作"，是"运用各种方法，达成既定目标的一种活动或程序"，或"通力合作完成共同目标的团体行动"（沈亚平，2010 [3]）。

在历经"政府失灵""市场失灵""社会失灵"之后，人们渐渐地意识到"秩序的唯一来源应该是政府、市场和社会携手"，公共管理走向了公共治理，这种转型背后隐

---

1 Kenneth R Olwig. The practice of landscape "conventions" and the just landscape: The case of the European Landscape Convention[J]. Landscape Research, 2007, 32(5): 579-594.

2 Scazzosi L. Reading and assessing the landscape as cultural and historical heritage[J]. Landscape Research, 2004, 29(4): 335-355.

3 沈亚平. 行政学 [M]. 天津：南开大学出版社，2010：2-3.

含着一个政治进程，即在众多不同利益共同发挥作用的领域建立一致性或取得认同，以便实施某项计划。在政府权力向市场和社会让渡的过程中，政府从社会制高点上位移，政府职能定位发生根本性转变，政府由经济活动的直接管理者向监管者和规则制定者转变，这种转变表现为政府的公共政策化、公共管理的社会化和公共服务的市场化。20 世纪 90 年代末，登哈特夫妇从"以公民为中心"的治理系统角度提出"新公共服务"理论，旨在建构一套"将公共服务、民主治理和公民参与置于中心地位的治理系统"[1]。

新公共服务理论下，政府既不是掌舵，也不是划桨，而应该是"建立一些明显具有完善整合力和回应力的公共机构"，承担为公民服务和向公民放权的职责。

5.1.1.2 我国公共服务型政府改革

体制，《辞海》中解释为："国家机关、企业事业单位在机构设置、领导隶属关系和管理权限划分等方面的体系、制度、方法、形式等的总称。"[2]我国行政体制改革始终是服从和服务于经济社会发展全局，成为联结政治体制改革和经济体制改革的重要的"双料工程"[3]。

行政体制改革既是一个政治过程，也是一个组织过程，它不仅改变着政府的外观，而且改变着政府内在的运作机制，更改变着政府与社会和公众的一种传统关系，即从以往的政府对社会的单独治理走向与公众一起治理社会（竺乾威，2014[4]）。

2008 年 2 月 23 日的中共中央政治局学习会上，胡锦涛同志指出，建设服务型政府；十八大报告提出要"按照建立中国特色社会主义行政体制目标的要求，以职能转变为核心，继续简政放权、推进机构改革、完善制度机制、提高行政效能，加快完善社会主义市场经济体制，为全面建成小康社会提供制度保障"的具体要求；2013 年 3 月的《国务院机构改革和职能转变方案》[5]中指出，政府职能转变是深化行政体制改革的核心，这次国务院机构改革重点围绕转变职能和理顺职责关系，稳步推进大部门制改革。

---

1 珍妮特·V. 登哈特，罗伯特·B. 登哈特. 新公共服务：服务，而不是掌舵 [M]. 丁煌，译. 北京：中国人民大学出版社，2010：25-39.

2 辞海 [M]. 缩印本. 上海：上海辞书出版社，1999：644.

3 亚历山大·叶尔绍夫. 行政管理体制改革：中国成功之道 [J]. 当代中国史研究，2014，21（4）：109-112.

4 竺乾威. 行政体制改革的目标、指向与策略 [J]. 江苏行政学院学报，2014，75（3）：98-104.

5 人民网. 国务院机构改革和职能转变方案 [EB/OL]. [2013-03-15]. http://cpc.people.com.cn/n/2013/0315/c64387-20797365.html.

转变国务院机构职能，必须处理好政府与市场、政府与社会、中央与地方的关系，深化行政审批制度改革，减少微观事务管理，该取消的取消，该下放的下放，该整合的整合，以充分发挥市场在资源配置中的基础性作用，更好地发挥社会力量在管理社会事务中的作用，充分发挥中央和地方两方积极性，同时该加强的加强，改善和加强宏观管理，注重完善制度机制，加快形成权界清晰、分工合理、权责一致、运转高效、法治保障的国务院机构职能体系，真正做到该管的管住管好，不该管的不管不干预，切实提高政府管理科学化水平。

我国政府职能转变过程中，管理理念更加凸显政府的"公共性"，从"全能政府"走向"有限政府"，下放权力，逐步实现"小政府、大社会"的职能模式，从"掌舵者"走向"服务者"，以维护、实现最广大人民的根本利益。随着我国政府职能重心向经济职能的转变，向更加注重社会管理和公共服务职能的转变，政府公共权力实现了合理归位，逐渐从微观领域退出，政府职能方式逐渐改变传统单一的行政手段，转变为以市场为主，市场、法律和行政手段相结合（杨友军，2011 [1]）。

从政府本质和职能看，公共性是讨论现代政府基本属性和目的追求的一种重要工具，主要是探讨政府在代行公民权利时，怎样最大限度地体现公民的共同意志和增进公民的共同福祉（刘熙瑞，段龙飞，2004 [2]）。政府公共性是"政府合理运用公共权力，致力于处理公共事务、提供公共服务，以满足公共需要、实现公平正义、维护公民公共利益，在政府政治过程中应勇于承担公共责任，增强政府的责任性与回应性，积极培育政府公共精神"，转变政府职能最根本在于塑造一个更具公共精神美的公共性政府，具备公共性的政府不仅要追求经济效率，更要关注公平正义、民主法治，增强政府的回应性，不仅要高效地履行公共职能，更需要具备责任意识和公共服务精神。

5.1.1.3　风貌规划行政职能转向"谋""断"分离

城市风貌规划管理是一个城市政府为了促进城市经济、社会、环境的全面、协调和可持续发展，依法制定城市风貌规划并对规划区内的各项建设进行风貌规划实施的组织、控制、协调、引导、决策和监督等的行政管理活动过程。

1 杨友军 . 公共性视域中的政府职能转变研究 [D]. 湘潭：湘潭大学，2011.
2 刘熙瑞，段龙飞 . 服务型政府：本质及其理论基础 [J]. 国家行政学院学报，2004（5）：25-29.

《城乡规划法》的颁布实施，进一步加强了规划工具作为空间总政策的法律地位。计划经济体制下我国城市规划工作是一种自上而下的指令性工作，政府是"全能政府"；随着计划经济向市场经济转轨，政府转向"服务型政府"，是"有限政府"，科学的规划决策体制是城市规划管理创新的重要内容，城市规划管理由规划决策和规划实施管理两部分组成（邓芳岩，2010 [1]）。市场经济下，经济体制的变化会导致决策行为的改变，市场经济中行为主体具有滞后性的特征，城市规划管理过程就是决策控制的过程，即采用决策的方法对城市社会发展中的问题进行控制和引导，城市规划管理的中心工作即在这一机制下对城市建设和发展作出综合的部署和管理（姚军，1998 [2]）。因此，有学者建议我国应形成"立法 – 决策 – 执行 – 监督权责明确"的城市规划行政体系，城市规划管理职能方面，"政府"应坚守其公共管理的职责和服务职能，维护各方利益的均衡，"专家"是公正履行规划"桥梁"的作用，"开发商"是制度化管理的对象与服务对象，"公众"是管理的最终目标指向（冷丽敏，2006 [3]）。

市场决策多元化特征使政府原有的控制能力明显削弱，城市发展由传统垂直转达关系开始转变为平行竞争关系，城市规划从早期的以物质空间环境为重心的"工程设计"模式转变为以社会经济问题为重心的"政策设计"模式，一种"过程控制"的"社会经济"模式，一步步向制度化的公共政策方向发展（肖铭，2008 [4]）。

从社会政治行为的角度来看，规划与管理的关系实质上是一种"目标确立"与"目标实现"的关系，人们通过规划确立城市发展的目标与方向，通过管理努力实现这些目标与方向。规划管理作为城市规划的实施阶段，将城市发展目标具体化、物质化，在市场经济条件下，城市发展目标的确立过程变得较为含糊，决策主体的多元化、决策方向的多元化，使"城市规划不再是终极蓝图的描绘"。城市建设目标的不稳定促使目标实施过程问题的研究回到目标的决策过程，市场经济条件下的决策及其实施行为受各种因素的影响，常常是随机性、阵歇性的，理性的决策并不能完全对应实践中的各种偶发因素，而许多规划决策实质上是在实施管理的过程中形成或改变的。一种"规划即管理"的思

1 邓芳岩 . 城市规划管理价值异化与对策 [J]. 城市规划，2010，34（2）：68-73.

2 姚军 . "谋"与"断"——市场经济中城市规划管理的控制体制 [J]. 规划师，1998，14（3）：90-93.

3 冷丽敏 . 从指令型管理走向服务型管理——试论城市规划管理的模式转变及改革路径 [D]. 上海：同济大学，2006：29-54.

4 肖铭 . 基于权力视野的城市规划实施过程研究 [D]. 武汉：华中科技大学，2008.

路在规划研究中越来越得到广泛的认可，这是一种动态的、审时度势的过程，城市规划管理将通过控制和引导的作用使各项城市开发活动符合城市的发展战略（童明，1998[1]）。

从系统论角度认识城市风貌规划管理，它是由决策系统、执行系统和反馈系统共同构成的一个大系统。决策系统是指城市风貌规划编制和审批管理，又称为城市风貌规划的制定；执行系统是指城市风貌规划的实施管理，是围绕建设工程的计划、用地到建设而展开的管理工作，贯穿建设的全过程；反馈系统是城市风貌规划实施的监督、检查管理，并将发现的问题向决策系统、执行系统反馈（杨戍标，2003[2]）。

过去城市规划的作用通过制定规划交给管理部门实施控制的模式得以实现，集"谋"与"断"于一身，经济体制由计划经济向市场经济转化，经济体制的变化会导致决策行为的改变。管理学认为，管理由一系列的决策组成，管理的过程就是决策控制的过程，理性决策机制通过决策权分配来应对规划环境的复杂性和行为主体的多元化（姚军，1998[3]），强化规划决策咨询系统以保证规划实施的科学合理性和依据，调整规划编制主体和程序以协调多元化利益主体的冲突。

5.1.2 公共服务型下的风貌规划行政管理职能

5.1.2.1 风貌规划行政管理任务的转型

管理职能是管理主体为实现管理目标，对管理客体施加影响所发挥的作用、功能和途径。

"职"者，职责、职位、职权也；"能"者，能力、功能、能效也。城市风貌规划管理职能是城市规划管理行政主管部门在城市和社会生活中所承担的职责与功能，具体地说，就是城市规划管理主体（规划局）依法在城市（乡）规划管理过程中对空间文化价值管理所应履行的职责及其所应起的作用。

城市风貌规划管理表现为执行国家意志的管理职能，是对空间文化秩序的公共管理，是公共管理职责与功能作用的统一。城市风貌规划管理职能是国家通过宪法和法律赋予城市规划管理部门的公共管理权之一，是公共权力的执行，具有公共权威性的特征。

---

1 童明. 动态规划与动态管理——市场经济条件下规划管理概念的新思维 [J]. 规划师，1998，14（4）：72-76.

2 杨戍标. 论城市规划管理体制创新 [J]. 浙江大学学报：人文社会科学版，2003，33（6）：49-55.

3 姚军. "谋"与"断"——市场经济中城市规划管理的控制体制 [J]. 规划师，1998，14（3）：90-93.

城市风貌规划管理职能主要依托城市规划管理实现。我国城市规划行政主管部门中的"风貌管理处"（以上海为例）是城市风貌规划管理主要职能部门[1]，具有以下相关的管理职能。

① 负责会同有关部门研究制订本市有关城市风貌规划管理方面的相关政策。

② 负责会同有关部门进行历史文化风貌区和优秀历史建筑的普查和认定。

③ 负责历史文化风貌区范围和保护建筑建控范围内建设项目方案审核工作。

④ 负责会同有关处室组织历史文化风貌区内建设项目规划实施所引起的规划实施深化论证、审核和审定工作；负责组织历史文化风貌专家特别论证会。

⑤ 会同相关技术部门对本市历史文化风貌区内建设项目实施引起的部分管控要素调整的数据进行维护和更新工作。

⑥ 负责本市城市雕塑和公共空间艺术规划管理工作；承担上海市城市雕塑管理委员会办公室的日常工作。

⑦ 负责本市户外广告有关规划管理职责，配合相关部门完成全市户外广告设施规划编制和实施方案会审工作。

⑧ 负责本市地名管理工作。

⑨ 承担上海市地名管理办公室的日常事务工作。

⑩ 负责相关业务的批后执行监管和对区县规划土地部门的业务指导等工作。

城市风貌具有公益性，这是一种人及人的群体在文化方面的所有权和使用权，它既是个体自我认识的实现，也是群体历史的积淀，同时又是被群体人（社会）所共同遵循与认同的特定规范模式。上海规划局风貌处规划管理职能主要包括了四大部分：一是对现有风貌资源的摸底和认定工作；二是（风貌区内）建设项目规划方案审查和规划实施管理工作；三是对影响城市风貌的公共空间艺术、户外广告及雕塑等工作进行管理；四是地名管理。风貌反映了城市空间权的从传统"土地开发权分配"转向"空间价值塑造"土地开发模式的转型。

---

1 当前，我国设立独立"风貌"管理部门的城市较少，以上海为代表；而其他城市则多与详细规划处或城市设计处相结合，如北京的"详细规划处"，深圳的"城市与建筑设计处（市雕塑办公室）"，南京的"详细规划与城市设计处"。

现代城市的诸多问题归根结底都是土地问题，而土地问题能否得到很好的解决，实际上与现代社会土地所有权的应有形态息息相关（陈祥健，2009 [1]）。空间权是"应现代社会需要所生成的新的权力概念"，系"以空中或地中为对象之所有、利用形态"之权利（温丰文，2009 [2]）。空间权的产生，是伴随着土地立体大开发的到来而逐步独立于地表而存在，而且可以让渡给第三人进行所有和利用的权力，它与城市高度现代化建设有着不可分割的关系。

我国没有空间地上权的概念，相类似的权利是"空间建设用地使用权"。2007 年颁布实施的《中华人民共和国物权法》（下称《物权法》）指出："物权的取得和行使，应当遵守法律，尊重社会公德，不得损害公共利益和他人合法权益。"[3] 现代意义上"物"的概念，已经由传统的注重物的"实在性"向注重物的"法律性"方向发展，即更加强调能否为人所支配、能否满足人类生产生活需要等特性。因此，空间可被视为"物"，成为权利的客体。从现实角度看，随着城市人口的增长和现代化步伐的加快，土地空间尤其是城市土地空间越发成为日益稀缺的资源，其所具有的独立经济价值随着时代的发展也会越发突出。

我国土地空间权体系中，空间建设用地使用权成为最重要且广泛运用的土地空间利用方式。空间建设用地使用权为不动产用益物权，它与普通建设用地使用权的根本差异在于其标的（客体）仅为他人土地上下的一定空间范围，它以他人土地的空中或地中的一定空间范围内为标的，并以对这些空间中的建筑物、构筑物或工作物的所有为目的而设立（陈华彬，2015 [4]）。

根据对《物权法》第 135 条的解释，空间建设用地使用权的设立旨趣应与普通建设用地使用权相同，即在国家所有的土地空间建造并保有建筑物、构筑物及其附属设施。我国空间建设用地使用权的产生是应当前城市化建设对土地利用方式从"量"向"质"、从"平面"向"立体"转变的一种空间权利解释，突破传统规划管理的"土地开发权分配"概念，走向城市空间价值塑造的土地开发模式，城市风貌正是伴随着这种认知而产生、

1 陈祥健 . 空间地上权研究 [M]. 北京：法律出版社，2009.

2 温丰文 . 空间权之法理 [M]// 陈祥健 . 空间地上权研究 . 北京：法律出版社，2009：1.

3 中华人民共和国主席令第 62 号 . 中华人民共和国物权法 [S]. 2007.

4 陈华彬 . 空间建设用地使用权探微 [J]. 法学，2015（7）：19-27.

发展的。土地利用综合水平的提升进一步促使人们从多元价值角度去提高城市空间建设质量的内涵，城市风貌规划正是从文化的角度对空间建设用地使用权标的物提出更高的建设要求，促进土地利用方式的优化，提升城市空间价值，保护土地所有者的"财产"。

上述是从空间地役权的角度看城市风貌规划管理的经济性价值，这是其一；如果我们从政治的角度看城市风貌规划管理，则表现为文化权的表达，这是其二，也是城市风貌规划管理的更高层次作用。空间理论研究继空间文化生产性研究之后，开始被看作一种身份认同的表达，这是一种政治学的研究视角。现代社会公共治理借助于文化上的身份认同表达，以一种非暴力的方式解决治理中所遇到的问题。身份认同通过要求我们平等地对待所有的个体，公民身份可以消解可能给社会秩序造成威胁的张力根源，通过将权利、责任和义务结合在一起，公民身份提供了一种公正分配和管理各种资源的方式，使公民共同分享社会生活中利益和负担。因此，身份认同既承认个人的尊严，又重申个体行动的社会背景，具有"结构二重性"。[1]

5.1.2.2 社会规则法治化的法理学依据

1. 法的根本目的在于稳定社会秩序

《牛津法律大辞典》对"法"的解释是"无数人曾尝试从字面给法下定义，但没有任何一种定义令人满意，也没有任何一种获得普遍承认……"这种"法"意义的不确定性无疑印证了海德格尔的"任何社会现象都可能有不同的、多元的诠释"的说法，"神意说""规则说""命令说""判决说"抑或"贤者说"，都是特定时空的产物（李玉基，2013[2]）。

广义上的多元意义的"法"与人类社会共始终，有社会就有法，法产生于人类社会，它是一种丰富繁杂的社会现象。狭义上的"法"是指国家制定的"法律"，它与政治现象如影随形（李玉基，2013[3]）。

法源于习惯，再从习惯到习惯法、成文法。法的雏形是一些自然形成的习俗，即所谓的自然秩序规则，适用于较小的范围，为维持一种统一的秩序，权威阶层通过重构一种大范围的人造秩序，即形成了所谓的"法律"，法也就逐渐演变为一种意念的产物，

---

1 基思·福克斯.公民身份[M].郭忠华，译.长春：吉林出版集团有限责任公司，2009：4.
2 李玉基.法学导论[M].北京：法律出版社，2013：17.
3 同上，18.

人们渐渐地忘记了法的真正根源。不过，在一些司法审判中，法院有时会宣称，具有地方性质的习惯可以背离和取代某一一般性法律规则。[1] 社会习俗一开始就是法的萌芽，在现代文明中，它仍然是法的非正式渊源。

在庞德看来，所谓"法律"包含了三种含义：一是指某个特定的政治组织社会中得到公认的有关私法和行政诉讼的权威性依据的综合，包括法律律令、技术和公认的理想；二是指法律程序，即通过系统运用政治组织社会的强力来规制人的活动和调整人际关系的制度；三是指司法过程或者行政过程（王婧，2010[2]）。

法是人们有意识活动的产物，是意志的表现、意志的结果、意志的产物，是国家意志的体现，具有权威性和普遍性的效力（赵肖筠，史凤林，2012[3]）。

法的意志性表现在法律对社会关系有一定的需要、理想和价值，但这种意志性绝不是任意或者任性的，它受客观规律制约，即一定的经济关系制约。在我国，法是工人阶级领导下的广大人民意志的反映，充分发挥和保证人民对法律利益的选择、平衡和整合的主导作用。

法是实现社会正义而调整各种利益关系的工具。马克思主义认为，法律的制定必然反映特定的利益，法律的意志内容由统治阶级的利益所决定，正义是法律的实质和宗旨。法律既是一种利益的表现，也是正义的保障。

2. 法是关于权利与义务的社会规范

人类社会的存在和正常发展离不开各种各样的行为规范，法通过对人们的行为进行规范而达到调整社会关系的目的。

作为一种特殊的社会规范，法通过调整行为关系的规范，规定人们的权利与义务，并且由国家制定或认可，以国家强制力保证实施。法在社会系统中承担、履行着规范作用和社会作用两个基本的功能。

（1）法的规范作用体现在"指引、评价、预测和强制"等方面

法对人们行为的规范作用往往有三种模式：一是授权性指引，即允许人们可以为一定行为的指引，而人们是否为此行为则由行为人自行决定，允许自由选择；二是义务性

---

1 博登海默 . 法理学——法律哲学与法律方法 [M]. 邓正来，译 . 北京：中国政法大学出版社，2004：399.

2 王婧 . 庞德：通过法律的社会控制 [M]. 哈尔滨：黑龙江大学出版社，2010：39.

3 赵肖筠，史凤林 . 法理学 [M]. 2 版 . 北京：法律出版社，2012：30-34.

指引，这是法确定的人们必须为一定行为或者禁止为一定行为的行为模式，在行为方式上表现为作为的义务和不作为的义务，对于这种法所确定的义务，人们必须服从，不容许自由选择，其目的在于防止人们作出或不作出某种行为；三是职权性指引，这是规定国家机关及其工作人员职务上的职权和职责的指引（周静等，2013[1]）。

（2）法的社会作用则是就法的作用的实质内容和目的而言的，因此，不同性质的法，其社会作用的表现是不一样的

法律的核心内容是规定人们在法律上的权利和义务，通过权利和义务的配置及运作，影响人们的行为动机，指导人们的行为，实现社会关系的调整（冯玉军，2012[2]）。马克思和恩格斯在《共产党宣言》中指出："你们的观念本身是资产阶级的生产关系和所有制关系的产物，正像你们的法不过是被奉为法律的你们这个阶级的意志一样，而这种意志的内容是由你们这个阶级的物质生活条件来决定的。"从这一论断中可以看到，法是国家意志的表现，反映的是统治阶级在某个社会物质生活条件下的意志形态。

权利，是一种观念，也是一种制度。一项权利的存在，意味着一种让别人承担和履行相应义务的观念和制度的存在，意味着一种文明秩序的存在。当我们说某个人享有权利时，是说他拥有某种资格、利益、力量或主张，别人负有不得侵夺、不得妨碍的义务（夏勇，2007[3]）。权利在本质上是不民主的，权利如同一张强有力的王牌，足以胜过"利益"与"偏好"。[4] 义务是为了保护权利而存在的，责任是因义务而设定的。

法律的基本内容就是权利义务，法律的逻辑就是权利义务关系（赵肖筠，史凤林，2012[5]）。

法律通过法律范式对人的行为进行调控，进而调控人与人之间的社会关系。"人的行为"是法律存在和发挥功能的对象，除了人的行为，法律不调整其他东西，如思想。

"制定"和"认可"是国家创制法律规范的两种基本形式。所谓法律的制定，是指在社会生活中原先并没有某种行为规则，法律机关根据法定权限，依照法定程序制定法的活动和结果。法律创制的结果是规范性法律文件，是成文法，是法典。所谓法律的认

1 周静，王威宇，张诺诺. 法学概论 [M]. 北京：中国政法大学出版社，2013：4.

2 冯玉军. 法理学 [M]. 北京：中国人民大学出版社，2012：33.

3 夏勇. 走向权利的时代：中国公民权利发展研究 [M]. 北京：社会科学文献出版社，2007：1-2.

4 艾伦·德肖维茨. 你的权利从哪里来？[M]. 黄煜文，译. 北京：北京大学出版社，2014：14-15.

5 赵肖筠，史凤林. 法理学 [M]. 2 版. 北京：法律出版社，2012：14.

可，是指社会生活中原来已经实际存在着某种行为规则（如习惯规范等），拥有立法权的国家机关或拥有司法权的国家机关，承认和赋予社会上已有的某种风俗、习惯、判例、政策等以法律效力，借以弥补法律规范的漏洞、空白，克服法律的局限性，使法律适应不断变化中的社会现实（即哈特的"承认规则"[1]）。国家认可而形成的法，是不成文法。无论是制定还是认可，都具有法律效力的普遍性。

法律作为一种社会规范，一种社会控制方式，与国家强制力具有一定的联系，它以国家强制力为后盾，国家强制力保证了法律在社会中的功能和作用。法律的国家强制性既表现为国家对违法行为的否定和制裁，也表现为国家对合法行为的肯定和保护。法律的实施虽然是以国家强制力为保证的，但它是由专门的机关依照法定程序来执行的。因此，"程序合理性"是构成法律合法性的重要一部分。

20 世纪以来，西方法理学各派不约而同地表现出淡化乃至消解传统的强制性观念，即承认某些境遇中法律的实施有赖于"强制力"作为后盾，但应取消"强制力"在法律概念理论中的基本特征的地位，法律的终极权威性应当建构在其价值合理性上。因此，不能脱离法律的价值导向性、公平正义导向性去单纯地强调法律的强制性（李玉基，2015 [2]）。

5.1.2.3 社会规则作为风貌规划管理依据

城市风貌规划管理依据是对城市土地开发建设过程中的"文化特征"管理规则的确定，城市风貌的文化特征一方面表现为城市空间环境审美品质的反映，另一方面是某一共同体内部不同主体间共同性的表达。

无论是对空间审美特征的共同追求，还是对共同体意识的反映，城市风貌规划管理依据已经突破传统单纯科学技术经验总结的纯粹技术标准，应该是对社会管理经验总结的管理标准、服务标准，这种标准效力不仅仅来源于技术要求的科学性，更来源于其形成中的社会自治机制、协商机制和政府公信力（李晓林，2012 [3]），这是突破过去技术理性的一种公共理性，是公共管理各利益相关方合意的结果。

---

1 长谷部恭男 . 法律是什么? ——法哲学的思辨旅程 [M]. 郭怡青，译 . 北京：中国政法大学出版社，2015：104-10.
2 李玉基 . 法学导论 [M]. 北京：法律出版社，2013：21.
3 李晓林 . 从公共服务标准化实践看精细化管理趋势——以北京市公共服务标准化建设实践为例 [J]. 中国标准化，2012（3）：108-111.

城市风貌规划管理依据制定，是一个手段性问题，更是一个理想问题，它是一个"共创美好生活"目标追求下的"共同行为"引导过程，行为的规范并不是根本性目的，制定一种行为价值基线标准才是重点。由此思之，今天的风貌规划管理，应该是一个"双向整合"的过程，一方面要补充建立"共同价值规范"形成的机制，另一方面则要将这种机制标准化，纳入科学管理之中，改变"工具理性"的单向度发展模式。

1. 法律依据的社会实践构建

法律是一种社会建构，它反映了社会行动者们通过有目的的行为来创造法律。

法律的社会理论用解释的方法来理解社会行为。也就是说，虽然有时候人们是在未经思考的情况下根据习惯或者某种行为模式做事，但行动者们通常都知晓他们的行为的意义，他们通过共享的主体间的观念和信仰使得那些基于共同的行为预期的集体行动成为可能，信仰和知识的聚合体导致了解释性共同体（interpretive communities）和意义系统（meaning system）的产生，而这些解释性共同体和意义系统又指导那些通过教育、培训、参与等方式获知这些知识体系的人的观念和行为。

但是，尽管共同的规范和知识使得社会沟通成为可能，但它们并不能决定人的行为。它们为那些知道并且遵守这些规范和知识的社会行动者提供了一些方法和能力，但是，由于规范的不确定性和知识的开放性，它们的准确含义（或者说真实的含义）是在它们被使用的过程中逐步确定的。

"社会实践"是一种启发式的工具，它的要旨在于：密切关注人们究竟利用法律做了什么，以及那些隐匿于他们的行为背后的观念。正是这些观念、信仰和行动，决定了法律被用来做什么，并且构成了对法律的反应，或者法律所引起的结果。[1]

2. 多元性与社会理论的形成

城市风貌规划的法规体系体现了我国政府从"民族文化内涵"的角度出发建设"美丽中国"的美好意愿，它是基于"以人为本"视角下的对人居环境的高度重视。城市风貌规划管理的实施加载在城市规划管理平台之上，通过空间规划技术逐层落实，从这个角度来看，城市风貌规划的法规体系也应该是一个"法－行政法规－部门规章－地方性

---

1 布赖恩·Z.塔玛纳哈.一般法理学：以法律与社会的关系为视角[M].郑海平,译.北京:中国政法大学出版社,2012:199-204.

条例 – 地方性规章"所构成的系统性框架结构。研究认为，由于风貌规划的"文化价值"基本属性决定了其在宏观层面更多属于一种"价值"合法性的判断，缺乏具体的管理对象，因此，与现行的规划法规体系的融合是更加合适的操作路径；而走向操作层面的风貌规划管理则表现出其"文化价值"内容的明确性，属于"价值"合法性内容构建的过程，同时也是一个立法的过程。由于"价值"的评定标准的不确定性，我们应尊重其社会构建的过程性，因此，应独立于现行的城市规划法规体系。

作为主流的法律渊源形式，以"正式渊源"为主，我国现行的技术标准大多是在"大建设大发展"时代建构起来的，主要是针对一般性的新增行为（吕晓蓓，2011 [1]），难以适应当下日益复杂的变化以及多元价值利益者的需要。

城市风貌规划管理具有"动态性""非线性"的特性，实证法指导城市风貌规划管理是有局限性的，因为，"价值"条文的形成往往与一个具体的语境相关，而不是一个形而上的设定过程。当然，我们也希望关注到法律发展过程中，自启蒙时代以来在"理性"中逐渐失去的那些"何为德性"的追问，城市风貌规划管理自身就是对城市规划管理中"何为真、善、美"的一种反思，它最大的价值是源于一种对城市空间规划价值的追问与思辨（注：这里我们谈论的是文化视角下的规划价值追问，不是经济发展的思考），如果我们依然固守于过去的"技术规范性"引导，那么我们就重回了"技术理性"的固执，再一次错失了"精神理性"的回归机会。

从法的起源来看，我们不难发现，法是对一些习俗、习惯的"权威"认可过程。换句话说，法是源于生活的，而不是高于生活。我们认为，城市风貌规划的法规体系是自上而下、自下而上共同建构的一个过程，它的法律渊源应该是由"正式渊源"+"社会构建"共同形成的立法机制，它是基于现行实证法基础之上的一种走向实践的法律保障途径，旨在让风貌的"文化价值"真正在实践中被"解释"，而不是通过形而上的文本解释（或者说停留于精英主义的文本解释）来解释，这会抹杀城市风貌规划管理的"初衷"——创造"具有活力、魅力的"空间环境。

在对城市风貌规划法规体系进行反思时，我们也曾困惑于城市风貌规划管理到底应不应该立法？法的本质是体现国家意志性，在我国，法律代表了"意志性与规律性""阶

---

1 吕晓蓓 . 城市更新规划在规划体系中的定位及其影响 [J]. 现代城市研究，2011（1）：17-20.

级性与共同性""利益性与正义性"的统一，城市风貌规划一方面表现了国家建设美好人居环境的意愿，也反映了当前我国城市发展的建设要求——从"量化"向"质性"转变，这是一个上、下合一的意志反映，因此，它具有基本的立法依据。

5.2 风貌规划行政管理创新：文本审查转向行动愿景政策

我国幅员辽阔，城市建设又是一个动态的、复杂的系统工程，城市风貌自身的动态性与复杂性进一步加大了技术规范文件制定的难度。耿慧志教授认为，《风貌规划技术规定》宜以"低位阶"的规范性文件形式发布，充分体现地方特色探索性内容的特征，要体现一种集体协商法律精神与共同理念追求的价值（耿慧志等，2014[1]）。

5.2.1 风貌规划政策：行动中的共同愿景

风貌规划政策是城市规划行政主管部门对城市风貌保护、管理和规划而作出的一般性原则、战略和准则。场所体验调控型风貌规划管理中，每一个行政级别（国家、区域和地方）根据自己的权限范围、不同的景观质量目标而制定具体的（或部门的）风貌规划政策，并使之程序化。其中，风貌保护主要是对显著的或独特的景观特征的保护行为，保护依据是其价值，而价值是对自然形态和人类活动的描述与评价。场所体验调控型风貌规划管理从一种可持续发展的角度出发，为了保证日常的风貌维护而采取行动，以引导和保持与社会、经济和环境变化过程的协调；场所体验调控型风貌规划对未来景观变化前瞻性引导进行指导，以适应社会发展的需要，并与社会发展相协调（COE，2000[2]；CEMAT，2010[3]）。

进入21世纪以来，风貌政策制定发生了这样一种根本的转变，即从过去基于地区特征和作为杰出景观特征保护的政策转向了基于所有生活环境（无论是杰出的、日常的还是退化的）质量的政策，"将整个领土视为一个整体（不再仅是确定被保护的地方）"，"同

1 耿慧志，张乐，杨春侠.《城市规划管理技术规定》的综述分析和规范建议 [J]. 城市规划学刊，2014，219（6）：95-101.

2 Council of Europe (2000). European Landscape Convention[C/OL]. Florence, 20.X.2000. ETS No. 176. http://conventions.coe.int/Treaty/en/Treaties/Html/176.htm.

3 CEMAT. Council of Europe Conference of Ministers responsible for spatial[M/OL]// Regional Planning (Basic texts 1970–2010), 2010: 293, http://book.coe.int.

时采用生态、考古学、历史、文化、感知和经济等方法，对之作出解释"，并"纳入社会和经济方面"，风貌政策成为不同主体和不同层级行政管理之间的一种新的合作形式。

《欧洲景观公约》中提出，公共主管部门应根据公众对他们生活环境的期望而制定景观质量目标。这里的"意愿"是指对生活环境"要达到某个目标的强烈愿望"，是"一种愿望的对象"，在传统景观研究中，与"偏好"接近，即"选择的权力或机会"以及"带来比其他更好的优势"。《欧洲景观公约》颁布以来，景观质量目标被定义为"一个喜欢或期望的一套（貌似）合理的景观未来状态"（Déjeant-Pons M，2011 [1]）。景观质量目标的定义整合了景观特征（客观维度）和公众对景观的看法（主观维度）。

5.2.1.1 景观特征

风貌的独特特征是人们对（围绕身边的）景观环境的感知和体验的一种综合性解释，它表达了地域自然环境、土地使用、历史和文化背景以及空间和其他可感知的条件等的相互作用，它们表征了该地区的特征，并且将之与其他周边景观区分开来（Trondheim，Oslo，2010 [2]）。

"景观特征"是由英格兰、威尔士和苏格兰所开创的新术语，并广泛应用于区域发展政策、空间规划、土地利用、景观与自然保护、部门资源规划和可持续影响评估等的规划工具。近年来，景观特征评估（Landscape Character Assessment，简称 LAC）已成为可持续发展和土地管理的核心，欧洲国家政策中应用 LAC 以达到以下目的（Washer DM (Ed)，2005 [3]）：

① 提高决策者和公众对景观重要性（可持续发展、生活质量、文化遗产、特征）的认识；

② 作为一个工具，以绘制在他们的性格同质化的景观单位；

③ 作为环境和社会影响评估的组成部分之一（除了动植物、噪声、空气污染等其他成分之外）；

---

1 Déjeant-Pons M. The European Landscape Convention[M]. Springer Netherlands, 2011: 149, 202.

2 Trondheim & Oslo. Direktoratet for naturforvaltning & Riksantikvaren. Landskapsanalyse: Framgangsmåte for vurdering av landskapskarakter og landskapsverdi[EB/OL]. http://www.riksantikvaren.no/filestore/Framgangsmteforv urderingavlandskapskarakteroglandskapsverdi_24.2.2010..pdf. Accessed 22 Mar 2010.

3 Washer DM (Ed). European landscape character areas: Typologies, cartography and indicators for the assessment of sustainable landscapes[M]. ELCAI. Landscape Europe. Alterra. Wageningen. 2005: 124.

④ 作为监测景观特征变化的基础，包括确定基准情况和确定景观指标；

⑤ 作为公众参与的框架，让许多当地利益相关者参与识别和实施他们创造和 / 或享有的景观；

⑥ 通过采用通用的定义并使用标准术语（也用于文化教育）为与景观有关的问题辩论提供一种共同的语言；

⑦ 作为一种营销工具，成为与美学和感知相关的组成部分；

⑧ 增强规划过程中的景观特征（如土地整理和空间发展规划）；

⑨ 评估农业环境计划和措施对生物多样性和结构景观特征的有效性；

⑩ 作为确定指定区域的工具（受保护的景观、自然保护区、环境敏感区、自然恢复区、造林带、有资格获得补贴的地区等）；

⑪ 作为管理计划的一部分（如景观管理，林业、物种或栖息地管理）；

⑫ 作为某一土地利用类型（如娱乐、大坝建设、风力发电场）适宜性分析的基础；

⑬ 作为实现《欧洲景观公约》目标的工具以及作为风险防范工具（如防洪、侵蚀风险、海岸防护）等。

景观特征评估包括生物物理学（景观的形式和功能）、社会经济技术维度（人为影响景观形式）、人类美学维度（人类的景观体验）以及人类美学维度（人类的景观体验）等四个维度的相关因素评价，被认为是连接空间和功能的手段，或是"将地点与人相连"，其目的是使用户能够判断是否，以及以哪种原则方式变化影响景观功能。从本质上说，景观特征评估主要关注的是记录景观特征而不是分配质量或价值，因此它意味着表征和判断之间的区别。

5.2.1.2 共同愿景

场所体验调控型风貌规划管理通过景观质量目标表达的是一种对未来空间的愿望，它整合了景观特征和公众对景观的看法，规划过程从"看的结果"转向了"看的方式"，规划结果也从终极式的法定文件成果编制转向一种对未来可能情境的探索过程，它是一种以"景观"为基础的人与环境关系的再认识过程，在认识过程中创造出新的关系，建立新的人地关系，赋予新的价值认知。场所体验调控型风貌规划通过愿景提供给利益相关者更多的空间去展望期望的未来。

5.2.1.3 超越行政边界的身份认同感塑造

随着全球化经济和地方文化势头，地方和区域发展研究和政策议程开始关注地方和区域的身份确认，风貌是构成地方和区域身份的重要因素。

从文化角度认知风貌，风貌不再仅仅是作为一种自然和社会科学家客观描述的物质性概念，而是这样一个地方：它是可见的、不可见的社会和文化实践在土地上的投射，是一种变化的文化观念和身份认同结果（Jones M, Stenseke M, 2011 [1]; Olwig, 2007 [2]）。

风貌是人类环境的重要组成部分，是人类自然和文化遗产的一个基本组成部分，有助于加强人类福祉和巩固地方身份认同，它是人们生活质量的重要组成部分。为创造一种共同的认同感，风貌往往会成为一种跨区域、整体层次上的合作框架，这是一种"超国家/地区"的联盟（图5.1），它的特点是，人类及其福祉，以及与环境的互动是空间规划的核心问题，空间规划的目的在于为每个人提供一个有利的环境和符合人性发展的生活环境（COE, 2010 [3]; Dovlén, 2016 [4]）。

跨空间和跨层次的合作反映的是一种跨学科一体化的愿景协调，全球层次主要是协调整体的重要性与均衡性的发展目标；国家层次则是协调国家自己不同区域的规划政策以及区域目标的发展；区域层次是执行区域规划政策，并使区域部门本身与地方和国家以及邻近地区之间相协调；地方层次是政策实施的最佳层次，其主要考虑与协调地方部门发展计划以及各部门的实施，并组织相关利益人参与。

"风貌"被纳入不同层次的决策之中，为国家、区域（或地方）提供一种广义的风貌目标，风貌被视为"共同遗产"成为区域和各级地方政府的"共同关注"，每一个公民都应该参与到风貌的决策过程之中，如挪威政府确定的"政府将按照《欧洲景观公约》的要求，更加重视土地使用管理方面的风貌"（Norwegian, 2005），地方政府则提出"不同的城市要保持自己的个性，同时，现代建筑应在城市规模、风貌和特殊环境的框架内

1 Jones M, Stenseke M. The issue of public participation in the European Landscape Convention[M]// The European Landscape Convention. Springer Netherlands, 2011: 5.

2 Kenneth R Olwig. The practice of landscape "conventions" and the just landscape: The case of the European Landscape Convention[J]. Landscape Research, 2007, 32(5): 579-594.

3 Council of Europe. Council of Europe Conference of Ministers responsible for Spatial[M/OL]// Regional Planning(CEMAT), 2010: 11-21. http://book.coe.int.

4 Dovlén S. A relational approach to the implementation of the European Landscape Convention in Sweden[J]. Landscape Research, 2016(3): 1-16.

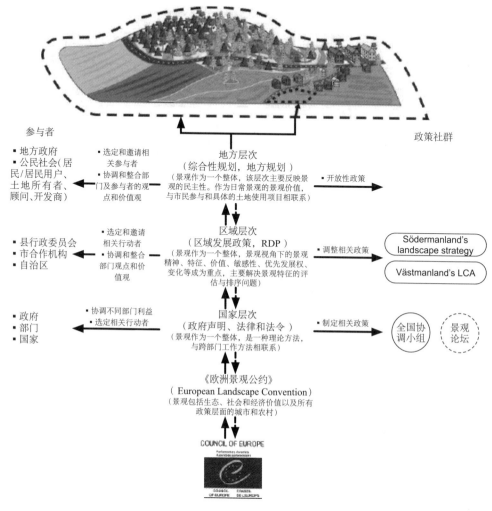

图 5.1 景观的跨层次框架（以瑞士为例）
来源：作者绘制

得到认可"（city of Oslo，2004）。

国家政府制定总体环境质量战略目标，包括地域景观特征、文化传统、混合使用的发展、公共开放空间的规定及其他，并将之纳入广泛的政策文件中（如挪威环境部，2005）；区域层面，区域、分区域和地方政府通过战略政策（作为对该地区领土的联合所有权和责任的表达），通过区域统筹，采取区域风貌政策引导他们领土的管理和发展；地方层面，大多数欧洲国家市政委员会负责全面的地方规划、详细的地方规划和发放建筑许可证，全面的地方计划通常概括和规定城市发展的总体政治目标，如表 5.1 所示。

表 5.1 不同规划层面的景观焦点（来自爱尔兰的经验）

层面	政策	景观焦点	与其他层面的联系
国家（爱尔兰）	National spatial strategy (NSS)	NSS 将景观作为界定民族身份的主要贡献者 NSS 将风景作为可持续发展的一部分	发展计划需要将目标与景观特征联系起来（Planning and Development Act 2000; landscape assessment guidelines, 2000）
区域实例：西南地区	Regional planning guidelines (RPGs) 识别科克地区四种不同区域（RPGs 区域）	RPG 强调增强景观的保护作为一个原则问题。RPG 提出城市更新计划、环境改善计划、景观特征评估和其他工具，以确保公共环境像磁铁一样吸引居民、购物者、开发商、商家和游客"（South West Regional Authority 2004）	环境报告必须包括在所有空间和发展计划中（Planning and Development Act 2000）景观是其中一种分类
地方案例：科克市议会	Cork Area Strategic Plan (CASP) Cork City Development Plan (including zoning)	指定"风景路线"、河流廊道、市容、景观和前景、养护区、景观保护区、公共开放空间、运动场地等，与邻近城市合作保护景观	具有民主和法律规划程序的地方计划、地方改进计划等

来源：Bruns D. Landscape, towns and peri-urban and suburban areas[M]// Landscape facets. Reflections and proposals for the implementation of the European Landscape Convention. 2012: 9-50.

5.2.2 风貌规划政策过程：在行动过程中确定与调整

5.2.2.1 政策制定：探索性场景

场所体验调控型风貌规划政策的制定为规划行动提供一个使用的和商定的工具，它作为一个概念框架，通过综合应用所有的知识去对一个具体问题或空间单元的未来状态（满意的或不希望的）进行归纳式描述，平衡未来社会、文化、政治、环境等视角下的发展需求与约束，并通过"探索性的场景"对可能的未来进行讨论，以触发相关群体就未来理想景观的思考，并就景观变化的选择进行辩论（Ramos，2010[1]），如 2003 年欧

1 Ramos I L. 'Exploratory landscape scenarios' in the formulation of 'landscape quality objectives' [J]. Futures, 2010, 42(7): 682-692.

盟的 Alterra 研究小组所启动的一组识别和表征风貌的方法，它通过类型学的应用来建立一个灵活的方法确定主要风貌类型作为政策制定的基础。

"探索性场景"关注两组问题。一是"公众"："谁是公众？"与"如何识别公众的特定风貌？"。二是与"愿望"有关："如何概念化地进行风貌研究？""愿望与愿望有什么关系？""偏好？""如何处理他们未来的天性？"（Déjeant，2011 [1]）

今天，公众的概念早已从"地方居民"扩大到"参观者"的概念，涵括了外来的参观者，它是一种"宽泛的社会观念"，反映了风貌的多样性（当景观作为一种"感知"解释时，不同的人对同一事物的观点是有可能不同的）。然而，在规划过程中要考虑所有人的意愿，这是非常具有挑战性的，这就涉及如何定义"公众"。同时，由于人是动态的，风貌对象也是不断演变的，如何识别公众的特定风貌呢？研究发现，公众的差异性主要聚焦于：当地人口、人口的社会结构特征、特定（指定）风貌的直接使用者以及特定景观活动中的使用者、决策者、公共管理者和规划师等（Ryan，2006 [2]）。

场所体验调控型风貌中"愿望"是集体性的反映，而不是个人的特例。当地居民作为行动参与者和观察者，在精神建构、物质建构与再创造的行动中具有重要作用，地方公众本身是多种多样的，为整合不同公众的"集体性"愿望，风貌规划和管理成为重要的工具，它通过程序去给"代表"提供"优先权"（这本身也符合社会治理的基本原理），以此来引导整个规划行动。

场所体验调控型风貌规划创造一个愿景是基于没有发现未来的假设而结合了未来的理想化和权衡变化（即规划），并且建设未来是集体的责任，这是可持续发展和提高人们的生活质量的需要（Déjeant，2011 [3]）。阿克夫（Ackoff）认为，一个关于期望的未来讨论，是基于当前观念意识的一种预测，并且它也是一种减少我们现在状态与我们想要状态之间差距的讨论（Ackoff，2011 [4]）。

---

1 Déjeant-Pons M. The European Landscape Convention[M]. Springer Netherlands, 2011: 200.

2 Ryan R L. Comparing the attitudes of local residents, planners, and developers about preserving rural character in New England[J]. Landscape & Urban Planning, 2006, 75(1): 5-22.

3 Déjeant-Pons M. The European Landscape Convention[M]. Springer Netherlands, 2011: 203.

4 Ackoff R L, Magidson J, Addison H J. Idealized design: How to dissolve tomorrow's crisis[M]// Déjeant-Pons M. The European Landscape Convention. Springer Netherlands, 2011: 203.

5.2.2.2 场景中的开放性讨论

愿景提供给利益相关者更多的空间去展望期望的未来。最常用的愿景表达工具是风貌情境剧本，它是一种交流未来景观变化的常用方式，并且在公众参与中扮演很重要的角色。它们的交流能力依赖于形象化技术的范围，包括手绘图、绘画、拼贴、计算机技术的系统使用等。

场所体验调控型风貌规划通过情境剧本可以为不同政策的选择、可能的发展模型、风貌中的利益冲突、未来决策或社会行为的含义等提供基础。情境剧本探讨未来风貌应该怎样或不应该怎样（在某种意义上，"愿意"与"不愿意"已经成为其一个重要的评价标准），以发现合理的风貌未来。

情境剧本的方法聚焦于一系列不同的情境，这些情境是关于未来（风貌）讨论而胜过发现一种最理想的或可能的（风貌）（Ramos，2010 [1]），情境剧本可以被看作一种通过"对未来是什么形成内部统一意见"对可改变未来感知的秩序化的工具，它们的直观性与质性使情境剧本很好地适用对"不连续性"（discontinuity）的处理（Déjeant，2011 [2]）。

探索性情境源于展望未来的需要。未来风貌变化的驱动力不可能被过去的人所预料，面对一个不确定的未来，在快速甚至是混沌无序的变化的未来中，对每一种发展驱动力的认识都可以塑造未来的风貌，一种开放式的"思想讨论"成为一种结构性方式去挖掘未来发展的最初动力。

专家小组在开放式讨论中具有明显的优势，一方面，专家可以基于可选择的发展驱动力去设置一系列情境剧本的基础；另一方面，专家可以提供必要的"外在观点"，这可以促进（刺激）地方利益者的想象和撬动他们自己对风貌感知的讨论。这种开放式讨论通过专家小组的半结构化引导，将利益相关者对未来风貌的设想引入并评估，专家小组根据利益相关者基于"达成协议"而对未来的预期进行定义，以此来扩大对未来认知的观点（视角），如图 5.2 所示。

1 Ramos I L. 'Exploratory landscape scenarios' in the formulation of 'landscape quality objectives' [J]. Futures, 2010, 42(7): 682-692.

2 Déjeant-Pons M. The European Landscape Convention[M]. Springer Netherlands, 2011: 204.

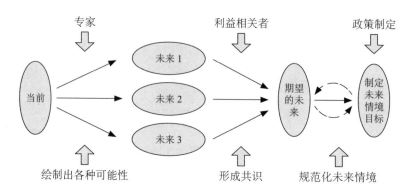

图 5.2　开放式的情境讨论
来源：作者绘制

5.2.2.3 场景的过程性方法路线

Lardon 和 Deffontaines（1994）提出了一种风貌情境方法路线，它是建立在不同的方法模块之上的（图 5.3）。该方法连接着思考的过程、必要的步骤和可能的替代方案，在一个迭代的过程中分享不同的知识，情境中的每一个模块都展示了当前状态的结果、根据目标和所产生的知识的实施工具以及利益相关者在这些模块构建与使用过程中的个人与集体的参与。简言之，该方法路线能够采用不同的方法和工具处理数据，允许利益相关者参与到空间表征的生产中来，以便逐步建立领土的共享和战略远景。

风貌情境包括在规划过程的关键阶段建立和识别当前与未来的风貌情境，愿景的方法路线是为规划项目开始之前或过程中提供决策而使用的，不是为了提供具体的答案，如"会发生什么"，它是为了解答"我们不希望看到什么出现或消失在景观中"而作准备。研究人员可以通过促进利益相关者的投入和解释参与者在实践（即规划）和过程中所取得的风貌要素的表现，建立起参与方式的旅程。

风貌情境（愿景）的方法路线包括五个模块，它整合了参与阶段，可以在不同的时间和不同的利益相关者中更新。

模块 1：研究人员报告领土和风貌诊断，它基于对实地风貌的观察和分析，以及在地图、访谈和会议上收集的数据，创建一个风貌要素目录和可视化地图，如地形图、3D 模型、风貌分区图等，这些辅助工具用于模块 3 和 4。

模块 2：用于农户（即利益相关者）和官方的调查。问题聚焦于[1]：利益相关者的专

---

1 每一个规划项目中可能涉及的具体问题是不一致的。

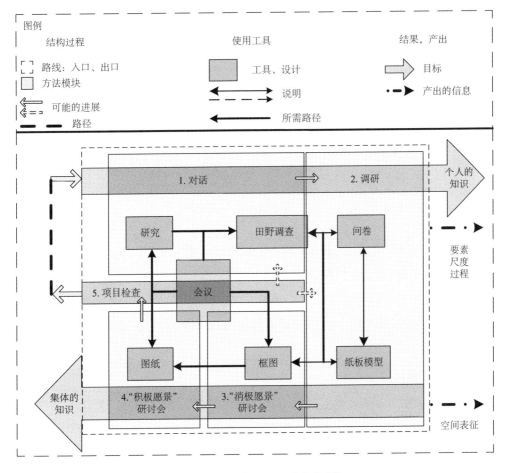

图 5.3　风貌情境（愿景）的方法路线

来源：Déjeant-Pons M. The European Landscape Convention[M]. Springer Netherlands, 2011:183.

业和家庭背景；他们的生产活动（牲畜、农田、建筑物等）；生活活动；日常通勤；以及发展项目（农民、农场和牲畜的发展，民选官员，城市项目）。

在调查过程中，研究人员往往会采用半结构式访谈和航拍照片，利益相关者会根据自己的背景、实践和政治立场，具体指出对他们而言有意义的风貌要素，研究人员将根据这一"个人空间与社会表征"来分析成果。

模块 3："消极愿景"的参与研讨，主要解答"在未来十年里，人们不希望看到或消失的风貌对象是什么"。一个风貌区块图将投影在屏幕上，它是从分类和调查中提取的风貌元素示意图。利益相关者将在此基础上指出他们的"期望"，而研究者作为协调人，将通过帮助参与者就技术事实或美学观点的某些价值观发展一个合理的论据来进行干预，使之更好地理解他们的"愿景"。讨论结果将作为一种集体性意愿的表达，成为后续规划制定的重要基础。

模块 4："积极愿景"的参与研讨，主要解答"我们想要看到什么"。研究人员要求利益相关者将他们的消极愿景转化为积极的愿景，利益相关者在"既然你知道你不想要什么，你应该做些什么，让这些元素发展成你真正想要看到的？"的启示之下被引导，说出他们的优先"愿望"，并通过简图表达在图纸上。

讨论将根据利益相关者的知识和实践，以及对不同空间进程的分析，最终确定领土利害关系。

模块 5：决策者确定纳入或不纳入规划程序中的内容。研究人员分析研讨会上所产生的图形和对话记录，并通过两种方式将之整合到规划程序之中：直接集成那些清晰的项目文件和间接集成正式会议中利益相关者所引用的论据。

情境规划的本质是建立一种共同的愿景，它通过情景分析和参与式建模的方法找到问题的解决办法，为各种利益相关者提供未来的选择和愿景，以帮助规划的过程（Pearson，2010[1]）。

5.2.2.4 风貌的可视化媒介

风貌是视觉的，或者说是感官的，对它的描述，视觉技术更直接、更容易。风貌的可视化工具包括地图、照片、三维图像、景观草图等多种方式，是一种自下而上的参与管理方法，如表 5.2 所示。

可视化工具的选择主要取决于项目的性质、受众、过程中的步骤等，"媒介"用来描述风貌表达的物质类型，"技术"则是表达媒介与任务在过程中的结合（如想象中的风貌特征、用三维图像表达观点）。

5.2.2.5 风貌体验的经验化

风貌是一个领土在其意义上的空间表现，它显示了空间组织、动态和物质图像（如地图、照片、图纸或方框图）；风貌是某一居住地的精神和社会代表，来自利益相关者之间的对话。风貌建立在物质地理现实之上，独立于观察者而存在，但只有通过观察者的观点才具有意义，观察者通过调动他或她的知识来感知风貌，风貌调解包括使用视觉

---

1 Pearson D M, Gorman J T. Managing the landscapes of the Australian Northern Territory for sustainability: Visions, issues and strategies for successful planning[J]. Futures, 2010, 42(7): 711-722.

表 5.2　风貌感知研究中的视觉工具应用

地名	Chaîne des Puys (Regional Park)	Billom	Pays Monts et Barrages	Montagne Thiernoise
工作方法	1984—1986 公示 区域公园杂志中的特别问题 10 次公众会议	2006—2008 面对面的访谈 焦点小组 公众会议，最坏的情况	1998—2001 面对面的访谈 公示 旅游者调查 焦点小组	1996—2001 面对面的访谈 当地居住的调研 焦点小组
讨论使用的视觉文件	地图 统计 视频报告	地图 三维图像 照片 三维模型	地图、调查使用的一次性相机照片、三维图像、草图、虚拟地图和三维景观模拟场景	调查使用的一次性相机照片、三维图像、草图、地图变化、航空相片模拟、3D 可视化场景、虚拟航拍
主要的合作者	区域公园	自治市（公社）	农业委员会	地方政府 公共组织
过程中的参与者	官员 （选择过的）	农业委员会 区域公园	地方公共组织 专业协会 渔民、猎人、自然保护组织	区域公园
积极的结果	大型公众参与，这是不常见的	更好地理解了 "农民约束"	与农民签订农业环境措施（1999）	被选官员很好地参与进来
失败/失效	没有签订任何宪章	最终的文件给建房提供了很多的机会，之前这些是违反农业保护规定的	地方发展宪章（2004）研究项目结束之后，想要维持一个持续的地方参与是很困难的	在具体政策中执行景观优先是很难的

来源：Déjeant-Pons M. The European Landscape Convention. Springer Netherlands, 2011: 156.

教具来展示观察者的知识，如他对这个区域的理解、他的意图以及他关于景观（元素）的发展计划。

感知与经验涉及不同专业领域的宽范围研究，如地理、民族学、社会人类学与心理学。传统研究中占主导研究的是环境心理学研究，人类常常被看作一种对风貌的消极（或被动）的适应。最新的研究以交互环境心理学为基础，它是建立于人们与风貌之间互惠的基础上的感知和经验，阐述人文景观的关系特征，并强调：

① 人类在直接感知、认知和行动等方面作为一个统一整体的能力；

② 他人的感知和有目的的行为过程并不被限制在镜像，而是与"我"的直接的、有创造性的行为和行为结果链相联系；

③感知理解从"自我中心"扩大到"其他中心"。

作为一种工具,这种"经验感知"与非再现的、直接的、持续的和有意识的感知、认知和统一整体的行为相联系。为了理解人们主要的风貌构成观,有必要将其作为一种不断变化的过程去绘制人们的生活和对原处风貌的认知。

也就是说,"意义"不是抽象的、他者的,而是作为主体的"我"通过行为所建构起来的与世界关系的表达。"我"具备一种持续的、不间断的工具去感知和认识作为一个整合整体的行动。同时,在文化的语境中,身体技能和感知力将承载社会化的标记,正如风貌感觉印象被赋予了独特的意义,同时其被传颂和记载下来。

5.2.3 各国土地管理制度中的风貌政策实践

风貌作为一种集成框架,包含自然、文化和感性属性的相互作用,整合了空间要素的自然生态价值和地方社会价值。作为一种重要的空间要素,风貌是一种整体性思维下的空间感知表达,对地方认同、自然与文化的多样性表达、文化遗产保护、提高就业机会而言,都是一种重要的资源。2000年欧洲委员会在区域整合发展的需求下,倡导将风貌纳入地区(或城市)规划政策以及其他的文化、环境、农业、社会经济政策之中,风貌成为城市空间规划政策的实施结果,同时也是重要的空间规划政策整合要素。

风貌是综合的,它不是作为风景或生态的实体,而是作为政治或文化的实体,并且随着历史而改变,风貌的"自然"风格背后是正义、经济、社会及社会的可持续形式(Groening,2007[1])。风貌是空间可持续发展的重要因素,空间规划通过改善整体生活环境来加强地区凝聚力和公众福祉,反映在社会、经济和领土的凝聚力加强和自然与文化遗产的保护上。

风貌是决策的背景和后果,它提供了我们规划和管理变化的空间框架。风貌作为空间规划中一种整合关键问题的重要方式得以被再认识,它将"场所的集体想象与情怀"引入空间规划之中,如法国、荷兰、德国、英国、丹麦、斯洛文尼亚等,建构"景观图谱"(landscape atlases)去识别大尺度的地方风貌并将它们融入风貌单元之中,这些图谱对场所的集体想象与情怀进行客观性和主观性的综合描述,并纳入土地规划管理单元之中,对空间建设产生直接作用。而瑞士的景观概念(Conception Paysage Suisse,CPS)则重点

---

1 Groening G. The "Landscape must become the law"–or should it? [J]. Landscape Research, 2007, 32(5): 595-612.

强调自然价值观、文化价值观、可持续发展观和精细管理四个要点。日本则是在《景观法》颁布实施的同时，修改了相关法律法规中的有关条款，如"将原'美观地区'调整为'景观地区'"，并以"形成良好景观"为共同目标，而且各法令调整各有侧重，例如：都市计划法方面，规定都市计划区域的高度地区、风景地区、细部计划地区等区域运用修订条款的同时，新增了"建筑物等的形态、色彩以及其他设计限制"；建筑法方面，将过去的建筑规范，如建筑条例、容积率规范等加强实施风貌整体规范；文化景观方面，通过文化行政单位进行景观计划区域或景观地区的重要文化景观认定和评选；屋外广告物针对阻碍景观的行为因素，实施相关规定和劝导；绿地营造方面，通过公园绿地等相关行政单位积极进行重要景观资源所包含的绿地、树木保护以及推展都市绿化；公共设施方面，从景观形塑重要的元素，让各部会的公共建设配合景观整体计划的实施（日本国土交通省，2004 [1]）。

进入 21 世纪以来，对景观的认知已经形成这样一种新的思路：景观与场所演变密切相关，它背后代表的是不同行动目标下的空间形态结果、他者对这种结果的感知，以及研究者们想要将之作为城市空间规划的基本结构因素去解释的一种渴望（COE，2005 [2]），景观感知作为一种工具被空间规划引入对人地关系塑造的再思考之中。

"景观是一片被人们感知到的'区域'，它是自然、人作用（或二者相互作用）的结果。"　景观必须根植于规划政策，它将经济、社会、生态和文化因素结合在一起，共同指导土地使用和基础设施的决策（Robert Palmer，2008 [3]）。景观感知作为空间规划管理的创新性工具，是对人地关系塑造的再思考。首先，景观作为人们的"生活环境"，它可以提供一个总的"环境"概念，构成空间规划"一体化"管理的基础；其次，景观与国家政策和地方因素密切相关，反映了人们对土地空间形式的集体感知及其发展愿景；再次，景观变化反映了土地使用上自然生态和人类行为活动的不断变化，土地开发规划政策需要依赖于这种变化。

---

1 国土交通省 . 景观绿三法 [EB/OL]. https://www.mlit.go.jp/.

2 Council of Europe. Third meeting of the Council of Europe Workshops for the implementation of the European Landscape Convention[EB/OL]. [2005-6-16,17]. 2005: https://www.coe.int/en/web/landscape/home.

3 Palmer R. Seventh meeting of the Workshops of the Council of Europe for the implementation of the European Landscape Convention[EB/OL]. [2008-04-24,25]. Piestany, Slovak Republic, 2008: preface. https://www.coe.int/en/web/landscape/home.

5.2.3.1 瑞士：景观质量目标

瑞士是由环境、交通、能源、通信部负责土地和景观管理，其责任领域包括可持续发展。景观保护与利用属于联邦政府工作的一部分，中央和区域（各州）机构调节各个部门的活动，包括景观规划。1963 年，议会同意联邦委员会提出的"国家风景和自然纪念碑清单"作为管理工具；1991 年，瑞士更新了《自然和景观保护法》（*The Law for Nature and Landscape Protection*，LPN，1966，1991），瑞士各州有权定义特定的质量目标来管理地方景观形态以及自然和文化古迹，以防止景观的负面变化（Montis，2014[1]）。

1997 年制定的景观概念强调四方面的问题：自然价值观、文化价值观、可持续发展观和精细管理。作为最重要的景观指示，它采用综合的整合方法，将规划、不同利益机构、景观发展政策与指示、管理行为整合在一起。根据该景观概念和《欧洲景观公约》的原则，2003 年瑞士联邦政府提出了"景观项目 2020"（the Landscape Project 2020），本项目包括景观演变、分析与研究、社会知觉、价值观以及地方参与。项目由三个阶段组成：感知、进化和分析，主要的任务是模拟景观的发展演化。该文件成为瑞士联邦环境局管理自然和景观时使用的主要文件。

瑞士的"景观项目 2020"将"景观"看作"被人们感知和体验的整个区域"，对人们的生活质量和公共福祉具有重要的意义。环保局通过"景观项目 2020"指南，将景观政策与土地利用、空间规划政策、水域管理、物种与生境管理、景观意识与经验、公众参与、经济手段和资源利用及预警系统八项行动计划结合起来，每项行动计划中设定相应的景观质量目标，景观策略落实到具体的行动计划之中（Federal Office for the Environment（FOEN），2003[2]）。

5.2.3.2 荷兰：景观议程

荷兰是一个议会君主制国家，具有三个主要的行政和政治层面：中央国家、地区（省）和市（市镇），土地规划的主要特点是以正式和分级的机构网络为基础的综合办法。基础设施和环境部负责将景观整合到所有层次的土地规划之中，经济事务、农业和创新部

---

1 Montis A D. Impacts of the European Landscape Convention on national planning systems: A comparative investigation of six case studies[J]. Landscape & Urban Planning, 2014. 124(2): 53-65.

2 SAEFL's guiding principles for nature and landscape[R/OL]. Landscape 2020. https://www.bafu.admin.ch/bafu/en/home/topics/landscape/publications-studies/publications/landscape-2020-guiding-principles.html.

负责农村发展对景观和生物多样性的影响以及开放空间的规划。

20 世纪 90 年代以来，两部门已经建立国家策略，如"景观议程"（Landscape Agenda）管理工具，即一个基于社会对景观看法的评价。2005 年，荷兰加入《欧洲景观公约》，开始越来越关注景观质量，景观变化由地区和市政府监督。"景观宣言"（Landscape Manifesto）通过增加社会意识支持的语言的实现，提高景观质量和可及性，并促进国际合作。

《自然和景观保护法》颁布于 1998 年，并且在 2005 年得以修订。它旨在提供保护自然和支持可持续发展的计划。国家公共卫生和环境研究所（the National Institute of Public Health and Environment）负责监测景观政策，地区管理局可以登记保护性景观并签发"决定"（即一份包含了对景观威胁的描述性文件）。

生效的景观规划工具是"景观备忘录"（Landscape Memorandum），该文件将景观定义为"世界的可见部分，是自然与人类活动相互作用的结果"。其主要目标是保护、重建和恢复高质量、可持续的、身份驱动的景观。景观备忘录包括一般政策和具体政策：一般政策的目的是保留和改善所有荷兰景观，而具体政策则侧重于基于身份的景观要素。

此外，荷兰景观规划管理还包括景观管理协会（the Stichting Landschapsbeheer Nederland）和景观观测台（Meetnet Landschap）等，前者参与景观保护工作，后者是为了监测监管的变化，其变化指标涵盖很多方面，如历史、文化、感知和自然（Montis，2014 [1]）。

5.2.3.3 日本：《景观法》

在日本，景观（Keikann）是指本来的、视觉的、土地的概念。包含了视觉和土地两种概念，它是指一定地域内以生产、生活方式、风土人情为基础所形成的固有的、文化创造的、积淀的空间，指人们生活在共同地域（土地）上有共同的情感归属（井手久登，武内和彦，1985 [2]）。

2000 年的《建设白皮书》对"景观"作出如下阐释："城市景观是在传统、文化、地域的交织中，在城市历史的长期影响下所逐步形成的。景观由自然风景及建筑物等要

---

1 Montis A D. Impacts of the European Landscape Convention on national planning systems: A comparative investigation of six case studies[J]. Landscape & Urban Planning, 2014, 124(2): 53-65.
2 井手久登，武内和彦. 自然立地的土地利用计划 [M]. 东京：东京大学出版会，1985：227.

素组合而成，同时作为其中居民生活的舞台，是在城市中所有居民的协同及影响下所形成的。同时，景观还是动态变化的，它反映出一个社会的价值观、制度、经济状况，并随着时间的推进而逐步演化。"在日本《景观法》中，日语的景观一词，按内涵应汉译为"风貌"。《景观法》第2条明确指出，良好景观由地域的自然、历史、文化等与人们生活、经济活动相协调而形成，良好景观与地域特征有密切的关联，应尊重地域居民的意愿，发挥地域的个性与特色。由此可见，当代日本景观的内涵是指人们因生产、生活活动需要而形成的地域特征，它包括了环境特征和人的行为特征。

1998年，日本第五次全国综合开发计划中推行了"有个性的区域文化"发展策略，分散高度集中的国土结构，以此来缩小区域间的差距；21世纪初是日本重要的转折点，为重塑国家竞争力，日本国土厅组织编制了《21世纪的国土总体设计》和三大都市圈（首都圈、中部圈、近畿圈）的发展规划，重视自然和文化，首次将文化和景观建设提高到国家战略规划的高度上，将其作为振兴城市和区域发展的重要策略（许浩，2008[1]）；2003年7月，日本国土交通省围绕着"美丽国土"的建设及推进而制定了《美丽国土建设大纲》这一国家政策指导框架，从而将"促进良好景观的形成"提升到了重要国家政策的地位（尹仕美，2012[2]）。2004年6月，日本参议院通过了《景观法》《实施景观法相关法律》《都市绿地保全法》三项法律[3]，并于同年12月正式实施。《景观法》从根本上确立了景观作为"全民共同财产"的基本建设理念（第2条），明确"'良好景观'作为'国民共同的资产，应予以妥善整备与保全，使现在及未来的国民均能享受其恩泽'的基本价值观"；同时，还明确"良好景观与地域固有特性有密切的关联，应尊重地域居民的意愿、发挥地域的个性与特色"的建设思路，并且说明良好景观建设不仅仅是"保全现有的良好景观"，还要创造新的良好景观。

《景观法》立法的根本目的是通过景观计划及其相关政策（含其他领域的相关政策）的制定与实施提高国民生活质量和促进地域社会的健全发展，以促进都市及农山渔村形成良好景观，具备优美风格之国土，创造滋润富饶之生活环境及实现富个性与活力之地域社会，以期对改善国民生活及国民经济之健全发展有所贡献（图5.4）。

1 许浩.二战后日本城市空间的控制[J].华中建筑，2008，26（8）：63-67.
2 尹仕美.日本《景观法》对城乡风貌的控制与引导[J].世界华商经济年鉴·城乡建设，2012（6）：1-2.
3 国土交通省.景观绿三法[EB/OL].https://www.mlit.go.jp/.

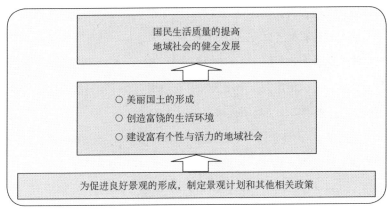

图 5.4　日本《景观法》立法目的

来源：国土交通省 . http://www.mlit.go.jp/

5.2.3.4 法国：景观法令

法国作为第一个批准执行《欧洲景观公约》的国家，其景观政策一直不断变化。在法国历史环境与城市规划相结合的实践中，产生了两个重要的概念："城市美观整治"和"文化遗产"，景观实践通过历史环境中的"文化遗产"与城市规划中的"城市美观整治"将两个重要概念落实。Paysage（景观），指某一区域土地上的视觉特征或某种风格的风景画，它包括土地上的自然元素，如河流、湖泊、池塘和海洋等，也包括有生命的元素，如植物、人类等，它反映的是人类改造生存环境的结果，是一个地方或国家重要的身份，有助于确定居住者的自我形象，以及地区的个性特征。Paysage，从词源上来说，是指"根植于土地"的景观，这是一种历史的、文化的视角，是一种文化透视下的感知（Groening，2007[1]）。

1950 年后，城市景观的快速变化，尤其是城市郊区的产生和农业工业化生产方式使得乡村景观发生了巨大的变化，促使 1993 年 1 月 8 日颁布了"关于景观保护和价值提升"的法规，即《建筑、城市和风景遗产保护区》（ZPPAUP），环境部对此的解释为："景观是保护法国人生活质量的重要因素……促进经济发展的工具不仅仅存在于城市里，也同样存在于乡村。" 法国景观至少包含了三种概念：一是作为生物物理或生态技术过程

---

1 Groening G. The "Landscape must become the law"–or should it? [J]. Landscape Research, 2007, 32(5): 595-612.

的视觉空间延展；二是作为文化建设的景观；三是作为个人的体验，强调通过日常生活经验来培育自己的精神景观（Déjeant，2011 [1]）。《建筑、城市和风景遗产保护区》将景观的概念突破传统的"突出的、与众不同的基地"概念，扩大到普通的日常景观概念，是"一种社会普遍价值，促进和保障个人和社会最大利益"；同时，也促进景观作为土地管理和规划的一个关键因素，被引入城市规划法规之中。

1993 年 1 月，法国法律规定将景观资源保护与利用纳入城市规划体系管理，申请加建、改造或者建设许可证须提交景观研究报告，从整个国土上去强调突出景观价值，并确定了公众协商制，以便更好地就领土内相关利益达成共识（Riccia，2017 [2]）。在此之前，历史文化遗产与城市规划空间上互不重叠，景观法令颁布实施后，《建筑、城市和风景遗产保护区》制度与城市土地利用规划（POS）共同指导城市建设中"风貌"建设管理。至此，法国的城市风貌管理作为公共管理的重要内容，得到法律的确认（陶石，2013 [3]），并被纳入城市规划法规之中（图 5.5）。

土地管理成为景观管理不可或缺的工具，《建筑、城市和风景遗产保护区》把景观作为土地管理和规划的一个关键因素，修改了公用事业的立法框架，并将引入环境影响评价程序和景观质量保护的城市规划法规，还首次引入了"景观单元""景观结构""景观要素"等术语，建立景观摄影台以监测景观的变化（它们描述了当前的景观特征，社会、经济和土地改革的动态，以及土地开发计划对景观的压力），并为干预提供适当的指示（Montis，2014 [4]）。

5.3 对我国风貌规划审批管理的优化建议

5.3.1 加强地方风貌立法的管理工作

风貌是城市的视域景象及其文化特色和内在气质，它是城市各系统要素相互作用的结果，风貌的实现需要通过加强相关立法工作得以保障。

1 Déjeant-Pons M. The European Landscape Convention[M]. Springer Netherlands, 2011, 147-149.
2 Riccia L L. Landscape planning at the local level[M]. Springer International Publishing, 2017, 61-70.
3 陶石 . 当代中国城市形象危机的技术补救途径研究——从总体城市设计走向城市风貌规划 [D] 上海：同济大学，2013：185.
4 Montis A D. Impacts of the European Landscape Convention on national planning systems: A comparative investigation of six case studies[J]. Landscape & Urban Planning, 2014, 124(2)：53-65.

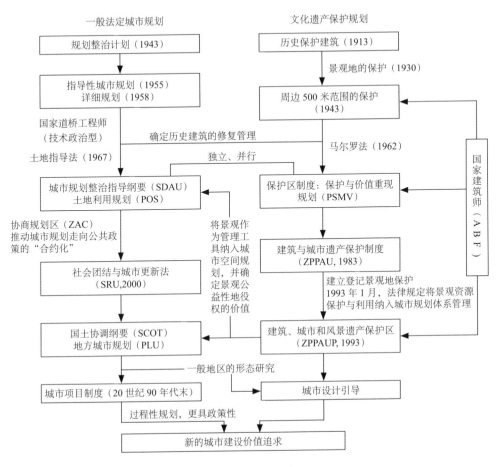

图 5.5　法国城市风貌规划控制体系
来源：作者绘制

《欧洲景观公约》以来，风貌已经成为欧洲及其他国家空间规划发展战略的重要管理工具，并引发了各国空间规划管理立法制度的调整。

一是以日本的《景观法》为代表的独立立法，立法明确"形成良好景观""优美风格之国土""富有个性个与活力之地域社会"等规划管理目标。

二是以法国《建筑、城市和风景遗产保护区》为代表的附加立法，法律明确了城市环境建设中"美观整治"的重要思想，确定地区土地开发中的视觉特征或某种风格是一个地方或国家的重要身份，因此，在土地管理的审批制度中须提交景观研究报告，加强景观资源的保护与利用。

三是以英国、荷兰等其他国家为代表的分散型立法，这些国家虽然并没有从国家层面出台具体的风貌立法，但却在土地规划管理制度及其他相关部门的管理中明确了风貌管理的法律地位或其他的相关管理制度，如英国的景观特征评估、荷兰的景观议程。

随着对城市空间环境品质要求的提升，党中央和各地方政府高度重视风貌规划建设管理工作。十八大以来，"美丽中国"成为各地方政府规划建设管理工作的重要指导思想，以浙江省为代表，2017 年 11 月 30 日浙江省十二届人大常委会第四十五次会议通过《浙江省城市景观风貌条例》，立法提出通过城市设计管理制度加强城市景观风貌的规划设计和实施管理，以"公共环境艺术"促进"美丽浙江"的建设并明确"城市景观风貌作为自然山水格局、历史文化遗存、建筑形态与容貌、公共开放空间、街道界面、园林绿化、公共环境艺术品等要素相互协调、有机融合构成的城市形象"的内涵，成为我国首部城市景观风貌立法[1]。

与其他地方风貌（或景观风貌）管理目标不同，《浙江省城市景观风貌条例》明确了景观风貌作为"城市形象"的内涵解释。这是一部体现以人为本、永续发展理念的重要法规，也是践行美丽宜居环境、建设美丽中国的重要探索。

5.3.2 技术文件审查转向行动愿景政策

从公共管理的本质来看，风貌的公益性决定了其纳入公共管理的基本逻辑立场。我国城市风貌规划行政管理正在经历"谋""断"分离的职能转型，风貌规划管理从单一的政府行政管理转向多元主体参与的社会共治，政府行政管理逐渐向"政策制定"转型，而具体的技术性事务则委托给第三方面管理，政府行政管理作为公信力的代表，主要是对结构性、原则性等事宜作出评判。

风貌是一片被人所"感知"的区域，风貌规划管理的目的不仅仅是从整体性和结构性上保护和塑造地区风貌特色，同时也要反映人们对场所的感知、对愿景的表达，社会行动中的"共同愿景"成为风貌规划政策的一个重要的组成部分，风貌规划管理的目的转向塑造地区的身份与认同。

---

1 中华人民共和国住房和城乡建设部网站 . 浙江颁布国内首部城市景观风貌条例 [EB/OL]. [2008-05-11]. http://www.mohurd.gov.cn/dfxx/201805/t20180514_236031.html.

因此，我国城市风貌规划审批管理应积极转变管理思维，回归公共管理的本质，重塑"依法行政"的科学理性认知，对"法"的认知应从"技术规划文件"转向"社会规则"，风貌的公共行政管理也应从"技术文件审查"管理转向对"社会规则"的认定，扩展社会行为规则作为规划管理依据的管理思维。

5.3.3 对关键性问题的识别与确认

转向社会行动的风貌规划管理，不仅仅是技术性管理，还是社会性管理，反映了人们在社会行动过程中对环境不断认知的过程，它是动态的，是不断变化的。

"规划"的目的是更好地实现管理目标。现行风貌规划管理中的技术文本管理对风貌规划建设提出了纲领性的行动计划，但它解决不了行动过程中发生的变化。因此，对于转向社会行动的风貌规划审批管理，应在规划审批管理基础之上加入常态化的程序性管理，对不同行动阶段的"关键性"问题作出识别与确认，以及时调整行动计划，确保风貌规划管理目标更好地得到实施。

5.4 本章小结

场所体验调控型风貌规划审批管理在"谋""断"管理职能转型中逐渐从传统技术文件审批管理转向规划政策制定的管理。

场所体验调控型风貌规划政策的最核心要点是以"景观"为空间整合的基础，从主观意愿到客观领土、跨越不同的空间规划层次和不同的相关部门，成为一种集成框架，是空间规划决策的背景和结果表征，政策目标反映在景观质量目标的定义上，是"喜欢或期望的一套（貌似）合理的景观未来状态"。景观质量目标是风貌政策制定、风貌规划和风貌监控的基础，其目的在于为进一步的风貌建设行动奠定基础。风貌规划政策通过制定空间的景观质量目标，突破传统景观的自然审美意识表达范畴，迈向了人与自然关系的文化解释，以某种有意识的方式建立行动者与地域之间的关系，从而形成场所的意义以及意义感知。政策的目标也从过去基于杰出景观特征的保护政策转向了基于所有生活环境质量的政策制定，通过生态、历史、文化、感知和经济等方法，对之作出解释，使其成为一种不同主体和不同层级行政管理之间的新的合作形式。加强风貌规划政策制定是确定地区风貌规划管理目标的重要途径，随着我国行政体制改革的进一步深化，应优先加强其政策法治化，做好上层设计的管理工作，以指引具体的实践管理工作。

规划审批是一种要式行政行为，它是依申请的具体行政行为。场所体验调控型的风貌规划审批是对未来空间形态的"生态性"（即可持续性）、"文化性"、"艺术性"等进行综合性判断，应从法理学角度出发，借鉴国际经验——"参与协定制"认为，我国城市风貌规划审批依据应加强完善"社会规则法定化"的管理过程。社会规则法定化反映了风貌规划管理的规范性是规划行动的开始，是对规划行动过程中的文化价值取向与行动计划的判断，是反映了风貌规划作为"工具性"与"目的性"统一的过程，它首先解答风貌规划管理行为的"实然性"（即价值判断），再进一步解答其"应然性"（即规范判断）。

将社会规则法定化引入现有规划管理体系之中，是对现有风貌评价标准的进一步优化。风貌是城市文化的表征，文化既是空间审美的表达，更是空间质量的综合性描述，是不同主体间的共识性反映，对风貌的审查不仅是一个科学技术评价过程，同时也是一个社会评价过程，反映的是某一对象群体的集体性意识。研究认为，在现有规划审批的基础上，应增加"社会规则"作为审批依据之一，通过社会协议来确定一些共同的价值基线标准，以塑造"共同的愿景"，同时须增加对整个社会化过程中重要问题、重要过程的行政确认，以确保社会公正性。

第6章 城市风貌规划实施管理

规划实施的本质是将规划设想落实到土地上，使其成为现实、具体化。依法行政是规划实施管理的基本要求，同时，场所体验调控型风貌规划实施的管理过程也是一个协调性管理过程。

6.1 基于"启发"和"实践"的风貌规划实施管理

6.1.1 强调"启发式"管理：作为意识形态的规划管理

场所体验调控型风貌规划管理同时遵循文化意识形态的建构途径，即文化生成的自在（内在）统一性。

文化作为人类思维的基本语境和行为框架，直接塑造人的社会生存方式和能力。露丝·本尼迪克特（Ruth Benedict）论证说："一种文化就像是一个人，是思想和行为的一个或多或少贯一的模式。每一种文化中都会形成一种并不必然是其他社会形态都有的独特的意图，顺从这些意图时，每一个部族都越来越加深了其经验。与这些驱动力的紧迫性相应，行为中各种不同方面也取一种越来越和谐一致的外形，由于被整合得很好的文化接受了那些最不协调的行为，也往往由于那些最不协调的行为而具有了这种文化的特殊目的所具有的个性，这些行为所取的形式，我们只能靠首先理解那个社会的情感上的和理智上的主要动机才能理解。"[1]

特殊事实与普遍原理之间相隔整个抽象思维。以往的文化研究往往满足于对文化的理解，从而陷入文化反思的盲区。无论是宏观尺度下的文化历史，还是"移情"式理解或臆断式理解[2]，只要是直接从特殊文化现象出发来"提炼"普遍文化论断，就必然使

---

1 露丝·本尼迪克特.文化模式 [M].王炜，等译.北京：社会科学文献出版社，2009：48，53.
2 理解文化并非简单的外部观察所能做到，而必须置身于这种文化之中，在实践它的过程中真实体验它的存在。这种认识推动文化学者放弃对异质文化的简单外部推断做法，主张进行文化的"移情"式研究，即变化文化角色，真正进入被考察文化生活中去，作为那一文化的文化人直接把握文化的存在。对于这种所谓参与式观察法，R. M.基辛表述为："不管背景是城市、集镇，还是村落、丛林茅屋，人类学研究的方法在许多重要方面都是相同的。最基本的一点就是要深入地浸润在一个民族的生活之中。人类学家学习他们的语言并尽力学习他们的生活方式，这种学习是通过参与观察来进行的，即一边观察新的生活模式，一边也以此模式生活。"这种方法增加了搜寻文化存在现象的真实度。

文化理论研究丧失反思能力。对发现统一解释文化现象的普遍原理的反思与对事实性的文化意义的理解，两者具有完全不同的认识论性质：理解是对一个特殊文化内容系统之间的具体意义联系的认识，理解活动的秩序与文化存在的内在结构并不是真正同一的，文化理解必须从相对更为具体的特殊内容出发，逐步展开更大范围的意义关联，直至——也必须如此——特殊文化内容的具体意义整体；而文化存在作为一种存在，其逻辑秩序为从"普通"到"特殊"。文化理解所造就的是特殊内容之间的实然的意义联系，并不顾及它们之间的健全逻辑关系；文化存在客观上起主导作用的是逻辑关系，相互关系只是说明了存在的可能性和条件，并不直接作出关于具体存在内容的决断。

普遍文化与特殊文化之间是"元语言"与"对象语言"的关系。立足某种文化观念（即特殊文化）去解析普遍文化本质，会造成把特殊独断地提升为普遍的错误，人为造成文化之间的认识地位不对称，形成某种文化的话语霸权；然而，离开特殊文化内容之后的文化反思也是不现实的，因为任何思维都必须以某种内容为载体，没有内容的思维不可设想。因此，文化研究的首要任务在于完成"元语言"与"对象语言"的剥离，设计可以有效展开文化研究的"元语言"，能够完成这种内容确认的方法就是"分析式前提批判"。

城市风貌规划管理通过对某种特定文化意义的塑造，规划控制遵循一种"文化自在性的统一"，在意识存在冲动的演绎机制下展开，并对城市风貌的文化意义表征作出预先的普遍性定义，通过规划管理实施机制得以将其注入具体的城市土地开发建设之中，生产空间文化产品。

6.1.1.1 规划目标设定某种特定的意识世界

场所体验调控型风貌规划管理中的风貌是一种文化社会实践建构的结果，它是一种社会意识存在（即我们所指的"城市精神"）在空间建设实践中的扩展与显现，这种扩展与显现遵循"普遍文化"与"特殊文化"的哲学关系，并通过城市规划管理的制度化机制在实践中得以无限延展，并呈现出文化价值上的"多元统一性"。

风貌作为文化特征存在，反映的是城市精神意识存在的客观性。风貌是人类在城市建设过程中追求城市精神的一种客观反映，是一种特定意识世界的塑造过程。城市风貌的形成是在城市精神意识存在的冲动下的一种放射性延展结果，不同层次的城市风貌之间存在必然的关联，这种关联最终将统一于宏观层面"城市精神"意识的普遍存在性，属于"概念式关联"，是存在的同一性；而不同的城市风貌之间的差异性则表现为"城市精神"意识存在具体的差异性，是一种"目标性"的差异表达。

不同层次的城市风貌存在源于"城市精神"内在意识结构的存在冲动。逻辑上，不同层次的城市风貌之间都必然地与"城市精神"存在形式协同共存，而城市风貌则反映"城市精神"的品格取向，即我们常说的"空间文化品质""城市特色""城市个性"等，从这个角度来说，城市风貌本质上是文化存在的形式（空间形式），它通过城市空间环境品质（即景观品质）来反映城市独特的"城市精神"品格取向。

作为一种意识存在，风貌是一种精神现象，属于人文存在范畴，对城市风貌的逻辑分析就不能按照现代自然科学机械性的认识方式，而是要尊重人文科学的反思方式，即"用知识概念批判人文存在，并在其中寻找具有认识价值的建构内容"。

6.1.1.2 风貌文化生成的自在（内在）统一

城市风貌文化存在的前提是"意识"的存在，"意识"是风貌建设过程中某种共同价值追求的普遍"存在"，是以"城市精神"为"意识"指导的具体的文化建构过程，它是一种理性行为。城市风貌规划是在风貌系统中找到"城市精神"的文化本体性概念并具体去解释"城市精神"在风貌系统中的具体存在表征方式（即风貌元素符号化所代表的文化内涵）。

对城市风貌文化的认识与把握往往会诉求于经验认识——这是一种由把握到的因果关联而确定下来的研究定向，经验知识作为理智认识的一部分，牵连着知识世界而具有某种信息意义，最保守地看，也能拥有传达存在关系的可能性，因而依之所确定的研究定向携带通达认识目标的机会。

城市风貌规划借助于这种研究定向，对某种特定的风貌文化存在进行一种综合性的逻辑判断，以明示该风貌文化是否具有某种"文化性"的内在逻辑关系。城市风貌规划以某种"文化概念"统摄整个空间的规划安排，将该"文化概念"意识融入风貌规划结构中，生成特定的风貌文化场域。

6.1.1.3 潜意识的普遍性与启示性

先验文化概念须符合作为评价标准的普遍存在概念，是主观文化表征，集目的和真善美于一身，表现在现实的文化观念中，它也就是对存在及其无限扩展的追求。文化建构沿着类属线索的展开必然以形而上学为拓展工具。"第一文化单元"就是这种形而上学的结果，即普遍的存在概念直接翻转为抽象的经验存在要求，而其后的文化单元建构任务就在于针对涌现的特定普遍存在内容展开理性的存在构建筹划并加以文化主观色调改造。这种认识过程的形而上学性不表现为追求超越经验的第一原理那样的传统意义上的形而上学，而是仅仅表现为思维的逻辑思辨性和非经验性，不能以经验思维的方式获得。

6.1.1.4 意识存在的冲动演绎

作为意识的文化存在，其建构方式遵循意识存在的包摄结构规定（即意识存在的高等级层次实现规定了下一层次意识存在的普遍要求，引导下一层次的具体建构活动，属于"方法"引导，而不是"结果"引导），通过主观重演力量将其逻辑普遍性现实地转化为存在的普遍性，在存在的建构重演行动中显现其文化属性（形象），使其最终获得文化存在的形式。

城市风貌规划实施从"文化是一种意识形态"出发，一方面是对"城市精神"存在的自指性回返，另一方面也赋予了城市空间环境（景观）以文化存在的品格。遵循意识存在"主观重演"的逻辑，按照重演性、态度化、自然倾向化及自稳定结构等原则与方法（崔平，2015 [1]），建构城市文化。其中，"重演性"是在城市空间环境（景观）建设过程中，"城市精神"通过意识存在结构的内在性嵌置于城市建设过程中，发挥城市建设过程中自觉的文化追求，并形成各种特殊文化内容，它们之间存在一种"类概念"的相似性；"态度化"以其主观肯定力量支持"自然倾向化"，保证在意识自觉层面上维护自然倾向性的存在建构选择及其结果；"自然倾向化"以其现实存在构建活动的成功，塑造对存在构建方式的存在性的确证，同时自身也表达着存在构建方式的某种选择稳定性，因而直接支持存在构建方式的"自稳定结构"；"自稳定结构"又以自己的存在牢固性说明"态度化"的正确，并使之充实而能够稳定地指向同一目标。态度化是用于评价城市风貌建设行为是否符合"城市精神"意识存在的表达，它是一种城市风貌建设行为"合目的性"的表达与反映。

6.1.2 强调"实践性"管理：作为社会生产的规划管理

"实践的方式"并不意味着回归个体，而是作为一种理论方法反映在艺术的运作模式、行动图式以及运作的组合规则之中。场所体验调控型风貌规划管理引入实践的功能，通过"话语"（福柯称之为意识形态）、经验（布尔迪厄称之为惯习）和实践（即机遇）的形式等 [2]，对人们的场所体验感知进行技术性研究。

---

1 崔平 . 文化模式批判 [M]. 南京：江苏人民出版社，2015：100-125，169-190，201-224.
2 米歇尔·德·塞托 . 日常生活实践：1. 实践的艺术 [M]. 方琳琳，黄春柳，译 . 南京：南京大学出版社，2009：107.

6.1.2.1 话语

话语关系中的方法并不具备"重复的"特性，它们的多变性不断地对自身进行调节，使之适宜于多样的目标和"计策"。米歇尔·福柯（Michel Foucault）认为"对话空间的组织行为是一种极其细微但随处可见的行为"，通过对某个看得见的场所进行分区控制而为观察和"信息"提供占有者，成为一种"非推论性行为"。

风貌话语在景观中得以反映。景观是人与人、人与自然的关系表达，景观由四要素所组成：自然、文化、社会和经济。景观是一个不断演变的故事，可以通过审视地区的历史、特征和现代的现实来把握其主脉络，以及从社会的视角去认识它；它在文化、生态、环境和社会领域中具有一种重要的公共利益，构成了一种重要的经济行为资源，有助于提供工作机会；它有助于地方文化的形成，是自然和文化遗产的基本组成部分，有助于人类福祉和欧洲认同的巩固；它是人们生活质量的重要组成部分，响应公众对高质量景观需要的愿望（COE，2000 [1]）。

6.1.2.2 经验

对风貌感知的认知与判断具有经验性的特征。

社会学从统计为"规律性"提供"客观结构"的定义，将全部"情况"或"客观形势"视为某种结构的"特殊状态"。问题的思考包括三个要素：结构、环境和实践，"环境和实践"是被观察的对象，结构是从统计开始形成的模型。任何"理论"形成之前的问题探讨均包括一个双重的认识论，即"结构"的"客观性"真实地展现于社会学家的话语之中；被观察的实践或环境界限，在统计再现方面是有界限的。

布尔迪厄认为，"经验"既能对实践进行调节，又能与结构相吻合。"经验"处于对其进行组织的结构和由其所产生的"布局"之间，"经验"暗示了结构（通过学习而实现）的内在化与实践经验（或习性）的外在化，时间维度的引入，使表达经验的实践得以准确地适应表现结构的环境，是内在化与外在化统一。

6.1.2.3 实践

作为政治的景观概念决定了风貌中的参与性。

从哈贝马斯的"公共领域"开始，公共性被看作社群成员之间针对其生活领域中的

---

1 Council of Europe. European Landscape Convention[EB/OL]. [2000-10-20]. http://conventions.coe.int/Treaty/en/Treaties/Html/176.htm.

公共事务进行公共探讨和公共对话后的结果，亦即形成符合公共利益的共识，以确保公共领域的构建及民主价值的实现。它是构成公共管理的基本逻辑的出发点。

风貌的场所体验感知是特定人群对某一空间（场所）体验的共识，它是集体性（而非个体的）价值的反映。一方面，场所体验调控型风貌规划管理提升了城市空间环境审美的品质，激发潜在的经济性；另一方面，场所体验调控型风貌规划管理从政治哲学的角度塑造某一共同体内部不同主体间的共同性，是不同主体对城市空间环境接受的一种基本"共识"，反映了该共同体内部稳定的秩序意识，是一种现实性纽带，维护着共同体对公共生活质量、公共生活秩序的一种价值追求，具有明显的相容性并享有主体的多元性和广泛性。因此，风貌场所体验的公共性体现在两个方面：一是景观与地区人们的身份认同密切相关，即景观不再仅仅作为一种自然和社会科学家客观描述的物质性概念，而且是一种变化的文化观念和身份认同结果；二是景观在文化、生态、环境和社会等领域具有重要的公共利益作用，构成了一种重要的经济发展资源。风貌对空间（场所）体验的公共性认知，是主体的公共表达，公共表达不是为了表达主体的差异性，而是为了寻求共识，是主体在交往、沟通中对自我和差异的超越。只有共识性表达才是真正的公共表达，才是真正的公共价值。

风貌的公共性决定了其被纳入公共管理的必要性，风貌是伴随着城市土地开发建设从"二维"空间到"三维"空间、从"物质"建设到"物质与精神统一"再到"空间体验表达"的发展过程而产生的一种新兴权利。

6.2 风貌规划实施管理创新：从依法行政走向社会共治

6.2.1 规划实施中的两种决策模式

场所体验调控型风貌规划管理实践中可以找到两种类型的决策行为，即标准化和分析 / 优化（Marušič，2006[1]）。

场所体验调控型风貌规划管理的标准化不仅指量化指标，还包括管理程序的预设、

---

1 Marušič I. Landscape typology and landscape changes; What we have learnt from the endeavors to implement the European Landscape Convention in Slovenia[C/OL]// Fourth meeting of the Council of Europe Workshops for the implementation of the European Landscape Convention[2006-05-11, 12]. https://www.coe.int/en/web/landscape/home. 2006: 21-29.

设计以及任何可能被认为是对某一问题或某一部分的适当解决方案的问题，它扩大了对传统"标准化"的认知。

同时，对于管理标准而言，也存在两种标准，即最低标准和满意决定。现有的国家空间规划政策中所涉及的环境质量标准定义了标准化的环境质量，但在某种意义上，其代表的是环境质量的最低水平；而景观规划管理还包括人的感知管理，它是一种"满意"与"不满意"的评价标准，"令人满意的标准"往往并不总是从环境保护的角度出发而制定的，它随不同社会发展阶段而有所差异，其标准往往会在具体的政治行动中得以具体解释。

详细和明确的规划程序通常被认为是基于形式分析的优化程序，规划清楚地说明了分析和优化的重要性，工具、景观或环境规划的发展、适宜性分析、地理信息系统、替代方案的制定、环境影响评估等只是其中的一部分，实际上是空间物质性规划中优化程序的非常丰富的规划管理工具。

6.2.2 两种弹性管理：底线与满意度管理

6.2.2.1 底线管理：制定基线

"动态变化"是风貌的基本属性之一（Egoz，2011 [1]），这决定了场所体验调控型风貌规划政策转向一种行动指导，一种信仰基础，一种数据分析和收集的框架，它的理论认知基于"从方法、感知和政策形成过程、实践和研究等上去识别其差异性和相似性"，目的在于帮助确定变化的策略，这是一种"主动的""交互式的""迭代的"过程，是一种知识不断创造的过程，并在过程中不断发现问题、解决问题（Oughton，Bracken，2009 [2]）。

那么，风貌政策变化的基线又是如何构成的呢？基线，是关于景观特征的"基本信息或调查信息"，它可以在监控和测量过程中根据情况而作出改变。风貌政策基线是理解政策变化和实践变化的一种很重要的背景，在英国，一系列方法已经被用于提供基线信息去满足风貌政策的发展（UK，2010 [3]）。

---

1 Egoz S. Landscape as a driver for well-being: The ELC in the globalist arena[J]. Landscape Research, 2011, 36(4): 509-534.

2 Oughton E & Bracken L. Interdisciplinary research: Framing and reframing[J]. Area, 2009, 41: 385-394.

3 Countryside Survey (2010). Measuring change in our countryside[EB/OL]. http://www.countryside survey.org.uk/.

风貌政策基线包含了对"景观变化"认知的概述、对相关部门政策和管理工具的概述、关于国家政策内容的详细描述和风貌政策应用的话语分析，以及一份调查报告四方面的内容（Roe，2013 [1]）。一份基线调查报告被看作一种"迭代的"过程，这样基线就被看作数据的收集和评价，它可能随着信息的出现而改变（Bracknell Forest Council，2010 [2]）。在一般的政策评价中，基线可以提供可以开发目标的信息，并且可以为每个指示器开发不同的阈值目标，用于帮助理解不同目标下特别政策的影响和结果。最后的基线被看作一种对风貌的理解和对构成的记录，关系到风貌政策实施的框架和学术文献的表达，如表6.1所示。

协作工作、"进步"判断的复杂标准、信息的转移能力和管理能力的需求、反馈机制的监控框架形成等，都是基线制定要考虑的关键性因素。

6.2.2.2 满意度管理：满意大于事实

未来的变化是"满意大于事实"。场所体验调控型风貌规划管理对风貌的认知更多的是一种公众实践结果而非科学推理，它是可见、不可见的社会和文化实践在土地上的投射。

风貌作为"环境"的"综合概念"，不仅与客观的物质环境质量有关，还与人们对环境的"满意度"相关。社会对风貌的要求和大众的愿望构成了风貌保护、管理和规划的重要的组成部分，景观质量目标制定中需要"联系社会"，要反映人们的多样化的社会观念，它是一种满意度的管理，反映人们对未来发展的倾向，"希望是什么样的"或"不希望是什么样的"，它是一种实践结果的反映，而非单纯意义上的科学理性推理结果。

6.2.3 多元化的风貌规划实施途径 [3]

2000年，《欧洲景观公约》提出景观作为"一片被人们所感知的区域"概念的内涵，

---

1 Roe M. Policy Change and ELC implementation: Establishment of a baseline for understanding the impact on UK national policy of the European Landscape Convention[J]. Landscape Research, 2013, 38(6): 768-798.
2 Bracknell Forest Council (2010). Baseline data and indicators[EB/OL]. http://www.bracknellforest.gov.uk/environment/env-planning-and-development/env-planning-policy/env-strategic-environmentassessment/env-baseline-data.htm.
3 本节以国际规划管理经验分析风貌规划实施途径，《欧洲景观公约》以来的国际景观规划管理实践内涵与本书风貌内涵相一致，因此，本节统一称之为"景观"。

表 6.1　基线的结构和内容（以英国为例）

基线信息与分析			
1. 景观变化	2. 部门政策与工具回顾	3. 政策内容回顾	4. 基线总结
景观变化理论、变化测量和对变化类型之间的联系等进行简要回顾和分析	英国政策/法律框架的概述；实施《欧洲景观公约》的相关部门和工具分析	详细分析移交管理中重要政策文件的《欧洲景观公约》指标	基线关键问题和特征的简要识别
·当前对景观"变化"的理解 ·实施《欧洲景观公约》的相关景观变化 ·与变化监测工具和指标有关的问题 ·识别概念、认知、理论、方法等方面变化的新方式	·英国规划概览政策 ·移交管理 政策/指南/相关部门评价 a）农业 b）规划 c）气候变化 d）住房 e）生物多样性与自然保护 f）交通 g）能源 h）水/海洋与水产业 i）森林 ·识别现有的政策/立法框架 ·评估政策的有效性和潜在的差距 ·识别实施《欧洲景观公约》的重要工具	·英国规划概览政策 ·移交管理 政策/指南/相关部门评价 a）农业 b）规划 c）气候变化 d）住房 e）生物多样性与自然保护 f）交通 g）能源 h）水与海洋 i）森林 j）历史环境 k）乡村发展 ·详细分析与《欧洲景观公约》相关的原则、条文等政策内容 ·文献记录系统	总结其他额外的有用信息

来源：Egoz S. Landscape as a driver for well-being: The ELC in the globalist arena[J]. Landscape Research, 2011, 36(4): 509-534.

2007 年、2008 年欧洲委员会通过了《欧洲景观公约实施准则》（COE, 2007 [1], 2008 [2]），倡导该概念的实施应将"景观维度整合到领土政策和各相关部门政策之中，从法律上去明确景观的地位"；同时，"政策的实施方式可以是法定强制性的，也可以是自愿性的，方法的选择可根据各自地方情况而定"，"各国根据自己国家的空间规划管理制度特征以及不同层次的主管部门根据自己的权限范围，根据各自的景观质量目标制定不同的规

1 Council of Europe (2008), Guidelines for the implementation of the European Landscape Convention[EB/OL]. [2007-03-22, 23]. http://www.coe.int/en/web/cm.
2 The Committee of Ministers .Recommendation CM/Rec(2008)3 of the Committee of Ministers to member states on the guidelines for the implementation of the European Landscape Convention[EB/OL]. [2008-02-6]. http://www.coe.int/en/web/cm.

划策略"，"注重发挥知识的基础性作用，提高景观在社会各阶层的价值，以及在塑造风貌方面的作用认识"等，这些富有开创性的规划实施建议，也显示了各国在落实该理念时的多元化实施途径。

自《欧洲景观公约》颁布以来，景观政策已经成为空间规划实践中一种重要的创新工具，并形成这样一些共识：

① 土地管理制度是景观实施的主要管理工具，景观概念通过土地管理制度得以实现；

② 景观概念成为重新认知空间规划的一种理论方法，并已实际融入空间规划发展政策之中；

③ 景观的专项立法未必是唯一的途径，或可将之整合到现有的法律框架之下，或延伸到原有的法律内容、管理内容之中，纳入地方区域规划之中，更侧重于对空间规划管理的实际效用；

④ 景观政策作为一个以"景观"为基础的综合政策，构成了整合空间各要素的规划管理框架；

⑤ 景观规划包括地理空间和人的感知空间，它们共同构成了管理的社会性空间，景观实施需要法定化公众参与程序，以扩大对社会性空间知识的认知，是对传统规划管理的有益补充；

⑥ 景观规划实施是一个"自上而下"与"自下而上"相结合的交互式管理过程。

从文化的角度来认识风貌，其规划实施途径是多样化的，因不同政府层次、管理制度的不同而不同，同时，还因不同的受众群体而管理目标不同。因此，景观规划的实施不能采用"一刀切"的方式，应以其在空间规划实践中的实际作用为根本，强调从塑造场所体验的角度去优化土地开发质量，管理措施是"国家立法＋政策引导＋自愿协定"框架下的多元化组合模式。

6.2.3.1 与空间规划政策的结合：以英国为例

英国没有具体的景观管理法，但有着悠久的景观保护政策和计划的传统。在英国，景观可从几个方面来理解。

① 无处不在：景观为人们的生活提供了一个场所，无论是在身体上还是通过记忆和联想。

② 人类历史的产物，是自然和文化影响的相遇点，它是不断变化的，以应对无数不同的决定。

③ 身份和场所感的定义：它是界定国家、区域、地方和个人身份的中心，景观特征的差异在我们所有的感官（视觉、听觉、嗅觉和味觉）及昼夜和季节中起着作用。

④ 充满了个人价值：它激发并可以承担精神价值，这些价值观是变化和发展的。

⑤ 提供了连续性的感觉：尽管发生了变化，但它为人们的生活提供了连续性，将过去、现在和未来联系在一起。

⑥ 提供了广泛的好处：它提供了人类生存和福祉所必需的商品和服务。

景观作为社会共同做出的决定的产物，以一种“嵌入式”的方式融入现有的各级空间规划、政策与战略之中（嵌入的主要是对景观丰富概念内涵和“场所”的整体理解），为理解不同的自然、文化和感性元素之间的相互作用提供了空间框架。

2007 年 7 月，英国政府通过财政、地方经济发展和再生审查提出了新的综合区域战略（Single Integrated Regional Strategies，SIRS），采用综合方法商定各区域的社会、经济和环境优先事项，将景观作为区域范围内证据基础的一部分提上议程，并帮助确定如何开展和在何处开展发展的构想。同年，在 DCLG 地方议程（DCLG's Place Making Agenda，2007）中，“场所营造的概念”被嵌入规划政策声明中，强调了环境质量和性格与生活质量之间的联系。对于地方政府来说，对景观环境的清晰了解有助于从一般政策出发，在根植于地方的核心战略内创造空间远景和战略。

对景观的理解是嵌入空间规划和政策的关键所在。这对于为一个地区制定一个明确的“远景”，确保国家声明和指南中所列的一般政策可以转化为地方一级有意义的政策，是至关重要的。《英国景观管理指南》（*Guidelines for Managing Landscapes*）[1] 确定了景观作为空间规划框架的七项基本原则，如表 6.2 所示。

在英国，景观规划的实施旨在进一步加强景观保护的管理，并为景观规划管理提供一种“合作伙伴和利益相关者的行动计划”的结构，编制规划的过程中强调需要一些简单的标准准则，以帮助确保采用一致的方法。

景观行动计划是一个组织过程，反映景观规划实施目标，协调和审计现有的景观参与并找出差距，确定改善行动从而“更好”地保护、管理和规划景观（表 6.3），如作为伦敦泰晤士河三个区域战略之一的泰晤士河景观战略（the Thames Landscape Strategy）

---

1 Natural England. European Landscape Convention: Guidelines for managing landscapes[EB/OL]. [2010-11-9]. https://www.gov.uk/government/publications/european-landscape-convention-guidelines-for-managing-landscapes.

表 6.2 英国景观规划、政策（或策略）实施指南原则

1. 明确使用景观术语和定义 —景观定义以及基于《欧洲景观公约》的定义； —明确使用"景观"一词
2. 从整体的角度认识景观 —承认景观本身的权力； —承认景观作为一个整体，包括自然、文化和感性因素的相互作用； —认识到景观存在于所有的尺度
3. 适用于所有的景观 —适用于规划所涵盖的整个地区或地方； —适用于所有的景观，杰出的或普通的
4. 了解景观的基本基线 —绘制适当的层次和各层次的景观知识
5. 涉及的人 —使用适当的技术使人们参与进来； —景观的识别和评估； —确定景观的目标； —为保护、规划和管理而制定政策； —监测变化。 在这一过程开始的时候就需要确定谁参与、何时参与
6. 整合景观 —促进多功能的景观； —将景观纳入所有对景观有直接或间接影响的部门政策； —考虑任何给定的地理区域的任何定义的景观目标
7. 提高对景观的认识，寻求培训／教育的机会 —提高对景观重要性／价值的认识； —在各层次的规划组织； —与合作伙伴（其他的组织）； —与利益相关者； —寻求培训和教育的机会。 提高认识是规划编制过程和计划本身的重要组成部分

来源：Natural England. European Landscape Convention: Guidelines for managing landscapes[EB/OL]. [2010-11-9]. https://www.gov.uk/government/publications/european-landscape-convention-guidelines-for-managing-landscapes.

（2017—2020），围绕地区生态保护和人文价值保护与提升，鼓励和促进高水平的社区参与建设，从而制定了围绕泰晤士河景观相关的行动计划，将公共部门、非政府组织、私营企业、地方社区和第三部门等联系在一起形成战略伙伴关系。

6.2.3.2 项目制度中的过程解读：以法国为例

在法国，景观规划实施的一个重要途径就是与土地管理（城市规划管理制度）的结合——"项目"制度。"项目"制度是以项目为基础的方法，旨在确定意图和目标、分析

表 6.3　英格兰自然署的《欧洲景观公约》实施行动框架

行动计划的主题	· 在现行法律和监管框架内提高执行力 · 影响未来的立法、条例、建议，包括促进差距分析 · 提高对景观特征和动态的了解，以及变化趋势的监测 · 让大众全面地接触、认识和理解活动，并通过宣传、教育和培训吸引大众 · 分享经验和最佳实践
行动计划的过程	任务 1. 设定语境 ·制定行动计划的首要任务是为计划制定背景，并了解特定组织如何参与景观 ·提供一份关于本组织景观分配 / 参与的初步声明 任务 2. 确定《欧洲景观公约》对于组织的重要性（包括对其他部门的重要性） ·确定《欧洲景观公约》对组织的重要性，涉及回顾与总结，以及在何种程度上与《欧洲景观公约》的相互作用 ·一个关于该计划的内部简报可能是现阶段的有益途径 任务 3. 理解基线 ·一旦该行动计划的主题或标题已经确立，它是理解基线的重要依据，它不需要过于详细的分析，可以用简单的语句指出当前所处的情况，这可能包括： a) 景观是由组织明确考虑的抑或它是更广泛主题的一个子集？ b) 景观是否以《欧洲景观公约》促进的整体、综合方式（即所有景观事项）考虑？ c) 景观是否适当纳入更广泛的政策 / 目标？ 任务 4. 建立愿景 / 总体目标 任务 5. 识别行动 ·一个《欧洲景观公约》行动计划的关键要求是视觉 / 总体目标转化为更精确的定义的行为 ·行动应确定： a) 需要做些什么？ b) 如何实现？ c) 谁需要参与？（组织内的关键部门 / 人员和任何外部利益相关者 / 合作伙伴） 任务 6. 监控与评论 对计划的监测应该是一个持续的过程，应该从一开始就建立评价进程，为今后的评价研究和报告制定一个框架，这包括： a) 年度审查清单 b) 更新基线 c) 确定已完成的行动 d) 确定未来的影响，即景观变化或对区域 / 地方一级的"敲门效应" e) 确定从行动计划中产生的任何组织变化 f) 制定年度的行动 ·鼓励报告行动和成果

来源：Natural England. European Landscape Convention: Guidelines for managing landscapes[EB/OL]. [2010-11-9]. https://www.gov.uk/government/publications/european-landscape-convention-guidelines-for-managing-landscapes.

环境，收集的数据将作为建立项目的工具，是景观价值观的实际运用（Meyer，2006 [1]）。

1. "项目"制度的提出与意义

"项目"制度是法国在新的历史环境下的一种规划方法。2000 年 12 月 13 日颁布的《社会团结与城市更新法》（SRU）旨在对不同领域的公共政策进行整合，致力于推动城市更新、协调发展和社会团结，也引发了城市规划编制体系的转变："国土协调纲要"（SCOT）、"地方城市规划"（PLU）[2]、"市镇地图"替代"城市规划整治指导纲要"（SDAU）和"土地利用规划"（刘健，2011 [3]），这种转变表达了立法者希望地方执政者把工作重点转向空间组织，要求把空间当作一种不可浪费的稀缺资源，而不只是简单地分配建设权 [4]。

《社会团结与城市更新法》制度下，"城市"不再是一个固定尺度的行政地理概念，而是一种社会经济的空间组织与运行方式。全球竞争下，城市的再发展能力取决于社会、经济、文化、环境等要素构成的城市综合品质，过去单纯的空间发展已经变得不可持续，空间发展建设只是规划工作的一个组成部分，城市战略和规划推广需要不同学科和专业之间的合作和整合，多学科的协同是保证城市规划的合理性的必要条件，空间规划倡导多方合作和参与的"交互式"规划。

随着国家政府在城市规划问题上的退隐，规划目标越来越需要地方政府发动社会力量共同来实现，一个社会接受程度高的规划项目比单纯寻求技术上完备的规划项目更合理，城市规划从"计划型的城市规划"（urbanisme de plan）向"方案型的城市规划"（urbanisme de project）转变。在某种意义上，规划文件本身不再是规划编制工作的目的，而成为政府协调不同部门之间的工作、动员社会参与公共决策的一种手段，规划的结果是否能形成严谨的权威规范条文也并不重要，重要的是规划编制为政府和不同社会团体之间提供了一个协商对话的平台，通过对话过程，多方就城市发展问题达成共识，并形成统一的行动方案。它改变了传统的"现状分析—实施—管理"的单向线性工作方法，代之以启

---

1 Meyer C. Fourth meeting of the Council of Europe Workshops for the implementation of the European Landscape Convention[EB/OL]. [2006-03-11,12]. https://www.coe.int/en/web/landscape/home. 2006: 284-295.

2 《地方城市规划》（PLU）是地方进行规划管理的控制性文件，相当于我国的控制性详细规划。

3 刘健. 法国国土开发政策框架及其空间规划体系——特点与启发 [J]. 城市规划，2011，35(8)：60-65.

4 米歇尔·米绍，张杰，邹欢. 法国城市规划 40 年 [M]. 何枫，任宇飞，译. 北京：社会科学文献出版社，2007：24.

发性的、反复的、增量的、循环的方法，更具有政策（特殊）性，更注重程序（卓健，2002[1]）。

对影响城市社会与生活品质的各类问题进行研究，是规划建设管理审批的法律依据。随着"项目"概念的引入，"地方城市规划"不再进行土地细分，也不再编制容积率等抽象指标，而是根据综合规划方案确定用地性质和具体的建筑控制要求。根据综合规划方案确定用地性质和具体的建筑控制要求，并与地方住宅发展计划、地方交通规划等相互协调统一，提出地方空间发展战略，同时充分考虑到人们追求高质量城市生活的雄心壮志。主要编制内容包括：确定土地使用规划，阐述城市规划项目；陈述城市经济发展、环境保护、住房、交通公共设施、公共事业等方面的要求；介绍可持续发展的方案，包括住房政策、公共空间规划、景观保护，确定需要改建和要保护的地段；土地划分为四个区域——城市区域（U）、将要城市化区域（AU）、农业区域（A）、自然区域和林地（N）及非城市化区域（乔恒利，2008[2]；潘芳等，2015[3]）。

以"项目"为工作核心的规划编制过程就是一种过程性规划方法，它以"项目"作为各利益方主观意愿和价值理念的载体，以及作为规划编制过程中各种谈判、协商、咨询的具体物质性对象，使对价值权衡和裁定不流于意识形态的对话，而是与城市空间紧密联系的具体成果。

将"项目"纳入传统的规划编制程序就等于各利益主体对进行的城市活动进行预先协调，并将"项目"这个物化了的、具有共同价值理念的成果通过一定的法律程序形成规范，使之成为各方今后活动的"契约"，以面对城市发展过程中种种因素变化。"项目"制订本身就是一种过程性规划，是社会关系对系统理性结论的修正过程，即以科学性、真实性为前提，结合社会各方面的要求、价值判断和愿望，并最终由权力者裁定利益分配的过程（图6.1）。

2. "项目"制度的实施

《社会团结和城市更新法》颁布前，地方土地利用规划基本上仍采用静态的蓝图式规划方法，经济社会的发展促使规划决策方式发生变革，从静态的蓝图式规划方法向弹

---

1 卓健．第三现代性和新城市规划原理 [J]．城市规划汇刊，2002（5）：20-24.

2 乔恒利．法国城市规划与设计 [M]．北京：中国建筑工业出版社，2008：17.

3 潘芳，孙皓，邢琰，等．国际特大城市规划实施管理体制机制研究 [J]．北京规划建设，2015（6）：53-57.

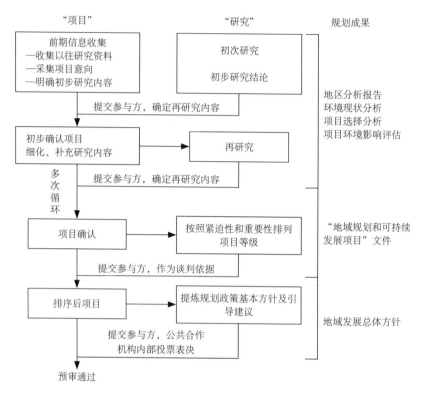

图 6.1　以"项目"为工作核心的"国土协调纲要"编制（以萨瓦都市区为例）
来源：冯萱.法国城市规划改革对加强地方公共政策效力的作用 [D].上海：同济大学，2007.

性规划过程转变，多方合作参与的"交互式"规划逐渐取代了过去土地区划的静态规划方法。《社会团结和城市更新法》确定规划体系不再划分为"先战略设想，后控制实施"两个步骤，"国土协调纲要"和"地方城市规划"都转向了地方战略性发展方案，并围绕可能性"项目"的内容展开地区调查内容（为规划系统理性推导过程提供理论和科学基础）和与不同群体之间进行充分的谈判、协商、咨询，最终都形成规划政策。

"项目"制度的核心是将"项目"形成过程作为一种各类群体意志表达的"平台"（即载体），减少规划后续过程的阻力，增强政策效力与效率。

项目形成的过程是对地区发展中城市现象和问题的科学认识过程，其中涉及价值准则的判断，并由此形成相应的应对、调节措施，它是一种科学研究与价值判断相互交织的过程，前者是为了证实参与者事前主观判断的真实性、科学性和可行性，后者是不同利益集团、个体间相互交流的结果，两者间的交接保持规划过程的延续性，是一种不断进行阶段性主、次排序的发展过程。

因此，"项目"规划管理过程是科学研究、价值判断、阶段总结三者构成的不可分离的管理过程，而不是时序性步骤。

法律规定了"国土协调纲要"实施过程中必须有规划后续程序，该程序扩展了规划审批后的工作内容，明确：一要实时监控、审视反馈短期发展政策与城市现状变化的关系，即要具有适用性和较好的灵活性；二要切实保证涉及社会整体长远利益的中、长期规划政策的实施，预防其效力受到市场作用的负面影响。因此，主要负责规划编制研究的公共合作机构将随规划永久保留下来，成为后续工作的监督者和组织管理者。

"项目"规划模式反映了法国当代哲学在继西方传统精神生活核心凋落的危机之后的新的思考，它顺着胡塞尔和海德格尔的现象学运动轨迹，重提主体问题，放弃反思模式，倡导实践的行为哲学，在被隔离的"存在"之后开辟出一条归隐之路。它使人们重新审视那些被传统理性挤到异域中的意志直觉想象的价值，回到哲学本身，去除形而上学的僵化，揭示传统之外的另一种"文明的事实"价值——"思辨的自我意识之前的原始思维（语言、文字和动作）、无界限、消解结构和中心、无秩序的繁多性等"（尚杰，2001[1]），它们像一些密码，存在于历史文本和人的现实活动之中，它提醒人们不要习惯性地被传统理性思维的"专制制度"意识形态扼杀生命、剥夺天真，从而遗忘了生命和生活的本色。

6.2.3.3 基于社会共识的协定：以日本为例

日本最早的风貌管理是从文化遗产保护开始的。早在 1919 年的《城市规划法》和《市区建筑法》中，就有"风致地区制度"及"美观地区"管理，以"维护城市内外的自然美并保护其免遭破坏"和"增进城市的建筑美"[2]；第二次世界大战后，日本面对第二次世界大战时期城市特色缺失的混杂状态，掀起了全国性的"保护历史性的风土人情"的讨论，"保护历史性景观"成为当时的重点，内涵也从历史性环境逐步扩大到城市街区的全体景观；1950 年的《建筑基准法》对"美观地区"建筑建设作出管理规定；1968 年的《都市计划法》中，仍保留了"美观地区"管理制度；1998 年，日本第五次全国综合开发计划中推行了"有个性的区域文化"发展策略，分散高度集中的国土结构，以此来缩小区域间的差距（吴霞，2001[3]）；21 世纪初是日本重要的转折点，为重塑国家竞争力，

1 尚杰.归隐之路——20 世纪法国哲学踪迹 [J].中国社会科学，2001（5）：49-58.
2 真荣城德尚.日本《景观法》及户外广告规划管理研究 [D].上海：同济大学，2008.
3 吴霞.战后日本的区域开发和区域经济 [J].陕西经贸学院学报，2001，14（6）：60-62.

国土厅组织编制了《21世纪的国土总体设计》和三大都市圈（首都圈、中部圈、近畿圈）的发展规划，重视自然和文化，首次将文化和景观建设提高到国家战略规划的高度上，将其作为振兴城市和区域发展的重要策略（许浩，2008 [1]）；2003年7月，日本国土交通省围绕着"美丽国土"的建设及推进而制定了《美丽国土建设大纲》这一国家政策指导框架，从而将"促进良好景观的形成"提升到了重要国家政策的地位。

《景观法》作为日本观光立国战略行动中的一部"与观光相关的"综合性法律和文化遗产保护利用法律，其基本理念是利用日本丰富的自然和人文资源建设有吸引力的旅游景观，涉及环境、城市规划、文化财保护、建设等各方面的法律法规，首先规定了景观建设、保护、使用等方面的行为规范，是开发利用各种文化遗产景观的法律依据。从空间规划管理角度来看，《景观法》作为日本风貌塑造的重要政策文件，围绕它形成了以它为主干法的三级法规体系结构，即：

① 更高层面的法律包括民法、国土发展综合法、国土利用规划法和国家高速公路建设法等；

② 相关法包括城市规划法、建筑基准法、户外广告物法、自然公园法、自然环境保护法、促进农业地区发展法、森林法、土地征用法、都市开发资金放贷相关法律、干线道路沿线整备相关法律、集落地域整备法、以维持都市美观及风致为目的的林木保护相关法律、以特定紧急灾害受害者权益保护为目的的特别措施相关法律、促进密集城市街区的防灾整备的相关法律、矿业等类型土地利用手续调整相关法律、自卫队法等；

③ 专项法包括历史文化保护区专项法、城市绿地保护法、城市公园法以及相关地方性法规等。

根据行政职责的划分，在"良好景观"共有物的管理上，立法明确：

国家层面负责"拟定并实施综合形成良好景观的对策（即政策）"，并通过宣传教育加强国民对立法基本理念的理解（第3条）；

地方政府层面（即地方公共团体）一方面承接国家中央层面的部分行政职能，另一方面要根据当地的自然、社会条件制定相应的景观政策（第4条）；

景观地方主管部门主要负责拟定所辖区域的景观计划，计划（规划）内容包括划定

---

1 许浩. 二战后日本城市空间的控制 [J]. 华中建筑，2008，26（8）：63-67.

区域（即规划区范围）、形成良好景观之方针、为形成良好景观之行为限制事项、重要景观建筑物及重要景观树木之指定事项等，以及项目开发中良好景观的营造；

地方公共团体主要负责与居民切身相关的"景观"的行政事务。

计划在景观地区内进行建筑开发的建筑者，应向市町行政首长提出计划并符合规定；市町行政首长对之作出行政性认定；如市町行政首长认为该建筑物的形态意象对景观地区的良好景观形成有显著的怀疑的话，则提交市町议会讨论。

景观行政主管部门、景观计划中（或景观行政主管部门指定）的重要公共设施管理者，可以为了形成良好的景观成立"景观协议会"，这是为营造一个良好景观地区的一种"深思熟虑"的必要措施。对于景观协议会成员的构成，并没有一个明确的规定，可以是相关的行政组织、旅游相关组织、工商业相关组织、农林渔业相关组织、公共设施（如电力设施、电信、铁路运营）以及当地的居民等。

《景观法》明确，当景观行政主管部门或景观整备机构为了找到一个更恰当的方式管理景观重要建筑物或景观重要树木时，可以与其所有人缔结协定，并确定以下相关内容：

① 明确管理协定标的物，如景观重要建筑物或景观重要树木；

② 管理方法；

③ 管理协定的有效期限；

④ 违反管理协定时的措施。

管理协定须经景观行政主管部门或其首长认可后发出缔结管理协定的意向。当主管部门或其首长收到管理协定认可的申请时，如符合法令规定，并明确协定规定内容，应予以认可，并公示。

当然，在景观规划区域内，成片土地的所有人和租用权人，为形成良好的景观，经全体同意，可以缔结景观协定。景观协定须包括：

① 景观标的的区域；

② 建筑物形态意象的基准；

③ 建筑物的基地、位置、规模、构造、用途或建筑设备的标准；

④ 构筑物的位置、规模、构造、用途或形态意象的基准；

⑤ 树林地、草地等的保全或绿化事项；

⑥ 屋外广告物的标示或屋外广告物裸露构件的设置基准；

⑦ 农地保全或利用的事项；

⑧ 其他形成良好景观必要的事项；

⑨ 景观协定的有效期限及违反协定的措施；

⑩ 景观协定须经地方景观行政主管部门的首长认可。

协定作为一种契约形式，是调整私人与行政主体之间关系的另一种手段。在行政过程中，私人首先作为自由权和财产权的主体，与公权力主体的行政主体相对峙，法律中的"侵害保留"原则，也是以该关系为基础的。[1] 私人已经不只是作为行使公权力的直接名义人，而是可以作为第三人，其法律地位得以确认，如开发建设中的"相关利害人"，被称为"法的反射性利益"，这也是以法治国的一个归宿。也就是说，在那里，个人的自由是极为重要的价值之一。近年来，这种过去被解释为"法的反射性利益"，逐渐被解释为"法直接保护的利益"。因此，在行政过程中，私人并不限于防御性地位，还可以要求国家、公共团体给予"给付"的地位，这里称之为"受益性地位"。给付请求权在私人方面成立，行政过程中有各种各样的方法。首先，有通过契约手段为给付请求权提供基础的方法，如契约的缔结，地方公共团体负有缔结义务。如我们在《景观法》中看到的大量关于景观计划与后期维护管理中的"协定"，《建筑基准法》中的"建筑协定"、《都市绿地保全法》中的"绿化协定"，都是行政管理对"受益性地位"的"给付"。与此相对，法规使行政行为介入其中，以实现私人所追求的目标的手法，在行政过程中也得以广泛承认。

6.2.4 风貌的动态变化管理：观测站

风貌变化是由政治/体制、文化和自然/空间底层驱动因素的不同组合决定的（图6.2），而不是单一关键因素的驱动变化（Plieninger, et al，2016 [2]）。风貌不是一种被冻结在某个特定时期的物象，它总是变化着的，并且还将继续通过自然过程和人类（文化）行为而变化。

风貌随时间的推移而进一步增加价值，并提供对景观演变和变化过程的更好的理解。这时候，观测站（或天文台）（Organisation of the Observatory）成为一个宝贵的工具（Terry，

---

1 盐野宏.行政法总论 [M].杨建顺，译.北京：北京大学出版社，2008：242-243.

2 Plieninger T, Draux H, Fagerholm N, et al. The driving forces of landscape change in Europe: A systematic review of the evidence[J]. Land Use Policy, 2016(57): 204-214.

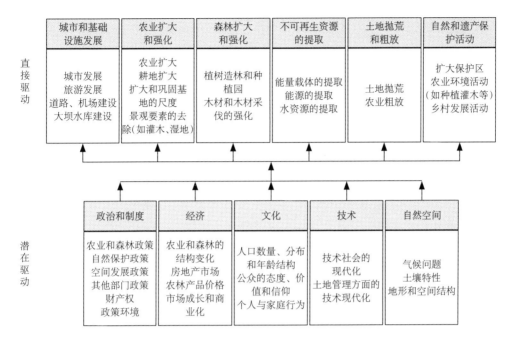

图 6.2　风貌变化的驱动力

来源：Plieninger T, Draux H, Fagerholm N, et al. The driving forces of landscape change in Europe: A systematic review of the evidence[J]. Land Use Policy, 2016(57): 204-214.

2012 [1]），它的功能主要是监察景观发展变化过程以及展开景观事物方面的咨询、培训教育等工作，以协助更好地理解风貌，如西班牙加泰罗尼亚的景观观测站（Pere，2008 [2]；Elorrieta B，Sánchez-Aguilera D，2011 [3]）。

　　加泰罗尼亚的景观观测站成立于 2004 年 11 月 30 日，它是为加泰罗尼亚政府和一般社会进行景观事务方面咨询的机构，是加泰罗尼亚景观发展研究和后续活动的最佳中心。

　　该景观观测站的主要目标之一是增加加泰罗尼亚社会对其风貌的认识，与加泰罗尼亚政府合作执行景观政策，并支持在加泰罗尼亚实施《欧洲景观公约》。从这个意义上说，

1 Terry O'Regan. European local landscape circle studies: Implementation guide[C]// Landscape facets. Reflections and proposals for the implementation of the European Landscape Convention. 2012: 191-207.

2 Pere Sala i Martí. Landscape and good governance.The example of Catalonia[EB/OL]. [2008-04-24, 25]// Seventh meeting of the Workshops of the Council of Europe for the implementation of the European Landscape Convention. https://www.coe.int/en/web/landscape/home. 2008: 97-112.

3 Elorrieta B, Sánchez-Aguilera D. Landscape regulation in regional territorial planning: A view from Spain[M]// The European Landscape Convention. Springer Netherlands, 2011: 99-120.

它被视为政府（各级）、大学、专业团体和整个社会与所有与景观有关的问题的交汇点。它的创建回答了研究景观、提出建议和使加泰罗尼亚社会意识到在可持续发展框架内加强保护、管理和规划景观的必要性。因此，景观观测站是一个考虑和行动的中心，一般来说，它将成为一个巨大的保护伞，在那里，任何对风景感兴趣的人都可以避难。

景观观测站具有如下职能和目标：

① 制定保护、管理和规划景观措施的标准；

② 制定景观质量目标的标准和为实现这些目标所采取的必要措施和行动；

③ 建立观察和改造景观的机制；

④ 提出改善、恢复或创造景观的行动；

⑤ 编制加泰罗尼亚的风景目录，以对各种现有景观进行确定、分类和限定；

⑥ 通过社会宣传活动促进景观的演变和功能的转化；

⑦ 传播研究和报告，在景观方面确立工作方法；

⑧ 刺激科学和学术景观问题合作，与专家和来自高校和其他学术和文化机构的专家进行工作经验交流；

⑨ 欧洲景观事务倡议的后续行动；

⑩ 举办研讨会、课程、展览和会议，提供出版物、信息和景观政策培训具体方案；

⑪ 建立一个文件中心，向加泰罗尼亚所有公众开放。

观测站为规划行动计划的评价、调整提供一种持续的重要文献记录，以便更好地创造未来的风貌。

6.3 对我国风貌规划实施管理的优化建议

6.3.1 双元结构特征：标准化与分析／优化

6.3.1.1 管理学中的双元组织理论：结构与情境

应对日益复杂的管理行为认知，管理学中提出了"双元性"（Ambidexterity）组织理论。双元性组织实际上是针对解决组织管理中的悖论而提出的一种解决之道。组织管理认为这种悖论行为（即遵循完全不同的逻辑模式）对组织是必需的，但对于组织来说，如果过分强调挖掘性（或称应用创新、渐变）创新，而不能快速适应环境变化，可能会陷入"核心刚性"（Core Rigidities）和"能力陷阱"（Competency Traps），从而阻碍和抑制组织创新；而过分强调探索性（或称激发创新、创新），虽组织可以不断更新知识库，却会陷入"创新陷阱"，呈现"次优均衡"（Suboptimal Equilibria）和"路径依赖"（Path Dependence），导致组织周而复始的"探索—投资—失败"的恶性循环。

邓肯（Duncan）（1976）最早将"双元"的概念引入管理学领域，用以描述组织能力；马奇（March）（1991）首先使用"挖掘性"（Exploitation）能力和探索性（Exploration）能力来描述组织学习效率与应变能力的双重能力；塔什曼（Tushman）和奥莱利（O'Reilly）（1996）提出了双元性组织（Organizational Ambidexterity）的概念。双元性组织是对日益复杂管理行为认识的辩证思维，它更关注事物发展过程中矛盾性与统一性的关系。

双元性组织从组织层面分为结构型双元（Structural Ambidexterity）和情境型双元（Contextual Ambidexterity）两类。其中，"一致性"（alignment）和"适应性"（adaptability）是结构型双元的主要特征。情境型双元是一种动态的、柔性管理机制，它允许个体或团体成员根据自己的判断自主地在探索和应用之间分配资源。（张宸璐，2014[1]）

双元性组织之间，"平衡"和"联合"（有时称之为"组合"）是两个重要维度，双元性组织与组织控制的"过程性控制"和"结果性控制"之间存在一定的正相关关系（刘新梅等，2013[2]）。

① 结果控制是一种弹性的管理机制，具有管理柔性的特点，易于形成弹性、支持、信任的组织氛围，这种氛围能够促进组织双元活动的共同开展。在共同目标的约束下，结果控制能够促进组织双元联合水平的提高。

但结果控制有时候会导致组织双元活动的不平衡。结果控制中较为关注具体的绩效目标，短期利益可能会使管理者规避探索性活动带来的绩效风险，导致结果控制与组织创造力成负相关的关系。

② 过程控制通过工作程序的监控，及时掌握任务的进展情况以及存在的问题，并纠正"探索"与"利用"之间的不平衡给组织带来的负面影响，规避短期绩效追逐带来的负面影响。

---

1 张宸璐.组织双元理论的内涵、研究现状与发展 [M]// 安立仁.管理理论前沿专题.北京：中国经济出版社，2014：121-122.
2 刘新梅，韩骁，白杨，等.控制机制、组织双元与组织创造力的关系研究 [J].科研管理，2013，34(10)：1-9.

6.3.1.2 风貌规划实施的双元组织：行政与社会

场所体验调控型风貌规划实施是一种兼具技术性管理和社会性管理双重属性的管理过程，它遵循两种完全不同的管理逻辑——理性逻辑分析和感性综合分析。

场所体验调控型风貌规划实施管理是在城市规划基本目标实施基础之上更优的场所体验塑造，它包含了基本的底线管控和更多的满意度管理追求，反映在风貌规划管理中就是标准化和分析/优化两种规划决策行为的交织。风貌规划实施的标准化是为了确保整个规划行动过程中风貌规划目标的"一致性"，而分析/优化则是为了确保在规划行动过程中风貌规划目标的"适应性"，前者是一种结果性管控，后者则是一种过程性管控。在规划实施组织中，城市规划行政主管部门的主要职能是制定规划实施目标和控制住管理的"底线"，确保目标的实现；而社会组织则是对规划实施目的的过程性解释，它构成了风貌规划优化实施的重要组织之一。

6.3.2 规范化管理：行政管理中的风貌审查

6.3.2.1 风貌审查

风貌审查制度是针对城市土地开发建设过程中空间形态文化的专项审查，它是一种行政许可制度。

城市风貌规划管理中的文化管理基本上都是从文化遗产开始[1]，后逐步扩大到了文物建筑周边的环境，再转向文化活动开展的发展路径，是一种从"客体（城市风貌）"到"主体（人）"的过程；相应的规划控制体系也是从文物保护对象的保护规划控制逐渐发展为城市建设活动中人的行为价值表达与理性引导，它是一种走向"主－客体"统一的实施过程，表现为从传统单纯的空间审美意象发展为当代主体（人）社会化行为结果的审美表达过程。

文化具有复杂性和不确切性，文化的意义不是根据任何被永久地锁定为在本质上是文化固有的或自明的特质来确定，而是根据它所在话语中的特定所指来确定，这加剧了文化意义解释的复杂性与不确切性，并使城市风貌文化性规划陷入"无法规划"的认识误区，也陷入了管理过程中"无法可依""无法可管"的窘境。我们在实践和访谈中，

---

1 最初，人们对城市、历史建筑物以及建筑群的认知，是将其作为一种过去统治的象征和代表加以破坏和摧毁，直到文艺复兴时期，人们才开始把一些具有很高艺术价值的建筑作为重要的财产保护起来。

发现规划管理部门一方面寄以建设高品质空间环境的希望，另一方面又囿于当前规划管理中以控规管理为主导的规划指标管理的有限性，加之管理过程中"文化性"判断标准的匮乏，从而陷入了"两难"——想管而管不了，这背后反映了制度化原因，也有技术支撑的原因。

马克斯·韦伯（Max Weber）是将理性从个人过渡到社会共同体的第一人，在社会秩序构建中，哈耶克（Friedrich Hayek）持演进理性主义观点，而诺斯（Douglas North）则倡导工具理性主义。

社会是有秩序的，这是一个基本事实。对社会秩序的认知能力取决于社会成员对共同体结构和外在特征的理解和把握，以及社会行动中具体的情境解释。韦伯认为，在实际生活中，行动者注重现实，赋予它实际的意义，并根据行动的意义来选择合适的方式，当人们为了努力实现某种特定目的的时候，就产生了理性行为，包括价值理性行动——这种行动取决于对真、美或正义之类较高级的价值的一种有意识的信仰和认同。

社会秩序构建过程中，文化由一系列原则及政治组织权力的运用整合而成，文化的进化与传播行动首先以制度变迁的形式发生（曾小华，2004[1]），并通过制度设置得以解释。

"文化是人类历史上年龄最高的老人"[2]，以它独特的"内在性""稳定性"，就如"基因"一般存在于我们生活的方方面面，并通过制度文化来认知与把握。

目前，我国城市规划管理体制中缺少关于空间形态的文化审查制度，在城市风貌规划实施管理中应将风貌的文化审查作为一种独立的管理制度加以明确化，而不是采取回避的或完全的自由裁量处理。

场所体验调控型风貌规划管理中的文化规划审查制度重在对社会意愿与审美艺术两方面的管理。首先，作为社会生活方式的风貌文化解释，"在者"构成了其文化权利表达的重要途径，在城市景观规划实施管理中，应确定相关利益人的参与制度，以保证作为文化解释的城市风貌规划的有效性；其次，作为对风貌文化的审美表征管理，它是一种基于经验判断或数据模拟的管理。在城市风貌规划实施管理中，应明确这两个层面的管理内容。

---

1 曾小华 . 文化·制度与社会变革 [M]. 北京：中国经济出版社，2004：230.

2 费尔南·布罗代尔 . 15 至 18 世纪的物质文明、经济和资本主义 [M]. 顾良，施康强，译 . 北京：生活·读书·新知三联书店，1992：5.

6.3.2.2 风貌审查内容

城市规划管理中，开发控制往往有审查和审核两种方式来控制城市中建设项目的质量，审核往往是对一些强制性政策的执行，而审查则是实现一些原则性政策的执行。风貌规划管理是关于城市空间形态美学形象的管理，所以，以审查为主。

场所体验调控型风貌规划的审查管理主要是对城市公共空间、街道环境及其他附属设施的风貌要素形象、审美感受进行审查，它以风貌规划编制成果（风貌导则）为基本的管理依据。审查的重点是对各个不同开发项目之间空间形态要素的协调性管理，审查的目的将已定（宏观层面的城市风貌规划编制成果具有法定性的约束作用）的文化概念落实到具体的开发建设之中，以形成具有某种空间精神的城市环境，并进行一些基线控制，比如极不协调的空间形态或色彩等。

法国巴黎拉·德方斯案例中，城市空间完成前期的大建设之后，空间精神的问题就开始凸显，这里的空间精神不仅仅是指社会精神，还包括空间形态的审美意识。在虹桥规划中，我们主要是对建筑临街立面及色彩进行引导控制，全要素的管理需要根据具体的项目而定，比如，对于重点风貌单元或示范性风貌建筑等，应加强其文化审查，而对于一般区块或建筑，则以原则性审查为主。

6.3.3 协调性管理：第三方组织的风貌协调

6.3.3.1 共同管治下的多元管理组织

组织是指追求特定目标的社会群体，是两个以上的人、目标和特定的人际关系这三种要素构成的一种特殊的人群体系，政府行政组织中极为重要的组织形态。[1]

组织形式可分为行政组织和非行政组织。在公共治理理论下，我国已经初步形成了一种以行政为主、多元利益主体参与的开放性的动态系统，即行政管理与社会管理相结合的管理组织形式。

弗雷德里克森（George H. Frederickson）认为："现代公共行政是一个由各种类型的公共组织纵横联结所构成的网络，包括政府组织、非政府组织、准政府组织、营利组织、非营利组织。"[2] 公共行政的主体由传统的政府组织拓展到非政府公共组织与个体组织

---

1 塔尔科特·帕森斯.社会行动的结构 [M].张明德，夏遇南，彭刚，译.南京：译林出版社，2008.
2 乔治·弗雷德里克森.公共行政的精神 [M].张成福，等译.北京：中国人民大学出版社，2013.

共同参与的多元管理主体。

风貌规划管理作为一种公共治理行为，在当代我国行政体制改革趋势下，更加呈现出一种以政府为主体、私营部门和第三部门等非政府部门共同参与的多元化管理体系。风貌规划管理主体间通过合作、协商、伙伴关系、确定共同目标等途径，以实现对城市风貌这一公共事务的管理，政府、社会、市场三者之间通过"委托 – 代理""监督 – 被监督"来应对"政府失灵"和"市场失灵"[1]，以实现对城市风貌这一公共物品的有效管理。

1. 政府组织

《城乡规划法》明确了我国城乡规划行政主管部门及城市政府在城乡规划工作中的行政权限，是城乡规划行政主管部门实施管理活动的资格及其权能，它由法律、法规授予，具有法律保障。

城市风貌规划管理主体——城乡规划行政主管部门，并非全部公共权力的行使主体，包揽一切城市风貌规划管理职能。政府在公共管理中所承担的职责在不同的历史进程中是略有差别的。继新公共管理理论之后，新公共服务管理理论认为，公共行政官员在其管理公共组织和执行公共政策时应该集中于承担为公民服务和向公民放权的职责，他们的工作重点既不是为政府掌舵，也不是为其划桨，而应该是建立一些明显具有完善整合力和回应力的公共机构。围绕着党中央新一轮国家行政体制改革方向，政府部门将进一步明确其在"决策、执行、监督"等方向的作用。

2. 准政府公共组织

准政府公共组织（也称非政府公共组织）是一种被政府认可、具有较严格的组织性质和较明确法律地位的非政府公共组织，包括社会团体、基金会和民办非企业单位，它具有非政府性、非营利性、志愿性、组织性、民间性等特征。

在市场经济条件下，"全能政府"将会导致更大的社会资源浪费；同时，在利益多元化的市场乃至利益多元化的公共事务具体领域中，如果仅靠柔性手段是很难达到公共管理目标的。因此，需要一些公共组织进行行政权力授权，或通过当事人对契约的遵守或对公共组织权威的服从，以一定的强制性对当事人进行管理。

目前，我国城市规划领域存在的"第三部门"形态主要有规划协会、规划学会、居委会、

---

1 戴维·奥斯本，特德·盖布勒.改革政府：企业精神如何改革着公营部门[M].上海市政协编译组，东方编译所，译.上海：上海译文出版社，1996：329-330.

基金会等，对于传统自上而下、强制控制、单向管理的规划管理体制改革而言，第三部门在城市规划中的地位和作用正逐渐被政策认可，第三部门在规划沟通、规划组织协调、规划评估与论证、规划监督等方面，满足了公共自主管理的意愿，提升了政府管理能力，在政府与公众之间架起了一座沟通的"桥梁"，使城市规划管理更加民主化、科学化（金卫红，2007[1]）。

3. 非营利组织

现代意义上的非营利组织出现在第二次世界大战前后，以 1942 年英国牛津乐施会（The Oxford Committee for Famine Relief，OXFAM）的创立为标志。

非营利性组织以增进社会公共利益为组织目标，且是非官方的，它的产生和发展是社会需求与利益格局多元化的结果。实践表明，在公共产品供给的操作、实施层面，非营利组织往往比政府部门具有更高的效率和灵活性，它是微观的社会服务和管理职能的主要承担者，是当代公共管理社会化和市场化的必然要求（王乐夫，蔡立辉，2008[2]）。

6.3.3.2 城市风貌规划管理的社会管理机制

场所体验调控型风貌规划管理的文化性决定了其管理具有社会管理的特征，是由政府、社会组织、社会公民等共同构成的一种对各类社会公共事务包括政治的、经济的、文化的和社会的事务所实施的管理活动（李程伟，2005[3]）。

场所体验调控型风貌规划管理的社会管理核心是多元主体间的社会协同，无论是政府还是非政府组织、非营利组织，都是代表公民的意愿或意志实施或参与社会管理的，管理目标和任务都是实现和谐社会，与政府调控间形成互补、互动的管理机制，确保城市风貌规划建设过程中，政府宏观文化政策的落实、市场开发的经济追求以及市民生活文化的需求等之间的有效协调，确保各方利益的公平性与合理性发展，如图 6.3 所示。

场所体验调控型风貌规划管理中社会协同机制的核心是对风貌文化具体内涵的共识，"民主协商方法"是其主要的实施办法，社会组织在其中起着重要的协调、沟通作用。

1. 风貌行政管理职能

城市风貌规划管理表现为执行国家意志的管理职能，是对空间文化秩序的公共管理，

---

1 金卫红 . 城市规划管理中的第三部门作用浅析 [J]. 上海城市规划，2007，75（4）：6-8.
2 王乐夫，蔡立辉 . 公共管理学 [M]. 北京：中国人民大学出版社，2008：102-103.
3 李程伟 . 社会管理体制创新：公共管理学视角的解读 [J]. 中国行政管理，2005（5）：39-41.

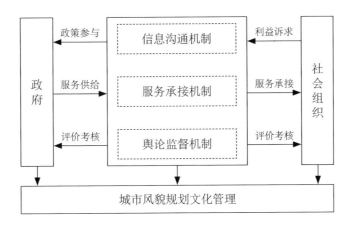

图 6.3　城市风貌规划管理中的社会协同机制
来源：作者绘制

实施者是公共管理组织体系，是公共管理职责与功能作用的统一。城市风貌规划管理职能行使依据是国家通过宪法和法律赋予城市规划管理部门的公共管理权之一，城市风貌规划管理是公共权力的执行，具有公共权威性的特征。

城市风貌规划管理职能可依托我国现行城市规划管理实现。我国城市规划行政主管部门中的"风貌管理处"（以上海为例）是城市风貌规划管理主要职能部门[1]，从空间文化秩序建构与维护的公共职责角度出发，拟定以下管理职能：

① 会同相关部门制订城市风貌规划管理方面的相关政策；

② 组织编制城市层面（或分区层面）的城市风貌规划，作为控制性详细规划（或修建性详细规划）编制与管理、其他重要公共基础设施建设的指导依据；

③ 制定地方性法规，明确城市风貌在城市建设中的法律地位，并明确与城市风貌规划建设有关的相关职能部门、开发建设者、个人等的权利与义务；

④ 从文化符号学的角度组织编制相关技术性规范，为城市开发建设提供参考信息；

⑤ 引入"第三方"的非营利组织参与全程管理，主要负责具体情境中的"价值共识"形成的组织者，并形成某种"契约"，交由行政主管部门确定其法定性，作为直接的开发指导依据；

1 当前，我国设立独立"风貌"管理部门的城市较为极少，以上海为代表，其他城市"风貌"管理部门多与详细规划处或城市设计处相结合，如北京的"详细规划处"，深圳的"城市与建筑设计处（市雕塑办公室）"，南京的"详细规划与城市设计处"。

⑥ 明确相关城市风貌规划管理要求，并将其纳入日常城市规划编制、审批和实施管理之中；

⑦ 与文化部门相衔接，共同加强历史文化风貌区内建设项目的规划建设管理；

⑧ 与城市绿化管理局及其他公共设施建设管理部门之间密切协作，以期塑造更美好的城市空间环境。

2. 非政府公共组织（社会组织）的管理职能

风貌规划管理中的"文化"，是一种人文现象，不能采用线性的管理工作系统，而要采用非线性的管理工作系统。帕娃（Pava）提出了"组块模型"（block modeling）技术："承认、特许主要的协议……在每一次合并中描述责任……确认技术进步……帮助任意的联盟参与到主要的协议中……在线性工作系统中，这种结构可以被指定为自治工作群体。非线性工作系统中，新模板是网状组织（recticular organization），其特征是信息与权威根据需要转换呈现流动性分配。"（Pava，1986[1]）

风貌规划管理中可以将关于"文化"部分的设计服务咨询、设计沟通等工作采取"组块"方式委托给非政府公共组织（社会组织），如专业的技术服务机构（本书称之为"地区风貌师"），主要是与区域开发过程中不同开发主体进行设计沟通与交流，对风貌规划成果作出解释，把握基本的发展方向，但并不具体指导方案。如果遇到重要项目或者示范性项目，则应由规划行政主管部门组织召开相关的规划委员会，对该项目的文化形式进行论证。

3. 地区风貌规划师：对场所体验的经验协调

场所体验调控型风貌规划实施过程中，"精神统一性"是其管理的关键特征。作为涉及不同开发建设者的地区开发过程，如何能形成一种"群体形态的统一性"呢？这需要一种"协调体系"，即由一位（或一个固定的设计服务咨询机构）跟进各个项目的开发建设过程，与具体项目的设计方进行城市风貌规划实施沟通，将城市风貌规划的设计理念落实到修建性详细规划阶段中去。

在整个过程中，城市风貌规划师起到的最为重要的作用是对城市风貌规划成果作出解释，一方面，是将地区风貌文化贯彻落实到修建性详细规划设计之中；另一方面，则

---

1 Pava C. Redesigning sociotechnical systems design:Concepts and methods for the 1990s[J]. Journal of Applied Behavioral Science, 1986, 22(3): 201-221.

是对群体形态的统一性进行协调。

风貌规划师并不对具体设计方案作出具体的设计指导，他更为重要的职能是设计原则沟通，这是一种用"人"来管理的方式，弱化仅依靠审查程序管理的刚性弊端。

风貌规划师在规划实施过程中，以一种"协调者"的身份出现，他必须在城市设计、景观设计、建筑设计和管理方面具有一定的知识，这样，他才有能力通过交流和讨论去促进作为"概念"的风貌文化变成物化的风貌文化。

在法国由国家建筑师（ABF）进行历史风貌区建筑形态、色彩、材质等的把控，荷兰也有由一名建筑师监管城市项目的"监管体系"，这种方法解决了风貌规划管理中"文化"的柔性管理问题。

在我国，虽尚未明确风貌规划师制度，但提出风貌规划师制度是具有现实意义的。研究中，我们曾与苏州工业园区的总规划师时匡教授交流了苏州工业园区的规划实施经验，时教授认为，"一份出色的城市规划，最令人心动的地方在于它的创新和坚持，规划理念需要落实到每一个细节上去"。我们也在虹桥商务区风貌规划管理项目中探索了这一制度。随着后期建设的开工，虹桥商务区空间风貌规划所确定的"祥云"意象已开始反映在群体建筑形态（主要是色彩）的统一性上。

当然，不得不承认的是，目前在我国广泛推广风貌规划师有一定的困难，我国目前整体仍以市场开发为主，风貌规划师的介入往往并没得到真正的接受。但是，不可否认的是，在城市风貌规划实施过程中，以"协调者"的方式处理规划文本与具体设计之间的设计沟通，对塑造一个高品质的城市空间环境是具有积极的意义的。[1]

6.3.4 风貌规划实施各阶段管理要点

场所体验调控型风貌规划实施管理中，围绕作为社会生活方式的风貌的文化审美性目标来展开，管理程序中应体现出文化审美的专项制度化、文化审美目标的事先告知以及文化审美具象化的过程再生性等特点，并将其反映在规划实施管理流程之中。

6.3.4.1 建设用地规划许可证管理阶段

建设用地规划许可证申请是建设单位（或个人）向国土资源行政主管部门申请征用

---

1 北尾靖雅.城市协作设计方法 [M].胡昊，译.上海：上海交通大学出版社，2010.

土地前，经城市规划行政主管部门确认建设项目位置、范围和性质符合城市规划的法定凭证。该管理阶段是为了确保土地使用符合城市规划，维护建设单位按照城市规划使用土地的合法权益。

该阶段的建设项目规划方案设计审查是管理的核心，该阶段也是确保城市建设项目落实上位规划的重要管理阶段。

在青岛色彩风貌规划中，我们以色彩为例探索了建设用地规划许可证阶段风貌规划实施的主要管理重点，如：

① 城市风貌（色彩）规划实施管理的制度化。即将风貌（色彩）规划成果转化为规划设计条件，并纳入土地出让条件；

② 城市风貌（色彩）规划要求应提前告知，即：风貌的文化要求应提前告知设计师。在建筑方案设计之前告知设计方风貌（色彩）的规划要求，并通过专项审议会专家与之进行风貌（色彩）设计沟通，形成原则性共识，再进一步可形成风貌设计协定，以指导后续设计深化。

6.3.4.2 建设工程规划许可证申请

该阶段是城市规划行政主管部门根据城市规划设计要求（即土地出让条件）审查建设方案设计，以强制性规划指标审查为核心，如建设项目位置、建设用地面积、建设用地性质、建设工程性质、规模、容积率、建筑密度、绿化率、建筑高度、建筑间距、退界等。

涉及一些大型或重要的公共性建设项目，会单独组织召开建设项目的风貌专项评审会，由规划委员会负责，比较关注建筑色彩与材料。

该阶段管理目的在于确认有关建设活动的合法地位，保证有关建设单位和个人的合法权益。

在青岛色彩风貌规划中，我们以色彩为例探索了建设工程规划许可证阶段风貌规划实施的主要管理重点。

① 城市风貌（色彩）规划要求落实情况沟通。即在建筑方案深化设计过程中，专项审议会专家可与方案设计师之间进行（多次）设计沟通，进一步对"规划意图、设计表达"进行交流，并最终反映在建设项目设计报批文件之中。

② 城市风貌（色彩）要求可作为规划条件附在建设工程规划许可证中，作为后期建设工程实施监督及验收的法定依据之一。

③ 建设实施过程中，对于重点项目应增设现场样板区的审查过程，并预留可调整修改的管理环节。

6.3.5 风貌规划实施的组织流程再造

组织流程是指为完成某一目标（或任务）而进行的一系列逻辑相关活动的有序集合。城市风貌规划管理的组织流程与城市规划管理流程相衔接，一般指建设项目取得"一书两证"行政许可后的规划管理和规划区稽查管理。

值得关注的是，场所体验调控型风貌规划管理遵循文化的意识形态生成规律，即普遍文化向特殊文化的转移过程，它是一种从概念到某种特定文化的建构过程，场所体验调控型风貌规划实施管理根据这一特征设计其流程。

文化作为一种精神意识，它遵守一种普遍存在的客观性，并以一种向下包摄（即上一层次的文化概念规定了下一层次的文化内容，两者间是一种"概念相关"的关系）的结构对下一层次的规划管理具有"概念性"约束作用。因此，为了能够促进空间精神文化的形成，在土地出让管理中，应将文化审查程序前置，以形成整体系统的"合力"。

根据我国目前的城市规划管理制度，场所体验调控型风貌规划管理中的"文化审查程序"存在以下几种情况：一是地区开发概念规划阶段，城市风貌规划作为文化专项，可先于控规、城市设计，从区域发展资源考虑城市风貌文化规划的审查；二是与城市设计并列或作为其中的一个文化专项，对空间形态的文化建设提出相关的规划要求，将规划成果纳入控规编制中；三是作为控规、城市设计之后的专项规划，则应在土地出让前形成规划成果，并将其以附件的形式纳入土地出让条件之中。

场所体验调控型风貌规划实施流程中，除了加强文化审查之外，还应补充地区风貌规划师，全程参与区域整体的开发过程，一方面是对风貌规划文化要求的设计咨询（注：上海城市规划管理制度中有"事前咨询"，主要是对相关技术规范要求作出解释）；另一方面则是对不同开发者之间的整体性进行协调、沟通。它是一种针对文化自由创作和不同主体审美差异性的柔性管理机制。研究提出，地区风貌规划师对加强城市空间品质建设是有益的。值得说明的是，地区风貌规划师应尽量指定某一专业技术团队，全程参与到地区风貌规划编制以及各建设工程开发建设全过程管理之中，以真正贯彻落实前期的规划理念（图 6.4）。

在青岛色彩风貌规划中，我们以色彩为例探索了我国规划管理体制下的城市风貌规划实施管理流程（图 6.5 和图 6.6）及其主要管理重点。

青岛市色彩规划的实施管理中，我们探索了以下方面。

① 市规划管理局主管全市建筑色彩的规划管理工作，市建设行政管理部门、市容环境卫生行政管理部门、市消防部门、市房地产管理部门等按各自职责协同实施本导则。

② 在总体规划、分区规划层次上，城市色彩的规划控制包括总体定位控制、山海城三轴控制、分区风貌控制、色谱控制、色彩通则控制、禁用与慎用色控制等。

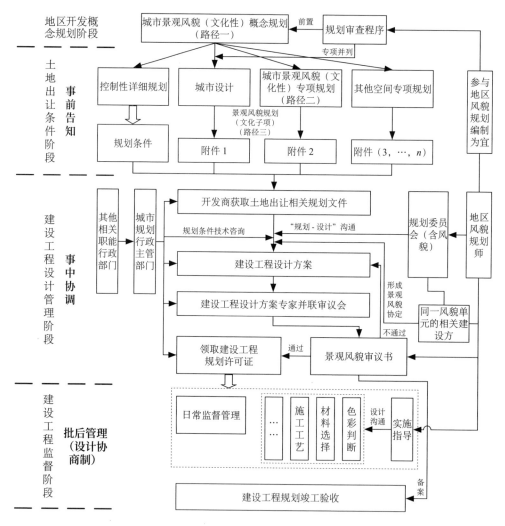

图 6.4　城市风貌规划实施管理组织流程模型

来源：作者绘制

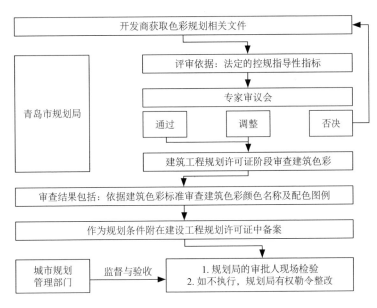

图 6.5　青岛市风貌（色彩）规划管理组织流程（现状）

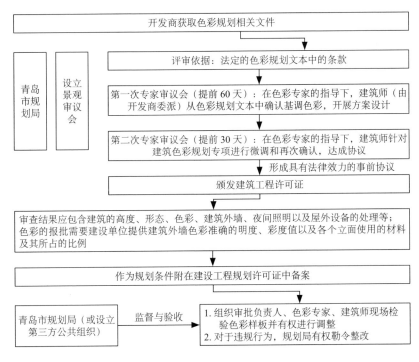

图 6.6　青岛市风貌（色彩）规划管理组织流程（建议稿）
来源：青岛市色彩规划课题组

③ 在控规层次上对于重点地段，色彩控制应包括：控制范围、色彩定位与要求、建筑单体立面与群体组合的风貌要求、示范实例的信息列表、建筑色彩启示性组群、街具色彩引导等。

④ 在控规层次上对于一般地段，色彩控制应包括：控制范围、风貌定位与地区色谱、相关地块（如附近的重点地段、历史保护建筑）的色彩要求、色彩通则、相邻建筑的色彩状况与整治或协调要求等。

⑤ 重点地段、一般地段色彩控制的规划编制工作应与城市设计、控制性详细规划并行展开，主要成果应被纳入控制性详细规划，或成为地块规划条件的附件（附加规划条件）。

⑥ 申请规划许可的申报材料中应包含风貌色彩的专门章节，重点地段应专项审批。

⑦ 申请工程许可的新建建设项目，重点地段的色彩专项审批应同时满足：展示建材实物样本、现场多种距离比较这两项要求；已建建筑及附属设施外立面改造纳入建设项目景观环境设计审批。

⑧ 建设项目竣工验收前，应由相关规划管理部门对色彩外观依据控制要求作审核评定，不符合者由规划管理部门责令限时整改，在限定时日内未做出整改的则应依据相关法律法规，对项目负责单位及个人予以处罚，并且进入强制性整改程序。

6.4 走向场所体验调控型的风貌规划管理

场所体验调控型风貌规划管理强调风貌符号意义（文化）认知的实践性解释，它破除现行抽象的、先验的风貌符号意义解释，在社会行动中确立风貌符号的具体意义，这是一种整体性、实践性的、动态的管理过程，是对现行风貌规划管理的进一步优化。

与现行管控模式不同的是，场所体验调控型风貌规划管理在规划编制、规划审批以及规划实施等主要管理工作方面突出以下要点：

① 规划编制管理强调文本编制过程与社会行动过程的统一，在政治行动中寻找答案，它是一个技术性与社会性并存的规划管理过程；

② 规划编制内容上强调引入人们对场所体验的感知，通过多元主体"想象力"来撬动对未来土地空间发展潜力的认知；

③ 规划编制通过"风貌情境"来协调不同主体间的"想象力"，形成集体性的共识；

④ 规划编制的过程是一个知识交流的学习过程,规划作为一种管理工具，转向一种"半

结构化"的引导管理，参与、协调、沟通是其又一显著的特征；

⑤ 规划编制过程从"看的结果"转向了"看的方式"，规划结果从"蓝图式"编制转向了一种对未来可能情境探索的行动过程；

⑥ 规划编制成果中增加对风貌符号意义（文化）"关系"的描述；

⑦ 规划审批管理工作从技术文件审批转向共同行动愿景的政策化，并从管理形式和管理内容上去适应社会化带来的管理需要；

⑧ 审批管理中须加强风貌规划政策制定管理工作，做好顶层设计；

⑨ 风貌规划政策包含人们对场所体验的感知，它是对人与自然、人与人等相互关系的认知，风貌规划政策制定的过程就是以某种意识的方式去建立行动者与地域（领土、环境）的关系；

⑩ 风貌规划政策从过去地区杰出景观特征保护政策转向与杰出景观特征保护、开发建设相结合的管理，它是基于所有生活环境质量的考虑，风貌政策成为一种新的不同主体和不同层级行政管理之间的合作形式；

⑪ 风貌规划政策表达了一种对"未来（满意、期待）的状态"，"愿意"与"不愿意"成为政策选择的重要评价标准，政策制定的过程是一种"实验性和参与性"，从"研究/行动"角度出发去探索社会的感知；

⑫ 风貌规划实施管理迈向社会共治；

⑬ 风貌规划管理是"标准化"和"分析/优化"两种决策行为交叉的管理，具体到风貌规划实施反映为"底线管理"与"满意度管理"两种管理目标，其中，标准化－底线管理主要体现在对量化指标、管理审批（查）程序、基本信息的确认等，而分析/优化－满意度管理则体现在对关键问题的行政确认、对未来状态意愿的分析等；

⑭ 场所体验感知被引入各层级空间规划之中，成为理解不同自然、文化之间相互作用的新的解释框架；

⑮ "意愿"通过"社会协定"来表达，它可以成为地方行政部门实施风貌规划的法定性措施之一；

⑯ 风貌规划实施是一个"自上而下""自下而上""政府与社会"相结合的实施过程。

6.5 本章小结

风貌规划实施是一种"自上而下"与"自下而上"相结合的实施过程。风貌规划的实施因各自规划制度、规划层次的不同而不同，土地管理制度是实施的主要管理工具；专项立法不一定是唯一的实施路径，实践中更强调将之纳入现有法律框架之中，融入地区的空间规划政策里，并与其他相关部门政策融合。在规划实施的过程中，强调将"景观概念"作为一种整合空间的综合性政策，构成整个空间要素的一种规划管理框架。在管理决策中包括两种决策行为，即标准化与分析／优化两种决策行为，标准化决策主要是针对量化管理和管理程序的预设、设计以及对解决问题的关键性要素的确认，而分析／优化则主要包括规划过程中的分析和优化过程。

场所体验调控型风貌规划实施是很难"模式化""一刀切"的，它与地方规划制度、不同利益相关者密切相关，具有明显的实践特征。场所体验调控型风貌规划实施既是结果性管理，也是过程性管理，它具有双元管理的特征，核心是通过对文化价值结构（这里的文化价值结构是对空间形态的综合性描述，而不是指抽象的精神文化价值）的引导，在过程中发现问题、解决问题，不断调整规划目标，以确保最初的行动目的得以有效实施。

因此，研究倡导在现有规划管理制度下积极引入社会组织管理方式，围绕"规划审查"与"实施监督"展开行政主管部门与第三方参与的共同管理的组织形式。在共同管理的过程中，地方规划行政主管部门主要是对社会协定进行确认，以明确其合法化，同时，对风貌文化价值结构的基线作出判断，以确保基本的行动方向；第三方则是充分地发挥其社会管理的重要性，重点是对文化价值结构的"更优化"进行经验性判断以及在不同文化价值结构冲突之间进行"协调与沟通"，它是一个多学科合作、公众参与的过程，共同目标指向"塑造更可持续的未来空间"。

本章同时探讨了社会组织参与之下的"一书两证"审批管理流程变化，强调第三方在现有管理制度中的"柔性"作用，以增加现行管理制度的弹性，引导空间规划的文化建构（实践）实施。

第7章 实证研究：虹桥商务区风貌规划管理

虹桥商务区是上海市政府为推进"四个中心"建设、加快与长三角区域一体化发展的重大战略部署。2009 年 7 月 13 日，上海市委九届八次全会明确了虹桥商务区"作为服务我国东部沿海地区和长江三角洲地区的大型综合交通枢纽，是上海实现'四个率先'、建设'四个中心'和现代化国际大都市的重要商务集聚区，也是上海服务全国、长江流域、长江三角洲地区的重要载体"的发展目标。

自 2011 年 8 月起，我们全程参与了虹桥商务区风貌规划编制、审批与实施等主要管理环节的设计服务咨询工作，历时近六载（图 7.1）。

虹桥商务区空间特色风貌专项规划是在《虹桥商务区控制性详细规划》（2009）、《虹桥商务区核心区一期控制性详细规划》（2010 年）、《虹桥商务区核心区南北片区控制性详细规划》（2011 年）及《虹桥商务区核心区一期城市设计》（2010）基础之上编制的"空间文化特色"专项规划。

2012 年 2 月 27 日，在上海虹桥商务区管委会召开的《上海虹桥商务区空间风貌特色专项规划》（以下简称《虹桥风貌规划》）专家评审会上，业界专家就风貌规划从编制到实施展开了激烈的探讨。从管理的角度来看，专家们主要关注于风貌规划管理的媒介——对象（或技术工具）与管理组织形式两方面。其中，就管理对象而言，在肯定《虹桥风貌规划》所提出的"神态"规划管理目标基础之上，均对其可操作性表示困惑。同时，就管理组织形式，计其忠、广川成一两位专家均提出风貌规划管理的弹性控制原则及其作为一种管理艺术的多方协商平台与机制的观点。

2013 年，上海市规划局委托虹桥商务区规划处牵头、吴伟教授协同，设立了"上海虹桥商务区核心区风貌控制研究——关于风貌控制管理机制和实践路径的探索"[1][2]，共同探讨风貌规划实施的管理。

---

1 上海同济城市规划设计研究院.上海虹桥商务区空间特色风貌专项规划 [R]. 2012.
2 上海同济城市规划设计研究院.上海虹桥商务区核心区风貌控制研究——关于风貌控制管理机制和实践路径的探索：Gtz2013036[R]. 2014.

图 7.1.1 2011 年的虹桥商务区核心区（一期）城市景观面貌
来源：风貌规划编制课题组拍摄

图 7.1.2 虹桥商务区核心区（一期）城市设计鸟瞰
来源：《虹桥商务区核心区一期控制性详细规划暨城市设计》（2010 年）

图 7.1.3　2017 年的虹桥商务区核心区（一期）城市面貌

来源：作者拍摄

7.1 虹桥商务区风貌规划管理研究的背景

7.1.1 上海城市空间发展战略

多年的改革成果为上海城市发展积累了丰富的精神财富和物质条件，也促使上海成为中国对外开放的重要门户，跻身世界城市体系，建设成为国际经济、贸易、金融、航运中心和社会主义现代化国际大都市，是上海城市发展的总体目标和长期任务。[1]

进入 21 世纪以来，上海承载着率先转型的国家战略。2009 年，国家提出上海加快发

---

1 上海市规划和国土资源管理局，上海市城市规划设计研究院 . 转型上海：规划战略 [M]. 上海：同济大学出版社，2012：17-26.

展现代服务业和先进制造业、建设国际金融中心和国际航运中心的发展要求，"四个中心"和国际文化大都市是上海建设国际大都市的主要方向 [1]。

上海建设国际大都市，从全球层面来看，重点在于其对全球资源的配置能力，规划策略上：区域层面，加强城市集聚、辐射能力；经济层面，倡导科技创新产业的扶持；人文层面，重视文化融合提升能力。从国家层面来看，上海处于长江三角洲的龙头地位，形成了多层次的腹地系统，"智慧活力的世界都会""绿色安全的宜居家园""多元包容的文化名城"构成了上海城市发展愿景，并反映在其空间策略体系之中（表7.1）。

7.1.2 虹桥商务区空间规划情况 [2]

7.1.2.1 虹桥商务区空间结构规划

1. 规划定位

2006 年 2 月，上海市政府批复同意《上海市虹桥综合交通枢纽地区结构规划》（上海市规划院，2005），明确虹桥枢纽为"集高速铁路、航空港、城际和城市轨道交通、公共汽车、出租车等紧密衔接的国际一流的现代化大型综合交通枢纽"，虹桥商务区及周边区域发展功能定位为"形成服务长三角的商务中心，进一步加强上海对内、对外的交通联系，更好地服务长三角、服务长江流域、服务全国"，虹桥商务区及其周边区域将成为我国东部沿海地区、长江三角洲地区重要的城市综合交通枢纽，是上海贯彻国家战略，促进上海服务全国、服务长江流域、服务长三角，进一步促进上海现代化国际大都市建设的重要载体，也是上海西部重要的现代服务业集聚区之一。

在明确虹桥商务区发展功能之后，控制性详细规划中进一步提出"集约高效、活力宜人、环境友好、形象有力"的规划理念，突出虹桥商务区的功能布局和空间景观的协调，依托其综合交通枢纽的基础设施、公共服务设施及良好的生态系统的建设，以实现功能的复合与聚集，实现其和谐高效运转。

---

1 上海市规划和国土资源管理局，上海市城市规划设计研究院 . 转型上海：规划战略 [M]. 上海：同济大学出版社，2012：131.

2 参见上海虹桥商务区管委会 . 虹桥商务区概念规划 [R]. 2010；上海市规划设计研究院 . 虹桥商务区控制性详细规划 [R]. 2009；上海市规划设计研究院，德国 SBA 公司，华东建筑设计研究院 . 虹桥商务区核心区控制性详细规划（核心区一期，暨城市设计）[R]. 2010；上海市城市规划设计研究院，美国 RTKL 设计咨询公司，同济建筑设计研究院 . 虹桥商务核心区南北片区控制性详细规划暨城市设计 [R]. 2011.

表7.1 上海国际大都市建设的空间策略体系

目标	智慧活力的世界都会	绿色安全的宜居家园	多元包容的文化名城
区域联动发展	郊区新城与江浙城镇联动发展，推动形成上海大都市区域；推进跨区域重大交通干线的衔接，构建密集、开放的区域交通网络；制定区域产业升级转移策略，实现跨区域的港口、产业合作；完善区域协调合作机制	携手共建生态敏感区域，如沿江、海、河、湖等沿线区域；建设跨地区的大型基础设施，实现区域内的基础合作	发挥地区生态和人文优势
产业升级	迈向服务经济转型，聚焦创新转型地区，发挥核心引领作用；完善工业空间布局体系，优化整体结构；促进制造业与服务业的深度融合，分区域优化服务业空间布局	优化农业产业功能布局；加强农村基础设施建设；控制工业用地规模，提高用地绩效；引导存量工业用地升级转型，满足地区发展需求	构筑人才高地，实行人才引进政策
文化策略	结合城市空间战略，优化文化产业空间布局；加快重大文化设施建设	依托新城和大社区，强化文化服务网络建设	加强中心功能混合，促进各种文化要素集聚；关注物质文化遗存，加强历史文化风貌保护
生态环境保护与建设	构建区域性生态网络空间体系	严保生态空间基线，确保生态安全；打通生态空间脉络，丰富生态景观；探索生态复合路径，提升生态效益；保护各类生态绿地空间	—
综合交通	构筑枢纽辐射型复合交通网络	建立低碳交通实践区，改善慢行交通服务环境，优化交通管理与控制；以多模式一体化交通促进城市可持续发展，满足多层次多样化交通需求	强化公交整合运行模式和"缓型"慢行交通发展，提升地区活力
智慧城市	全面提高城市信息化水平；建设适应特大型城市发展要求的数字化、智能化、精细化管理体系，全面提升城市运行服务水平和应急能力	促进交通与城市管理等领域的智能化应用；进行智慧城市示范	引进、培育一批领军型、复合型、专业型人才，形成支持智慧城市建设的智力保障

来源：作者绘制

2. 规划理念

"集约高效、活力宜人、环境友好、形象有力"的规划理念直接反映在城市空间布局上。

（1）集约高效

直接反映在功能衔接、交通运行、土地使用和设施服务四个方面。

功能衔接紧凑：功能布局尽量将相关内涵和关联的功能内容相对集中布置，形成各个主导功能片区。各片区功能衔接紧密，路径便捷，形式多样。

交通运行高效：交通组织根据高架道路的分割形成区划组织，外部联系与内部沟通均可快速联络，同时适应轨道交通的运行方式，积极组织地上、地下步行交通，使规划范围各个区域均有较高的可达性。

土地使用集约：土地使用采取板块集约的方式，成片成街坊地进行较高密度的建设开发，同时通过地下空间的集约使用，形成疏密得当、高效集约的开发建设策略。

设施服务方便：设施的布局充分考虑服务半径，穿插在各个功能板块之间，形成相对集中的服务核，无论是生活服务还是市政服务均能达到较高的服务水平。

（2）活力宜人

活力与吸引力是一个地区繁荣与长久发展的关键因素，规划通过功能取向、文化内涵、空间尺度、活动组织等方面积极塑造宜人的场所环境，保障地区发展持续繁荣。

虹桥枢纽将带来巨大的人流量，但也容易导致因交通目的性过强而产生乏味冰冷的感觉。规划以人为本，有效多样地组织人的活动，努力将该地段打造成具有相当人气和活力的场所，提供多样、有品位、有特色的活动内容，将上海的都市繁华、浪漫时尚生活引入本区，并形成宜人的具有魅力的特色场所。

功能多样综合：功能组织在相对纯化的分区基础上，在重要的节点和人流集散区域积极引入混合使用的概念和方式，有机兼容各种设施，强调功能的多样性和服务的综合性。同时，需要考虑全天候的使用方式，无论何时，均可保持充分的活力。

文化多元交融：在规划设计中充分发挥海派文化兼容并蓄的优良传统，将多种文化符号、内涵、生活方式引入区域之中，使之有机交融，形成丰富多彩的活动场所。

空间丰富宜人：规划中形成不同的空间肌理，采用多样的空间尺度，在保证高密度和高强度开发的同时，努力通过丰富的空间环境塑造宜人的空间场所。

流线清晰便捷：结合虹桥商务区的人行活动规律和特征，在虹桥商务区中有机组织人的活动，创造清晰便捷的活动流线，并对活动进行有机的引导和疏导。

（3）环境友好

虹桥商务区应提供优良的环境品质，不但应吸引上海的甚至国际的工作和消费人群，更应该吸引长三角更广阔区域的人群。

环境品质是一个地区地位和吸引力的硬件要素，虹桥商务区规划应充分结合土地的集约使用，采取疏密结合的开发方式，充分利用水系、建筑群落内部与外部空间，形成系统的呼吸、流动空间，消灭消极空间的不良影响，提高虹桥商务区的整体环境品质。

绿色空间渗入：规划通过板块的集中开发，在内部外部均形成系统的绿色空间，绿色空间与开发板块相互渗透，并可以有机组织商业、文化、休闲、体育健身等多种功能设施和活动，成为虹桥商务区的呼吸空间。

水系充分利用：规划充分利用现有与规划水系，并将水系引入开发街区内部，形成流动的开敞空间，软化空间环境，增加空间趣味，打破呆板单调的集约建设环境。

避免消极空间：规划特别强调避免商务环境建设时形成消极的开发空间，而强调通过建筑群落和肌理的围合处理形成良好的街道空间。通过河道绿化、铁路绿化、道路绿化的特殊处理，遮挡不良景观，优化边界环境。

内外环境均好：规划通过控制为多种尺度的院落式建筑组群方式提供设计基础，使内外环境有别却衔接紧密，并保证内外环境均好。

（4）形象有力

虹桥商务区应该具有鲜明的标志，像上海的外滩或陆家嘴一样展示出整体的强有力的形象，它既不同于浦西百年沧桑的形象，也不同于陆家嘴高层林立、雄心勃勃、拥有震撼天际轮廓线的形象。它应该具有文化内涵多元、现代而不张扬、传统而不保守、时尚而不奢靡、浪漫而不矫情的城市形象，结构重组，成为新海派文化最新诠释。

形象是一个地区发展的最重要的名片。考虑到虹桥商务区的特殊性，应该特别注重通过平面肌理、片区风貌、中心形象以及细节的品质来综合反映片区的城市形象。

整体肌理协调：虹桥商务区的整体肌理应该形成自身的特征，并有利于组织城市第五立面，塑造具有突出特征的城市夜景，整体肌理的协调也有利于突出枢纽主体形象。

片区风貌多样：虹桥商务区在组织各个主导功能板块时，应结合各个片区的具体特征形成不同的、多样的风貌特色，突出体现海派文化多元交融的特点。

中心形象突出：虹桥商务区以枢纽主体作为核心标志性建筑，应该通过一系列空间设计手法，突出主体建筑形象，形成核心空间有力的整体景观形象。同时，各个片区均会形成各自的中心，并集中展现片区风貌形象。

细节品质时尚：所谓细节决定成败，虹桥商务区的细节处理也将对整体的环境品质和形象起到积极重要的作用。规划应该通过一系列城市设计控制手段，保证细节环境的品质，展现时尚、现代的海派文化取向。

3. 规划控制要素

虹桥商务区规划控制要素包括空间布局结构、土地使用控制、总体城市意象定位、建筑控制、公共服务设施配套、综合交通规划、市政公用设施设置以及地下空间规划等，其中：空间布局结构方面，分为两个层次，一是虹桥商务区（86.6平方千米）的总体布局，二是虹桥商务区核心区（3.7平方千米）；土地使用性质方面，对地区四大类用地作出安排，并进一步明确了虹桥商务区作为区域城市门户形象的发展定位，尤其是核心区；建筑控制方面，主要延续控制性详细规划技术规范指标要求，重点控制总体建设规模、建筑高度、开发强度以及建筑退界等；综合交通方面，对对外交通、城市道路交通系统以及轨道交通的便捷衔接作出安排；地下空间方面，伴随着立体交通规划，地下空间的开发建设相对其他城市地区更受到重视。

7.1.2.2 虹桥商务区空间形态规划

2010年，根据市政府"高起点规划、高标准设计"的总体要求，为适应土地供应方式的转变，加强规划对土地出让和开发建设的控制，虹桥商务区管委会和上海市规划和自然资源局、虹桥指挥部办公室联合组织开展了《虹桥商务区核心区一期城市设计》国际方案征集工作。虹桥商务区核心区范围为3.7平方千米，城市设计范围为虹桥商务区核心区一期，面积1.43平方千米。

虹桥商务区核心区（一期）城市设计依托虹桥综合交通枢纽，充分发挥其为周边带来的集聚效应，将虹桥枢纽商务区核心区建设成为上海市第一个功能合理、交通便利、空间宜人、生态和谐的低碳商务示范区，成为上海"四个中心"中的贸易中心的重要载体、城市商务区、长三角地区面向世界的窗口，成为服务于上海及长三角的现代服务业聚集地，成为集会展商业于一体的高端商务区，承担上海专业职能城市中心和上海"国际贸易中心"重要载体的职能。

虹桥商务区核心区（一期）城市设计强调通过鲜明的特色打造高端商务区形象，城市空间形态围绕低碳、混合功能开发的商务社区、舒适的公共空间系统等目标而展开。其中，与规划与城市设计相关的"低碳设计评估标准"包括基地选址、功能/使用目的、密度、步行可达性、空间组织关系、公共绿地空间（20%）、公共空间的品质与形态（5%）；社区概念从空间结构的"区域化、组团化、地域认同"，城市功能结构的"完善功能配置、完整性"及社会组织制度的"归属感"（城市公共空间）三个层次来解读，强调共同认知、共同目标而进行合作协调，人性化的交流中产生归属感；舒适的公共空间系统则"强调组团内的公共环境空间组织，强调空间尺度的亲切适宜"。

城市设计中根据各区空间组织形成的差异、建筑整体形态的特征、各区景观整体特征、建筑色彩的特点、各区氛围等确定各区的风貌特征定位，突显各区的识别性。

7.1.3 虹桥商务区风貌规划实施的制度性基础

7.1.3.1 城市规划管理的行政职能划分

受"适用、经济，在可能的条件下注意美观"的影响，城市风貌一度受到冷落。20世纪 90 年代起，随着市场经济和城市建设投资的多元化，城市风貌出现了个性化和特色化的趋势。各级政府对于城市形象都比较重视，城乡面貌出现了很大的变化。

城市风貌管理属于城乡规划管理体制的一部分，属于行政管理范畴。从管理对象来看，既有宏观层面的总体形象，又有微观层面的街道家具材质、广告灯光色彩等；从管理内容来看，涉及建筑风貌、公共艺术、生态环境，市容环卫等；从管理过程来看，既有行政许可、城市维护，也有阶段性整治；从管理性质来看，涉及遵守法律、规章，深改创新，特殊情形的能动性，建立长效机制等。

城市风貌作为一个城市总体精神取向的结果，涉及要素复杂、多元，从行政职能管理部门来看，也分属于不同部门不同范畴，如表 7.2 所示。

1. 中央层面

① 住房和城乡建设部：城市规划区、镇、乡村、风景名胜区。

② 自然资源部：土地使用规划及国家地质公园。

③ 国家林业和草原局：国家级森林公园的有关管理。

④ 国家文物局：历史文物及文化景观。

⑤ 生态环境部：督导城市重大项目环境影响报告。

2. 市级层面（如上海市）

主要有住房和城乡建设管理委员会、环境保护局、规划和自然资源局、绿化和市容管理局、交通运输和港口管理局、水务局（海洋局）、房屋管理局和生态环境局等职能

表 7.2　上海市城市风貌管理相关行政职能部门及其分工

管理对象 （内容）	涉及部门	管理分工	备注
建（构）筑物空间形态控制	规划和自然资源局、住房和城乡建设管理委员会	1. 总体形态要求：规划和自然资源局 2. 建设工程项目审批：住房和城乡建设管理委员会	
公共设施管理	规划和自然资源局、绿化和市容管理局、道路运输管理局	1. 设置要求：规划和自然资源局 2. 环卫设施：绿化和市容管理局 3. 道路设施：道路运输管理局	
园林绿地管理	规划和自然资源局、绿化和市容管理局、公路署、农林所、产权单位	1. 绿化规划：规划和自然资源局、绿化和市容管理局 2. 绿化养护：绿化和市容管理局、公路署 3. 园林：绿化和市容管理局、产权单位 4. 镇绿化：农林所、产权单位	绿化和市容管理局和农林所都属于行业管理，具体养护由园林绿化的产权所有者负责
环境卫生及其设施管理	规划和自然资源局、绿化和市容管理局	1. 设施选址：规划和自然资源局 2. 设施建设与管理：绿化和市容管理局	设施管理主要是日常维护和保洁
广告与标志设置	绿化和市容管理局、工商局、规划和自然资源局	1. 市容合理性：绿化和市容管理局 2. 内容与资质：工商局 3. 设置合理性：规划和自然资源局	市容审批主要是户外广告和横幅
公共场所和市场	规划和自然资源局、工商局、绿化和市容管理局	1. 设置合理性：规划和自然资源局 2. 经营内容：工商局 3. 绿化和环境卫生：绿化和市容管理局	景观合理性由规划和自然资源局管理
公共艺术及雕塑	城雕委、规划和自然资源局、绿化和市容管理局	1. 选址、设置：城雕委办公室、规划和自然资源局 2. 维护管理：绿化和市容管理局、产权单位	

来源：作者绘制 [1]

---

1 本表根据相关职能部门官网资料整理绘制。

部门。其中一些部门的职能具体如下。

① 规划和自然资源局的历史风貌保护处（城市雕塑管理处），成立于 2003 年，目前主要的工作职责包括负责全市的景观规划、雕塑的规划审批管理、历史风貌保护区的审批管理以及重要地段的景观审批管理等。

② 住房和城乡建设管理委员会：工程报建审核、建筑工程施工许可，受政府委托进行景观项目的建设。下辖的市政工程管理局负责道路、市政设施的建设与养护；绿化和市容管理局负责园林绿化、户外广告、环卫、风景名胜区、森林公园等。

③ 水务局（海洋局）：水域 (江河湖泊等) 以及岸线和滨水设施的建设与维护。

④ 房屋管理局：历史建筑保护与维护，住房维护与改造等。

⑤ 生态环境局：环境监督以及环境影响评价等。

7.1.3.2 上海城市规划管理制度中的问题

1. 风貌规划管理职能的缺位

上海建设全球城市，文化发展策略是其必然的选择，规划管理体制改革必须正视当前城市布局和城市面貌的文化缺位问题，并应结合自身特点建构一套可操作的管理体制。

1949 年以前，上海市较早地引进了西方的市政管理模式。早在 20 世纪，地方政府和租界内就成立了建筑、市政设施开发管理的专门机构，实施对开发建设的许可审批和对违章建设的惩罚。抗战胜利后，上海市政府编制了"大上海都市计划"。因政治背景以及行政、土地主权上的矛盾，1949 年以前的上海城市规划只涉及建筑许可和违章建筑的预防，还未达到对土地使用的全面控制。

1949 年以后，上海市人民政府在辖区内实施集中统一的行政管理，原有的建设项目许可制度得到保留和改进。20 世纪 50 年代开始，借鉴苏联的经验，开始编制上海的总体规划、卫星城规划、工业区规划、居住区规划、局部地段的旧城改造规划等，除总体规划外，相当多的地区规划、详细规划得到了实施。1979 年成立了城市规划与建筑管理局，恢复了上海市城市规划设计院，全面开展了上海市的总体规划、详细规划、交通和市政设施规划的编制。从新中国成立之初到 20 世纪 80 年代末，经济计划是城市规划最重要的依据，建设项目大都经规划行政部门审查后动工建设，行政手段是调节各种矛盾的主要途径，上海市长期处于人口密集、住宅紧缺、公共服务设施不足、交通拥挤、环境污染较重的状态。

20 世纪 90 年代初，浦东开始实行特区政策，1995 年颁布了《上海市城市规划条例》，以地方法律的方式进一步明确了分级管理体制。除少数重要地段的建设项目许可申请须由市规划局批准外，大多数土地开发、房屋建设项目的许可由区、县规划部门批准。一般地区的详细规划由区、县政府组织编制，报市规划局批准。市规划局管理总体规划、分区规划、重要地段的详细规划以及全市性的道路、交通、市政设施规划。

2008年，根据中共中央办公厅、国务院办公厅的有关规定，成立"上海市规划和国土资源管理局"[1]，主要负责土地及城市规划相关规划与实施管理，原上海市城市规划管理局有关职能、原上海市房屋土地资源管理局有关土地和矿产资源管理的职责均划入现上海市规划和国土资源管理局；同时，户外广告设施相关规划职责从原上海市城市规划管理局转移到上海市绿化和市容管理局。

2018年11月，为与国务院机构改革相对应，"上海市规划和国土资源管理局"调整为"上海市规划和自然资源局"，内设风貌管理处，又名地名管理处，主要承担历史文化风貌区范围和保护建筑建控范围内建设工程项目的规划土地管理及地名管理工作。

2. 审批管理的程序缺位

根据国务院和市委、市政府推进行政审批制度改革的总体部署，加快建设服务型政府，转变政府职能，加强公共服务，实现公开、公平、公正、提高审批效率的管理目标，2010年上海市政府颁布实施了有关建设工程行政审批管理程序的改革方案；2015年，为进一步推进建设工程行政审批管理改革，加强建设工程设计方案审批管理和服务，简化审批流程，提高审批效率，再次颁布新的实施办法；2020年，为加快推进重大项目建设，进一步深化行政审批制度改革。

2010年的审批改革主要体现在取消部分行政审批、整合审批管理流程、并联审批，以及加快落实告知承诺制度，加强审批过程监督制约等方面；2015年的改革在2010年的改革基础之上，进一步明确了"加强建设工程设计方案审批管理和服务，简化审批流程，提高审批效率"的管理目标，明确"建设工程设计方案规划审批分为咨询、规划土地管理部门收件和分送、参与并联审批的管理部门受理、审理、规划土地管理部门对建设工程设计方案作出规划审批决定五个环节"（图7.2）；2020年从准入立项、用地管理、规划许可、开工手续、竣工验收和服务效能等6个方面，作出了23项改革。其中与建设项

---

1 上海市人民政府办公厅.中共中央办公厅、国务院办公厅关于印发《上海市人民政府机构改革方案》的通知》（厅字〔2008〕17号）[EB/OL].[2009-01-30]. https://code.fabao365.com/law_108788.html.

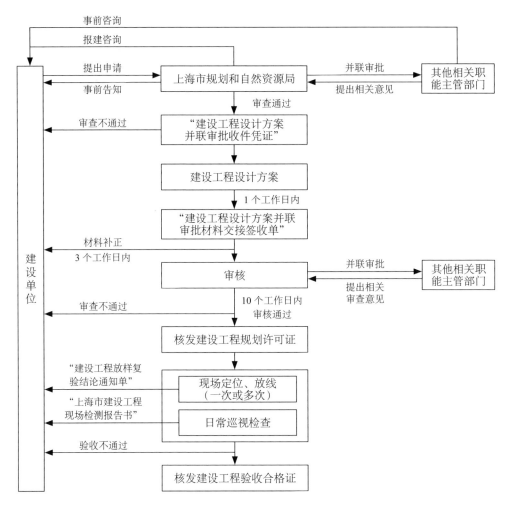

图 7.2　上海建设工程审批与批后监督管理流程
来源：作者绘制

目规划审批相关的主要有：深化项目用地"带方案"出让、实行"三证合一"、设计方案审批实施告知承诺、容缺后补、深化项目审批"一网通办"、强化事中事后监管守住质量和安全底线，实施全流程审批管理。

（1）事前咨询

建设工程设计方案审批过程中涉及专业性较强或审批要件较为复杂的内容、设计方案是否符合相关管理部门的法律法规和有关要求，各相关管理部门根据建设单位的自愿选择，在并联审批前，为建设单位提供批前咨询服务。为提高设计成果质量，加强批前服务，建设单位在建筑设计方案编制完成后，可以向规划和自然资源局进行报建咨询，规划和自然资源局应按规范服务要求提供指导意见，使建筑设计方案符合报送条件。

批前咨询主要是针对专业性问题提供咨询服务，建设单位在申请咨询之前需要参照《建设工程设计文件编制深度规定》或《上海市建设工程总体设计文件编制深度规定》要求编制设计文本和图纸，并填写"建设工程设计方案并联审批咨询申请书"，统一向规划和自然资源局申请建设工程设计方案咨询。

建设单位提出建设工程设计方案咨询，规划和自然资源局应在登记收件后，在 15 个工作日内向建设单位出具书面咨询意见。

（2）并联审批

根据《上海市并联审批试行办法》，并联审批，简单地讲，就是"一家牵头、一口受理、抄告相关、同级征询、同步审批、限时办结"，是指对同一申请人提出的，在一定时段内需由两个以上本市行政部门分别实施的两个以上具有关联性的行政审批事项，实行由一个部门（以下称"牵头部门"）统一接收、转送申请材料，各相关审批部门（以下称"并联审批部门"）同步审批，分别作出审批决定的审批方式。

并联审批适用于本市行政部门之间、国家主管部门在沪机构与本市行政部门之间等共同实施的行政许可和非行政许可的并联审批，主要是为了优化审批流程、简化审批环节以缩短审批时间，提高效率的同时体现服务型政府的基本理念。

并联审批改革是在现有的法律法规体系之下，保持审批主体不变、责权不变、整合审批流程的行政改革，部门职责划分、告知承诺、监督检查与行政监察是确保并联审批有效性和公正性的主要措施。

在并联审批过程中，规划和自然资源局是建设单位与各相关职能部门之间的重要协调方，建设单位与其他职能部门之间不发生直接的沟通，"建设工程设计方案并联审批结果信息抄告单"成为主要的构成要件。

（3）告知承诺

告知承诺，是指公民、法人或者其他组织提出建设项目规划行政审批申请，规划和自然资源局事先告知其审批条件和需要提交的材料，申请人以书面形式签订告知承诺书，承诺其符合审批条件，并能够按照承诺在规定期限内提交材料，承担相应的法律责任，由规划和自然资源局作出行政审批决定的方式。

告知承诺主要适用于城乡规划实施管理中规划管理部门核定"规划设计范围和设计要求"（包括建设项目选址意见书、建设工程规划设计要求）、审批建设工程规划设计方案、核发建设用地规划许可证、核发建设工程规划许可证的行政行为，告知内容主要针对如下审核要素：计划文件、土地权属、设计资质、设计文件审图意见、工程性质（简易建设项目）、建筑面积、建筑密度、绿地率、建筑高度（不涉及机场、气象台、微波通道、安全保密、视线分析等要求时）、建筑日照、建筑面宽、车位及出入口、层高、地坪标高、配建市政设施要求、配建公共设施要求、轨道交通要求、相关部门意见等。涉及机场、气象台、微波通道、安全保密、视线分析等要求的建设项目规划和自然资源局另行审核建筑高度，如表 7.3 所示。

（4）全流程审批管理

全流程审批管理即全程跟踪协调、咨询辅导、帮办代办；依托工程建设项目审批管理系统、审批审查中心，深化项目审批"一网通办"；强化事中事后监管，守住质量和安全底线；加强法治保障，实施容错纠错；强化对重大项目的跟踪督促，加强对改革措施实施效果的评估。

通过上述剖析不难看出，现行城市规划实施管理中，无论是实质性还是程序性上，均缺乏针对城市风貌规划管理的相关管理内容，这与上海建设"全球城市""人文之城"的发展战略是不相协调的。

7.2 虹桥商务区风貌规划管理模式

7.2.1 风貌规划管理职能的合法化

简政放权，政者，"众人之事也"，也就是所谓的公共事务；"权"则是掌握和管理公共事务的支配性作用。简政是实质，放权则是简政的具体体现。2013 年，"仅中央政府下放取消的审批事项就有 416 项"；2014 年"要再取消和下放行政审批事项 200 项以上"。2014 年的政府工作报告中，李克强总理再次明确指出："进一步简政放权，这是政府的自我革命"。

党的十八大和十八届三中全会提出简政放权改革的基本思路，即"在搞活微观经济的基础上搞好宏观管理，创新行政管理方式"，围绕搞活微观经济基础之上的宏观管理行政体制创新，本质上是使政府的权力运行更加简约、更加简捷，减少政府对市场活动

表 7.3　各阶段告知承诺要求

分类	序号	审核要素	审核阶段				备注
			建设项目选址意见书、建筑工程规划设计要求	建设用地规划许可证	建设工程规划设计方案	建设工程规划许可证	
一、项目前置条件（程序审核）	1	计划文件	√	√	√	√	发改委、经信委等部门审核
	2	土地权属	√	√	√	√	土地权属管理部门审核
	3	周边现状及建设情况					
	4	设计资质		√	√	√	本阶段无审核要求
	5	设计文件审图意见		√		√	本阶段无审核要求
二、实体审核	6	用地性质					
	7	工程性质	√	√	√	√	简易建设项目免于方案审核（沪规土资法〔2009〕950号）
	8	基地范围、面积					
三、技术经济指标审核	9	容积率					
	10	建筑面积	√		√	√	沪规法〔2006〕327号
	11	建筑密度	√		√	√	控制性详细规划及技术规定要求
	12	绿地率	√		√	√	绿化部门审核
	13	建筑高度	√		√	√	涉及机场、气象台、微波通道、安全保密、视线分析等进行审核
四、项目总平面布局要求审核	14	建筑间距					
	15	建筑日照	√		√	√	沪规法〔2004〕302号
	16	建筑退界					
	17	后退道路红线					
	18	后退其他控制线					
	19	建筑面宽	√		√	√	控制性详细规划及技术规定要求
	20	车位及出入口	√		√	√	交警、交通部门审核
五、其他审核	21	层高	√		√	√	沪规法〔2006〕327号
	22	地坪标高	√		√	√	控制性详细规划及技术规定要求
六、其他配套要求	23	配建市政设施要求	√		√	√	相关部门审核
	24	配建公共设施要求	√		√	√	相关部门审核
	25	轨道交通要求	√		√	√	轨交管理部门审核
七、其他要求	26	相关部门意见	√		√	√	审批流程确定
	27	方案专家论证与公示					本阶段无审核要求

来源：作者绘制

准入的限制。党的十八届三中全会召开后，国家在权力配置上呈现出新特点：经济资源配置方面的权力进一步放开，社会公共管理层面的权力进一步收紧。

简政放权，意味着政府的权力变小了，但不意味着政府的责任也变小了。事实上，简政放权意味着政府的责任更大了。只不过政府承担责任的空间发生了变化。对于涉及国家安全、公共安全、经济宏观调控、生态环境保护以及直接关系人身健康、生命财产安全等特定活动的；对于那些可能影响公共利益、他人权益的活动；对于一些公共的领域，需要提供公共服务的地方等，这些活动与老百姓生活密切相关，如仅仅靠市场自发调节、社会自主决定，可能都有风险。此时就需要政府进行事前规制、加强监督检查、承担起组织、协调的职责等责任，真正保障公共利益。对于这类情形，无论怎么进行简政放权，政府都不应该放松管制。风貌具有内在文化性与外部经济性等属性，关注城市空间管理中的公共利益、公共问题、公共目标等问题，其"公共性"从本质上决定了风貌管理属于城市规划管理领域的基本公共政策之一。在新一轮的行政体制改革过程中，风貌管理不但不应该"放权"，反而应基于公共利益的角度，进一步加强政府在社会秩序中维护者的角色，做好"事前规制，事中与事后的监督检查，承担起组织、协调的职责"等责任，真正保障公共利益。

现代公共管理内生的公开公平和公正性与体验经济和"美丽城镇"迫切需要"人本主义"（反机械反量化）环境之间的矛盾冲突，在简政放权的背景下日益明显，城市风貌"一放就乱""一管就死"的悖论日益尖锐，汇成了当前城市空间文化治理的漩涡。

7.2.2 规划编制管理中的"情态"机制

7.2.2.1 虹桥商务区空间特色风貌规划

1. 规划目标

以文化为主线，挖掘城市空间特色，创造具有东方意蕴的新兴国际商务区。

2. 规划范围

2011 年 8 月，上海虹桥商务区管理委员会就《上海虹桥商务区空间风貌特色专项规划》向社会公开招标。此次规划范围包括三个空间层次（图 7.3）。

虹桥商务区（86.6 平方千米），东至环西一大道，南至沪青平高速公路，西至嘉金高速公路西侧铁路外环线，北至沪宁高速公路，为本规划空间风貌结构统筹的范围。

虹桥商务区主功能区（26.3 平方千米），东起外环线（环西一大道），西至现状铁路外环线，南起 A9 沪青平高速公路，北至北翟路、北青公路，为本规划空间风貌特色布局的范围。

虹桥商务区核心区（3.7 平方千米），是商务区中部商务功能集聚的区域，位于交通枢纽西侧，为建筑群特色专项规划导引及户外环境特色专项规划导引的范围。

3. 规划编制

虹桥商务区空间特色风貌规划是基于控制性详细规划和城市设计（一期）的空间风貌特色控制引导，地区发展方向、土地使用性质、城市空间结构、基础设施等结构性规划已经完成，也奠定了空间特色的基本框架。空间特色风貌规划则是进一

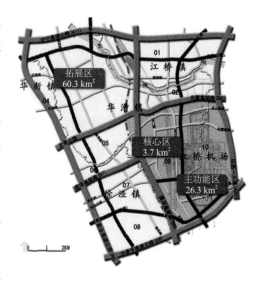

图 7.3 虹桥商务区空间风貌规划范围

来源：上海同济城市规划设计研究院.上海虹桥商务区空间风貌特色专项规划 [R]. 2012.

步从地区文化特征的角度出发，通过城市风貌特色资源评价、元素提炼，进行城市风貌特色定位及总体结构设计，规划的目的是"挖掘与利用各类风貌要素集合的共性和内在联系"，基于"城市总体形象的特色定位"进行意象性描绘，再展开风貌结构的设计，并与自然（山水）格局、功能布局、交通组织方式、公共空间系统等相协调。

7.2.2.2 "业态、形态、生态、情态"的开发控制模式

2009 年 7 月 6 日经市规划委员会全体会议审议通过了《虹桥商务区（主功能区）控制性详细规划》，于 7 月 16 日报经市政府批准。规划确定了虹桥商务区（主功能区）功能定位，按照"以人为本、高效便捷、统筹安排、科学规划"的理念，充分发挥交通枢纽的功能集聚作用，规划商务区的功能设置和空间布局，并确定重点发展国内外贸易、总部办公、商务服务、酒店服务、文化娱乐、信息咨询、物流展示等现代服务业；2009 年 8 月从深化功能业态、建筑形态和有利实施的角度，开展核心区一期城市设计国际方案征集，同时启动城市设计研究，编制《虹桥商务区核心区一期城市设计》，并于 2010 年 5 月 11 日报经市政府批准。此次规划将低碳理念在城市规划建设的各个阶段予以落实，主要表现在城市空间布局、交通组织、能源利用及建筑设计四个方面，并探索建立可量度、能实施的低碳设计评价标准。《虹桥商务区核心区一期城市设计》的重点是适应商

务区建设发展的需要和土地供应方式的转变，强化空间形态、功能业态的结合，强化对公共空间和建筑单体形态控制和建设标准的确定，探索土地供应中带方案出让的操作模式；并贯彻落实以人为本和可持续发展的思想，充分发挥交通枢纽和商务功能的集聚整合作用，突出低碳设计和商务社区的规划理念，将商务区建设成为"功能多元、交通便捷、空间宜人、生态高效、具有较强发展活力和吸引力的上海市第一个低碳商务社区"。2010 年 7 月，由规划院牵头，联合美国 RTKL 公司、同济大学建筑设计研究院开展虹桥商务区核心区南北片区的规划设计工作，规划编制依据已批准的《虹桥商务区控制性详细规划》（26 平方千米），延续核心区一期的规划理念和思路，结合南北片区的特点，强化南北片区空间形态、功能业态的结合，强化对公共空间和建筑单体形态控制和建设标准的确定，探索面向开发的规划控制体系。

生态文明作为虹桥商务区规划建设的重要政策指引，是社会主义核心价值体系的有机组成部分，其文化产品更加丰富，文化产业结构更优化，社会主义文化强国建设基础才能更加坚实。对城市景观形象，尤其是上升到精神文化高度的城市风貌，它是城市自然景观和人文景观的有机组合，体现着城市的自然环境、历史文化内涵和社会经济文化等特征，是城市特色的重要展现方式。

从公共政策的角度看城市风貌，从 2009 年国际城市设计招标所确定的"集约高效、活力宜人、环境友好、形象有力"规划理念，到 2010 年的虹桥商务区核心区南北片区的城市设计成果，商务区的风貌问题是围绕"公共性"问题而展开的，如以步行系统架构的公共开放空间、以景观结构塑造的城市空间形象结构、绿化景观系统以及重要区域的风貌引导。

城市风貌规划是对城市的自然环境、历史人文、建筑空间等特色等进行综合的提取和研究，将城市精神文化层次上的内涵在城市物质空间环境中规划整合并展现出来，它偏重城市的人文、艺术、心理感知和心灵感受，塑造一个具有丰富内涵的城市，展现其特有的物质环境和精神文化特色，整体把握城市的自然和人文景观特色。在欧美城市建设经验中，城市形象的控制引导由城市设计承担，其内容包含建筑形体、体量、退界、高度、城市天际线、立面肌理、色彩、材料、城市绿化、夜景灯光、广告店招、街道家具和雕塑等众多要素；而虹桥商务区所处区域具有"郊野风光、高档住区"的自然环境和人工环境特征，蕴含着丰富的"江南文化"，虹桥商务区城市设计虽然也包含风貌要素，但其编制仍主要围绕体量、高度、退界、贴线率等指标展开，而对影响城市形象品质的指导性指标更是缺乏相应的技术指引。

虹桥商务区空间特色风貌专项规划试图转变现行编制的基本指导思想，优化城市形象的实际质量，而非控制建设行为的数量关系，以提升上海虹桥商务区建设的文化内涵、塑造高品位的城市空间场所气质、改善城市公共管理为目标，补充完善规划体系中所忽视的城市形象要素，包括建筑立面肌理、色彩、材料及它们的群体组合关系、场地绿化、街具小品、广告店招、夜景灯光，以及场所氛围、风貌神态等的规划指引。

7.2.2.3 "启示性" 控制方法

按照唯物主义的观点，城市风貌尽管离不开主体体验的主观性，但仍然具有社会客观这个本质属性，其规律可以被把握并以此造福社会、为城市注入软竞争力。然而，城市风貌所涉空间文化范畴的这种社会客观属性，又有别于社会学范畴的社会客观属性。后者可以通过民主法治程序、经济社会机制、技术指标等反映到规划控制当中，而前者（风貌）却仅仅停留于艺术专家的内部，只有通过其产品的商品化过程才能进入社会，选择权多掌握在业主私人手中，脱离了风貌作为公共福利的城市治理的轨道。

城市治理在社会学领域内，更多地体现为"质性"治理，如主导性质或兼容性等。空间文化则更多地体现为"术性"，如色彩材料品质、广告灯光艺术、肌理组合技巧等，它们明显有别于一般社会学范畴的技术指标、运行机制和发展规律，如果仍沿用"质性""引导性"等社会学范畴的控制手段，实际上不符合空间文化的本质属性。

为了实现合目的、合规律的统一，虹桥的新城风貌在"量性"控制、"质性"控制的基础上，增加了"术性"控制，促使城市风貌从散乱的私人文化，向公共文化的整体利益回归，散乱多元（千城一面）向有机多元转变。

"术性"控制（如色彩材料质感、细部和肌理的品位与技术风格等），实质上是城市价值的发展从科学、社会学向文化艺术学的延伸，是城市规划管理从"业态管理""形态管理""生态管理"向"神态管理"（"品质管理"）的拓展。

7.2.2.4 "品质管理" 向空间文化品质管理的延伸

"品质管理"是顺应空间文化发展特点的一种治理思想，是行政许可的符合性管理的一般要求与空间文化管理特殊性规律的有机结合，是扭转"一抓就死、一放就乱"悖论的突破口。

2007年同济大学吴伟主编的《城市特色研究与城市风貌规划》新造Cityscapology一词，并阐述了品质管理理论的完整内容，包括历史逻辑、空间逻辑、公共管理逻辑三大方面：

城市应在其发展的历史过程中注入"共识化、机制化、魅力化"的公共文化逻辑；

品质管理的范畴包括宏观形态结构、主体心理结构、（文本）场所气质；

品质管理的对象具有多义性、序位性、制度性等复杂特征，应从阳光规划、管理规划、协同规划方面入手。

此后，品质管理理论在芜湖市、克拉玛依市、青岛市、澳门特区等城市风貌专项规划中应用和发展。"品质管理"是从理性主义的量性质性管理向文化品质管理的延伸，是"以效率为中心"和"以人为本"向"以心为归"的升级，要求相关各方须改变还原论的"右撇子"思维习惯，回到"公""私"双赢的整体论思维，变"一次决策"为"空间权变"的连续过程。非线性的文化价值和"空间权变"行为，拓展到了城市规划体系、规划管理体系、法律法规体系的深水区：

① "品质管理"作为城市公共管理的"新型"职能，旨在控制和提升城市目标场所的整体体验品质，试图用科学、社会学的习惯思维来谋求单项指标的规定，在精神文化和体验领域反而会引发控制手段与控制目的的背离，滑入"一管就死"的陷阱；

② "品质管理"的重点对象，是已有规划体系所缺位的那部分非数量关系，如群体（动态）或然组合、场所气质、色彩组合、肌理组合、映衬结构等；

③ "品质管理"的重点在于"空间权变"，如同导演之于剧本，重在协调共时性、历时性及其动态组合条件下公与私的体验之博弈，包括建筑内部功能与外部形象的博弈、单体建筑与群体组合的博弈、已然与或然的博弈、统一性与偶然性的博弈等。

用"品质管理"的思想去重新认识法国、日本的先进经验，为"虹桥模式"提供了有益的启示。法国为了景观问题共修改了 7 部相关法律，规定了景观决策的组织与程序，指定代表公共利益的责任专家负责特定地区的城市风貌管理等。日本将所涉及的城市形象纳入《景观法》进行专门管理，规定了业主共同体缔结景观协定的权利及其风貌愿景的法律效力，规定建立景观行政机构和景观审议会等。它们的共同点是，在已有城市规划管理体系之外，成立专门的行政机构，召集专门小组及公共福利的技术代表，以弥补现有规划控制体系在文化控制方面的短板。

7.2.2.5 "启示性控制"的技术方法

1. 文化默契：开启风貌塑造的共同行动

这里的"启示性"控制是针对柔性要素管理的一种探索，达成文化的"默契"才是研究的根本目的。

"默契"广泛存在于传统社会之中，在历史上曾经具有重要的社会学功能。古今宗教哲学家们均十分重视对"默契"的研究和利用，如西欧经院哲学中的"密契论"，中国古代禅宗"以心传心"学说所追求的"不立文字，直指人心"等。进入工业化大生产、大流通以后，经济人之间的大协作空前发展，理性主义迅速走到了前台。人们空前广泛地依赖抽象的语言、文字和逻辑，否则似乎难以表达、推广和保护自己的利益诉求。传统的"默契"逐渐退到了后台，甚至被扔入历史垃圾堆之中。全球化、信息化使这种趋势发展到了无以复加的地步，人们开始意识到，在"进步"的背后，利益诉求的无限多样性和流变性，导致社会陷入无休止的争吵，文字"契约"常常陷入官司和动荡之中。

现代理性主义、文本主义所带来的副作用，促使人们开始反省，人类在许多方面仅靠"共识"远远不够，还必须达成"共同的行动"。研究发现，共识、认同、默契三种情形都可以带来"共同的行动"，但内在状态却存在着巨大的差异。

从"共识"上升到"共同行动"，须内在动力经由相互"协作"，表现为经济效率。

从"认同"上升到"共同行动"，目标的一致性发展为行动的支配性，取决于民主和法制的水平。

从"默契"上升到"共同行动"，出于目标"悟性"，经由行动自觉性，成于创造性、环境适应性。

虹桥开发"公"与"私"的经济"协作"通过常规的理性"契约"；进一步上升为社会文化（风貌）"共同行动"的难点在于克服理性主义的副作用，保持"以心为归"，"契约"以"心归"为基础。堪当该重任的，恰恰是被现代主义所遗忘的"默契"。回归"默契"，是开启风貌特色塑造之"共同行动"的金钥匙。

"千城一面"表明，现代社会人们对于建筑形象和城市风貌，并不缺乏普遍性的"共识"，并不缺乏对一个地区（地域）、一个时代的振臂口号。城市真正缺乏的，实际上是对于一个个具体空间的文化"默契"，具体的微妙眼神、具体的生动表情，因为它们被一个个理性人、理性规划所割裂。

现代人惯于用理性思维探索"真理"，勤于归纳震撼四海的响亮语言，否则就会被忽视、被遗忘。经验和欲望驱使人们习惯于采用这种方式，以有利于迫使他人记忆、接受和行动。国内外无数学者在这条理性主义的道路上前赴后继，试图用真理、代表性的抽象、一次性的设计来实现它们的城市理想。不幸的是，在城市风貌领域，这是一种乌托邦式的"空想"，还原论的理性主义"共识"，来源于事物的普遍性、可度量性。人为事物本身具有另一特性，即特殊性、非线性等，广泛存在于空间文化特别是新城特色的塑造过程之中，实践证明会普遍地被"管死"。

不识庐山真面目，只缘身在此山中。问题的症结不在于理性主义本身，而在于"平均化"和"支配性"未"以心为归"、未经"在地性"的"整合创造"。非理性的文化价值创造和"共同行动"的钥匙——"默契"，被这个理性主义的时代普遍地忽视了。

城市的风貌塑造，"默契"之所以不可或缺，"顿悟"之所以历来受到重视，是因为非理性思维作为文化领域的特有智慧，它一旦消失，就好比演员失却了剧本、失却了导演一样，影星们的"共同行动"只会是一场散乱多元的"业余晚会"。城市的开发控制普遍地忽视空间文化的这种特性，沿用着还原论的思维惯性去扼杀精神文化价值却毫无知觉，总是离不开永无休止的"共识"口水仗，总是忽视"默契"的关键性作用。

超越"现代的""共识"，回归"传统的""默契"，创造"非理性"的、空间文化"共同行动"的钥匙，是"虹桥模式"的又一个关键所在。

2. 风貌特色塑造中的"默契"措施

著名心理学家巴甫洛夫认为"接受暗示是人类最简单的但也是最典型的条件反射"。暗示普遍存在于社会关系之中，主要包括三种类型：精神暗示、功能性暗示、其他形式的暗示。《心理学大字典》将精神暗示中的"他暗示"定义为："用含蓄、间接的方式，对别人的心理和行为产生影响。暗示作用往往会使别人不自觉地按照一定的方式行动，或者不加批判地接受一定的意见或信念"，从而形成"默契"、避开"支配性"（强迫性），生成文化价值创造的"共同行动"。

虹桥风貌特色规划的技术路径，是启示城市文化选择的特色方向及其个性表达方式，并"启示"相关方从"共识"上升到特色塑造的"共同行动"。该过程涉及以下方面：

① 风貌特色是城市形象上升到精神文化高度的深层属性，处于规划管理的深海；

② 深海不等于禁区，对于非线性内容的控制，在政治、社会、文化艺术、风险投资等诸多领域早就存在，如果因为风貌的非线性特点而放弃控制，是对"千城一面"危机的逃避和公共管理的缺位；

③ 虹桥核心区的风貌特色塑造，是在现有"量性""质性"控制的基础上，通过增加"术性"控制，诸如色彩"联想"、地域性文化氛围、低碳肌理组合启示等，采用多种艺术和技术启示，使城市开发的内在随机博弈的各种文化行为趋于"默契"，以此开启复杂、柔性的空间文化特色塑造的"共同行动"。

3. "启发性"控制方法的核心

为了达成城市空间文化的"默契",通过"暗示"等手段对规划设计的构思风格、技术和艺术手法施加影响,这种专门针对技术和文化艺术创作特点的、以"默契"导向的开发控制方式,在虹桥课题中,将之称为"启示性"控制。

7.2.3 规划实施管理中的"分离治理"机制

三中全会之后,我国行政体制改革措施呈现出了两个新的特点:一是经济资源配置方面的权力进一步放开,政府运行更加简约,大幅减少对市场经济活动的准入限制以放活经济;二是社会公共管理层面的权力进一步担当或收紧,包括放事前、收事中事后、法治化管理、强化各类监管、发挥中介社会组织作用等。

"简政放权"的实质,是政府承担责任的空间转移和优化(或自我革命),阻碍市场经济的权力在减少,相反,市场经济不能解决的公共事务、公共安全、环境保护等公共责任的担当正在增加。

属于"文化问题"的城市风貌控制该不该"放"?城市风貌具有非排他性、非竞争性,具有典型的公共产品属性。千城一面的背后,是城市空间的私人文化散乱多元的发展模式。以"多元化"之名,行一元化之实(千城一面),是现代社会治理缺位所导致的一种"合成谬误"。因此,它是新型的治理模式,不属于市场经济"简政放权"的范畴,而是属于"新型城镇化"的"新型"范畴,不是后退,而是创新。

虹桥商务区的发展选择是,通过风貌规划与管理,引导私人文化的"散乱多元"向公共福利型的"有机多元"升级。

以下将从规划管理的实体性与程序性两个视角出发,探讨将文化管理纳入现行规划管理体制的可行措施。

7.2.3.1 实体性的优化:多元化措施

作为"美丽中国""新型城镇化"的先行先试,虹桥风貌控制管理的途径探讨了如下几方面的实施措施,以优化空间文化管理的实体性内涵。

第一,技术补充文件(SPD)。城市建设管理的直接法律依据是控制性详细规划、土地出让合同的规划条件。强化公共空间和建筑单体形态控制与建设标准结合的城市设计、低碳设计导则、地下空间专项规划、空间特色风貌专项规划,以技术补充文件的方式,纳入土地开发出让条件的法律文件。藉此,风貌控制条款成为建设项目管理的法定依据。

第二，政府购买公共服务（Purchase of Service Contracting，POSC）。为了推动政府职能转变，与社会组织建立"伙伴关系"，向社会购买公共服务。我国各级政府向社会组织购买公共服务主要集中在三大方面，即社区服务与管理类服务、行业性服务与管理服务（如业务咨询、技术服务等）、行政事务与管理类服务。政府通过"合同制"的形式与具备相应专业能力的有关组织机构签订服务合同，如虹桥商务区核心区空间特色风貌专项规划，由上海同济城市规划设计研究院编制。

第三，方案评议与行政许可。虹桥风貌规划的实施，采用专家组、常务专家、专项评议、事后监督模式。在城市系统日益复杂的今天，法律法规和技术规范越来越繁复，虹桥充分发挥了第三方的专家作用，实现了低碳、地下等领域的技术支持。

然而，城市风貌具有其特殊性。技术上重合轻分、评价上重主观评价轻数量控制、时间上随机交替相互影响。为此，风貌要求作为技术补充文件事前告知；事中方案商议、专家评议、行政许可；批后监督与验收。

有品位的城市建筑群体，不是外在的一致性，而是内在的联系性和有机关系。在事前告知关于风貌的规划条件之后，具体的条款解释、方案应对和文化演绎等，通过沟通交流与各方协商，促进形成"和而不同"的群体创作。防止一刀切、一管就死的副作用，促成特色鲜明、群体和谐、微妙动人的城市空间文化的高品位和创造性。

7.2.3.2 程序性的优化：协调与沟通

虹桥空间特色风貌规划的实施程序，融入该体系之中是"依法行政"的客观要求，也是项目审批管理的实际需要。具体风貌管理的程序分为四大阶段，即：规划条件核定、建设用地规划许可、建设工程规划许可、批后管理（图 7.4）。

规划条件核定阶段：在土地出让条件阶段，将风貌规划编制成果转化为法定性管理文件，提交给建设者并在进行具体修建性详细规划编制前对有关条文进行相关的解释与沟通。

建设用地规划许可阶段：修建性详细规划方案审批阶段，风貌规划审批也是其中专项审批内容之一，有关方案可组织相关的专项论证会，尤其是对该案本身与周边环境、风貌整体塑造目标这两部分的有关论证。这一阶段是"规划"与"实施"衔接的关键性环节。

建设工程规划许可阶段：与建设方就风貌规划实施要点进行协商，并形成一定的"协定"，签署相关的环境景观与色彩设计协定，作为后期实施、验收的有关指导原则。

批后管理阶段：就主要的风貌材料进行协商与交流，确保目标的实施。

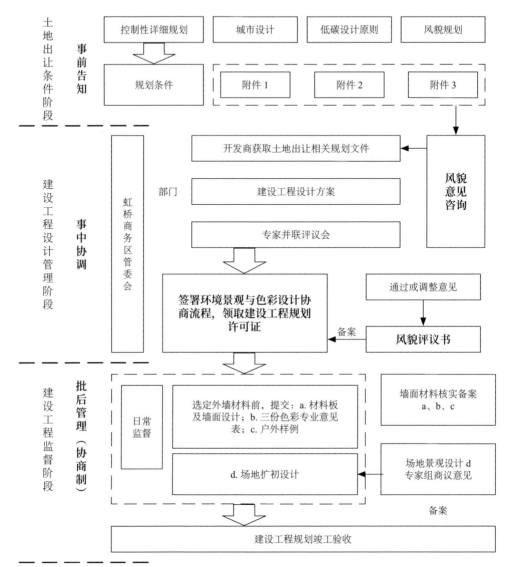

图 7.4　虹桥核心区风貌特色规划管理流程图

注：如遇风貌规划中所确定的标志性地块，表中 b 由开发商指定的三位专业意见人，改由公共职能部门指定；流程与场地景观设计专家协商流程合二为一。

来源：作者绘制

7.2.3.3 各阶段的规划审查（或核定）

1. 建设项目规划土地意见书

根据上海市规划和自然资源局的相关办事指南，建设项目规划条件的核定依据主要是来源于：

①建设项目应当符合经批准的控制性详细规划、专项规划或者村庄规划；

②建设项目应当符合规划管理技术规范和标准的要求；

③在历史文化风貌区内进行建设活动，应当符合历史文化风貌区保护规划；

④文物保护单位、优秀历史建筑的大修及立面改造工程，应当符合保护技术规定的要求。

在报送规划管理部门的有关材料中，关于建设项目与环境关系需要"提供 1/500 或 1/1000（郊区 1/2000）电子地形图一份和纸质地形图两份，纸质地形图上应用 ≤ 0.3 mm 的红或蓝色实线（铅笔）标明拟建工程用地位置、建设基地的用地边界"，并对"涉及文物保护单位或优秀历史建筑的装修工程、立面改造工程以及历史文化风貌区、文物保护单位或优秀历史建筑保护、建设控制范围内建设工程，需房屋行政管理部门批准文件"；"涉及文物保护单位或优秀历史建筑的大修工程、立面改造工程以及历史文化风貌区、文物保护单位或优秀历史建筑保护、建设控制范围内建设工程，需文物行政管理部门批准文件"；"涉及文物保护单位或优秀历史建筑的大修工程、立面改造工程以及历史文化风貌区、文物保护单位或优秀历史建筑保护、建设控制范围内建设工程，反映建筑及周围环境风貌特色的照片或图片资料"。

从规划条件核定的审核依据与文件要求来看，现行规划条件的拟定依据对历史文化风貌区管理有明确的规定，对非历史文化风貌区缺乏设计指南与文件审批的考虑。鉴于现有管理中提到"补充材料：因建设项目的特殊性需要提交的其他相关材料"，在此次空间特色风貌规划实施过程中，规划条件拟定将风貌规划的设计指南纳入规划条件补充文件（SLPD）之中，"事前告知"有关建设单位或个人，以便深化落实有关的建设目标。

2. 建设用地规划许可证审批阶段

根据上海市规划和自然资源局的相关办事指南，建设用地规划许可证申请阶段对建设项目的用地位置、用地面积、用地性质、建设规模及其他规划条件进行审核。建设用地规划许可证审批管理过程中，并未对决定城市空间质量的"其他规划条件"作出具体的审查要求。配合上海市现行的"并联审批"调整，在建设用地规划许可审批阶段，在建设单位报批设计方案审批的同时，风貌专家组就该地块风貌设计指南落实情况加以审议，并出具"风貌意见咨询报告"，作为审批和验收依据之一。

3. 建设工程规划许可证审批阶段

根据上海市规划和自然资源局的相关办事指南，在建设工程规划许可证审批阶段，主要是审查"建设项目位置、建设用地面积、建设用地性质、建设工程性质、规模、容积率、建筑密度、绿化率、建筑高度、建筑间距、退界及其他规划条件"等设计要求的落实，是依法批准的控制性详细规划或者村庄规划、核定的建设工程设计方案、历史文化风貌区保护规划等审批的主要法律依据。

借鉴国际上群体形态创造过程中的设计协商制，在虹桥商务区风貌规划实施过程中，搭建一个关于"环境景观与色彩设计协商"的平台，由风貌专家组构成一个设计协调小组（作用相当于主管建筑师，主要是协调对城市空间特色起直接决定作用的建筑立面材料与色彩、城市公共空间景观等文化性、艺术性的设计要求），主要针对风貌的设计指南在政府、建设单位、设计师之间进行设计沟通，并形成一致行动。

7.3 虹桥商务区风貌规划管理实践探索总结

"环境友好、形象有力"政策目标下，城市建设更加关注城市空间的品质建设。面对城市设计在新城特色塑造实施管理方面的深水区，课题研究在借鉴国际城市空间文化公共管理经验的基础上，结合上海市城市规划管理特征，探索适于上海的"虹桥模式"，即：为了塑造"诗意城市"、避免新城建设千城一面，在反思景观要素机械控制、变革传统控制路径的过程中所形成的品质管理导向的、常规管理与空间文化特殊性管理有机结合的"业态、形态、生态、神态"（简称"四态"）开发控制体系。

7.3.1 "业态、形态、生态、神态"的开发控制体系

虹桥商务区核心区的规划控制兼顾了土地使用的主导性和兼容性，强化了公共空间和建筑单体的形态控制，确定了低碳绿色建设标准，形成了功能业态、空间形态、建筑生态的控制管理机制。"三态"（业态、形态、生态）控制的共性是源于理性认知，通过现代公共管理程序，上升为新的实践。

城市风貌特色则是源于感性认知、上升到精神文化的主体体验需求，面对建筑内部功能与公共形象的博弈、单体建筑与其他建筑组合关系的博弈、开发已然与或然的博弈、

统一性与偶然性的博弈等空间文化的复杂性和多义性特征，虹桥的规划控制对策从"以效率为中心"、以"动物人"为中心，上升至"以心为归"，探索了精神文化的主体性规律与公共治理的普遍性要求相统一的规划管理路径，简称"神态"控制，通过管理实施和反馈修正的过程，确立了"业态、形态、生态、神态"开发控制体系。

随着虹桥商务区核心区（一期）开工的建设，城市空间形态逐步呈现出其独特的城市空间魅力（图 7.5），课题组同时跟进对虹桥商务区空间风貌规划实施情况进行评价[1]。

图 7.5　虹桥商务区核心区（一期）街景风貌规划实施效果
来源：风貌课题组拍摄

1 闫敏章 . 总部商务区建筑风貌调查与分析 [D] 上海：同济大学，2017.

评价选取天津滨海新区响螺湾商务区、南京河西中央商务区、宁波南部商务区及杭州东站商务区四个具有代表性的副省级城市和省会城市总部商务区与虹桥商务区进行风貌评价比较，它们的共性是均属于国家、地区重要的总部商务区，并且在建设之初都有城市设计过程，或多或少对风貌都有所提及，有的则对风貌更为重视，专门进行风貌导则的制定，目前均已建成（或部分已建成）。

此次风貌评价是从人们的感性审美体验出发，针对商务区建筑群体风貌进行评价，最终目的是解决城市空间如何协调各方利益所代表的文化之间的冲突，解决城市化浪潮中普遍存在的"文化危机"。

建筑群体风貌是一个开放性的空间文本，具有模糊性、整体性、主导性和主观性等特点，评价通过美景度评价法（scenic beauty estimation method，简称SBE）对建筑的材质、肌理细部、群体色彩组合、群体体量体形与环境、建筑组成等进行评价。

通过435份有效问卷分析发现：人们对建筑群体风貌的评价主要受感性认知支配，其中建筑色彩、建筑肌理对建筑群体风貌的决定系数较高，相关性较强，是建筑群体风貌控制的重要切入点。五个总部商务区的建筑群体风貌中，天津滨海新区响螺湾商务区、南京河西中央商务区及宁波南部商务区的评价相差不大，均集中在中间分值段，分值最高的五张图片中，有三张属于虹桥商务区，其余两张分别是响螺湾商务区和南部商务区；建筑色彩分值方面，结果同群体风貌评价；建筑肌理分值方面，则分值最高的四张是虹桥商务区，另外一张是河西商务区（图7.6）。

建筑群体风貌的形成是多种因素共同作用的结果，城市设计、风貌导则是其中非常重要的因素。五个总部商务区中，除了虹桥商务区进行了专项风貌规划外，其他四个商务区是以城市设计导则（或城市设计方案）为引导，对风貌并未给予足够的重视，另外，后因建设需要，天津的响螺湾商务区增加了建筑色彩规划，并制定了建筑色彩分区、建筑形体控制和屋顶形态控制等；杭州东站商务区主要是按照杭州市总体城市色彩规划进行控制。

虹桥商务区成立之初就确定了"环境友好、形象有力"的发展目标，对城市风貌有较高的要求。与其他商务区不同的是，虹桥商务区战略发展规划编制后，城市设计与控制性详细规划几乎是同步进行的，并且城市设计成果已融入控制性详细规划之中，同时，为了塑造更具文化内涵的独特的城市空间特色，虹桥管委会重新组织空间风貌规划编制及规划实施管理机制的研究。虹桥的风貌规划编制是基于城市设计、控制性详细规划成

1. 天津滨海新区响螺湾商务区　　　　　　　　2. 南京河西中央商务区

3. 宁波南部商务区　　　　　　　　　　　4. 杭州东站商务区

5. 上海虹桥商务区

图 7.6　五个总部商务区建筑群体风貌比较

来源：闫敏章 . 总部商务区建筑风貌调查与分析 [D] 上海：同济大学，2017.

果的进一步空间文化特色思考。在规划过程中，我们提出了"品质管理与启示性控制"的规划核心，增加了"启示性"控制及其"术性"手段，包括色彩启示、地域文化气质、低碳肌理组合的艺术和技术启示等，通过"神态"的"启示性"控制达到文化心理趋向"默契"。虹桥的风貌规划更强调通过"启示"使相关方形成"共识"，并上升到空间特色塑造的"共同行动"中，形成"业态、形态、生态、神态"的开发控制模式，并将"神态"转化为对建筑色彩/风格、建筑体量、建筑肌理等的控制引导，提高商务区的空间文化特色，塑造高品质的城市空间形态。

7.3.2 "分离治理"管理模式的探索

从1972年《保护世界文化和自然遗产公约》，到1993年法国《景观法》和2000年《欧洲景观公约》，欧洲的风貌控制从"遗产"区拓展到了城乡全域。2005年起日本走上了相同的"并行治理"道路。与此相对照的是英美城市设计，以及中国"从局部到区域的多层次城市设计"认识。因中国之大、问题之多，"城市设计"的这种"社会理想"在实践中遇到了诸多困境：深化改革背景下，属于"文化问题"的新城风貌为何不"放"？答案是"放"而不弃、"分离治理"。

新城风貌"一抓就死、一放就乱"似乎是个悖论，实质上是人们习惯于依赖的方法的失当所致。"一放就乱"的症结在于私人"文化多元化"的"扁平发展"方式，偏离了空间文化的体验性规律，扭曲了公共产品的价值，导致"千城一面"的"合成谬误"。"一抓就死"的症结在于"削足适履"，用右撇子的理性主义思维习惯，粗暴代替了主体体验的丰富性。二者的共性是对于思维科学、文化艺术领域的心灵问题，试图机械地沿用自然科学、社会科学的理性主义传统心法，体现为要素控制、代表性研究、一刀切管治。

景观法与国际公约是世纪之交涌现出的新型治理模式，不属于治理模式的倒退，而是21世纪人类自我管理的进步。"虹桥模式"的选择是：引导私人文化的"散乱多元"向公共福利型的"有机多元"升级；重点地区的风貌规划达到详规深度，使风貌规划内容得以纳入规划条件；面对文化领域的主体性问题，改变自然科学、社会科学的右撇子习惯，遵循思维科学的规律（如暗示心理学）等，使风貌规划具备合理性；探索和应用新的技术方法，包括"启示性"、默契、专家评议和协商机制等，使公共文化政策不是扼杀多元多样性，而是培育活力创新、呵护心灵成长。

在比较各国规划体制的基础上，虹桥吸取了德国 B Plan 形态控制的优点，将空间文化的柔性控制内容剥离、简化，同时增加"神态"控制的特殊内容（如组合启示等），藉以提升空间文化的品质。

7.3.3 走向"有机多元"的"虹桥模式"

1994 年周干峙提出"我国正在以前所未有的速度迅速地建造一座座的旧城"；2009 年长沙市编制了《长沙市建筑景观鉴赏手册》，在城市风貌领域迈出了历史性步伐；2007 年吴伟在《城市特色研究与城市风貌规划》一书中提出了品质管理理论。"虹桥模式"的"分离治理"思路和本课题的品质管理理论，指引城市风貌从要素管理升级为品质管理，反思了英美"城市设计"在特色塑造方面的局限性和要素管理的副作用，吸取了法日景观法在空间文化管理方面的长处，在"新城风貌塑造"的管理实践中探索、运用和发展了风貌塑造的一系列理论方法和技术，具体包括：

① 常规管理与空间文化特殊性管理有机结合；

② 强制性、引导性控制加"启示性"控制；

③ 以暗示心理学原理为基础的"默契"激发"共同行动"的文化机制；

④ 质性、量性加"术性"控制技术；

⑤ 地域绿色建筑的风貌特征及其群体组合引导控制；

⑥ 地域色彩空间体验误差的施工设计矫正措施等。

其中的"品质管理"是从理性主义的量性、质性和要素管理向"文化体验管理"的转变，是"以效率为中心"、以"动物人"为本，向"以心为归"的升级，变"一次决策"为"空间权变"的互动决策过程。它们为实现"诗意城市"的塑造，从千城一面和"散乱多元"向"有机多元"进化。

结　论

　　风貌是指城市藉由长期沿袭、积淀而成的体貌特征、文化韵致、精神格调的特质性状态。风貌中的"风"是人文社会系统的概括，包括一切与城市空间物质环境规划密切相关的政治、经济、社会、文化、生态等相关的思想与原则，其本质是反映主体（人）的价值取向。众所周知，风貌规划管理很难，难在我们无法仅通过一个技术文件就完整地解释风貌的"文化"特征并预见其未来的发展结果，一个完美的物质空间"蓝图式"规划不能精确地反映、解决高度复杂的人类社会问题，人类始终处于一个不断趋近于"真理"的探索、反思进程之中，对风貌的内涵认知也因"市"而异、因"人"而异，规划成果也无法评价，风貌规划管理循着现行城市规划控制体系技术平台，偏重物质空间形象的实效性考察，反而带来了新一轮的"千城一面"，是产生"千城一面"危机的制度性根源。

　　本书围绕"城市风貌规划管理存在问题与实效性提升"而展开四方面的论述。

　　（1）城市风貌规划管理问题的症结在于对风貌文化内涵的认知角度

　　风貌是文化在空间上的符号映射。20世纪60年代以来，"文化"不再仅是人类行为结果的表征，也是改变世界的一种结构性力量，风貌作为文化的符号表征，不仅是空间形态的结果，也是空间形态形成的动因，并成为城市文化发展战略的重要抓手，在全球化背景下日益受到各国政府的重视。

　　文化是一个社会共享的思想、价值观和感知，用"文化"来解决城市发展问题，即一种从结果符号表征到文化意义生成的统一过程，风貌内涵扩大到符号表征与场所意义生成的统一，风貌符号的意义不是先验地抽象指定，而是人们通过身体在场所中产生真实感受，是客观认知与主观感知（域）的结合，人们因此而认同场所，并进而产生归属感。

　　（2）我国现行城市风貌规划管理方法与场所体验调控管理要求的不协同，引发了风貌规划管理"管"与"放"的纠结、要不要管的两难

　　城市风貌规划管理"一管就死""一放就乱"的背后是管理"目标"与"工具"不匹配的危机。转向场所体验调控的风貌规划管理是一种在社会行动过程中"知""情""意"统一的规划管理过程，它走出抽象的文本结果管理，转向社会行动的实践解答，在社会行动中实现主体意识与社会客观情境的辩证统一，反映当代的文化意义。

反观当前我国城市风貌规划管理，它在编制、审批和实施等主要管理工作中，存在以下不足。

规划编制方面：场所体验是整体综合性的感受，它的意义解释是实践性的，并且是一种"柔性"的、非线性的作用机制，而当前的技术量化与规范性规定不能有效地描述清楚"场所体验"，反而错失了对"场所体验"的认知。

规划审批方面：当前风貌规划审批管理将"文化意义"简化为一种单纯的技术指标管理或者抽象性的原则表述，致使对风貌规划内容的理解"仁者见仁、智者见智"，审批管理陷入困境。

规划实施方面："蓝图式"管理形成一套基于形态符号的规划管控模式，它是线性的、终极式的、抽象的管理方式，这与"场所体验"的"非线性""实践性""具象性"特征是相悖的。

（3）构建场所体验调控型城市风貌规划管理方法

场所体验调控型城市风貌规划管理是客观实体建设与人类感知考量的统一过程，它以物理属性和社会标准作为判断依据。人们对场所的体验是一种对场所环境整体的、跨学科的、个体化的感受过程，城市风貌规划管理通过城市景观的物质形态规划管控对集体场所体验作出半结构化的规划引导，以塑造共同的未来愿景。

场所体验调控型风貌规划管理进一步引入"话语""经验""参与"等管理思想，形成新的管理方法。

规划编制管理：从规划文本管理迈向社会行动管理，在政治行动中寻找答案。规划通过引入参与来激发公众对未来的想象力，风貌规划编制的过程同时也是一种政治化的知识学习（交流）过程，"对话""协商"成为规划编制的新特点，如何融入"人们共同意愿"的"景观质量目标"成为风貌规划编制的核心任务，规划编制既是一种技术解释的过程，也是一种目标确定的过程。

规划审批管理：场所体验调控型风貌规划管理从传统审美意象扩大到社会性的综合解释，风貌规划审批管理需要从技术文件审批管理扩大到共同行动愿景政策化的管理。由于场所体验是一种行动者与地域领土的关系认知，往往是"研究"与"行动"并存的实验性参与过程，是动态发展的结果，对场所体验评价很难做到"一刀切"的标准评判，风貌规划审批管理应从三个方面来解答这种变化：一是加强地方立法以明确具体的行动目标；二是对"共同愿景"的半结构化政策引导；三是对规划过程中重要的问题进行确认，以确保社会公正性。

规划实施管理：场所体验调控型风貌规划管理是一个社会共治的过程，风貌规划实施从公共政府部门的内部管理转向多元主体共治的社会化过程。场所体验调控型风貌规划管理是一种客观的标准化与分析/优化并存的管理过程，管理的过程中既保证工程技术的合理性，也是对体验感知不断改善优化的决策过程，规划实施是"自上而下"与"自下而上"结相结合的过程，实施结果是底线与满意度的并存。

（4）从场所体验调控管理出发，对我国当前城市风貌规划管理提出相关优化建议

针对我国当前城市风貌规划管理所存在的"目标"与"工具"不匹配的问题，从场所体验调控管理出发，对风貌规划编制、审批及实施等重要管理环节提出以下相应的优化建议。

规划编制：从研究和社会体验的过程引导优化风貌规划编制。规划编制过程是一种对场所体验进行"情境"描述的结构化过程，它是人文的、情感的、审美的，是一种"类"概念，而不是基于个别经验的抽象性预设。

规划审批：转变行政管理思维，实现规划决策过程中"谋""断"分离，将共同愿景纳入规划审批管理之中，以实现全社会的共同治理。

规划实施：从单元的行政管理走向与社会共治的双元组织管理。双元组织管理是在现有管理制度基础上，进一步挖掘管理效能，注重过程性管理和结果性管理并重的管理过程，社会组织的引入可以增强现行管理中的"协调性"，进一步加强对"价值"等柔性要素的有效管理，实现"自上而下"与"自下而上"的双向结合，达到底线与满意度并存的管理目标。

转向场所体验调控的风貌规划管理是对城市共同文化愿景表达与实现全过程的协调性管理，规划编制管理将走向研究与社会体验的过程引导，规划审批管理将实现在社会行动中共同治理，规划实施管理将采用行政与社会公共组织的交织并行程序。同时，我们在上海虹桥商务区风貌规划管理体制研究与应用过程中，验证了"城市风貌塑造是一种场所体验塑造的文化建构过程"，并形成了场所体验调控型模式的新城版——"虹桥模式"风貌规划管理机制。

主要参考文献

［1］Ackoff R L, Magidson J, Addison H J. Idealized design: How to dissolve tomorrow's crisis[M]// Déjeant-Pons M. The European Landscape Convention. Springer Netherlands, 2011: 203.

［2］Brabyn L. Classifying landscape character[J]. Landscape Research, 2009, 34(3): 299-321.

［3］Bracknell Forest Council (2010). Baseline data and indicators[EB/OL]. http://www.bracknellforest.gov.uk/ environment/env-planning-and-development/env-planning-policy/env-strategic-environmentassessment/env-baseline-data. htm.

［4］Blumer H. Symbolic interactionism : Perspective and method[M]. University of California Press, 1986.

［5］Cassatella C. Assessing visual and social perceptions of landscape[M]// Cassatella C, Peano A. Landscape indicators. Springer Netherlands, 2011: 110.

［6］CEMAT. Council of Europe Conference of Ministers responsible for Spatial[M/OL]// Regional planning (Basic texts 1970–2010), 2010: 293. http://book.coe.int.

［7］Hempel C G. Aspects of scientific explanation and other essays in the philosophy of science[M]. New York: Free Press, 1965: 247-248.

［8］Meyer C. Fourth meeting of the Council of Europe Workshops for the implementation of the European Landscape Convention[EB/OL]. [2006-03-11, 12]. https://www.coe.int/en/web/landscape/home. 2006: 284-295.

［9］Council of Europe. European Landscape Convention[EB/OL]. [2000-10-20]. Florence. http://conventions.coe.int/ Treaty/en/Treaties/Html/176.htm.

［10］Council of Europe. Third meeting of the Council of Europe Workshops for the implementation of the European Landscape Convention[EB/OL]. [2005-6-16, 17]. 2005. https://www.coe.int/en/web/landscape/home.

［11］Council of Europe. Guidelines for the implementation of the European Landscape Convention [EB/OL]. [2007-03-22, 23]. Strasbourg, http://www.coe.int/en/web/cm.

［12］Council of Europe, Council of Europe Conference of Ministers responsible for spatial[M/OL]. [2010-11-21]// Regional planning (CEMAT), No 3: Territory and landscape, Strasbourg Cedex. http://book.coe.int.

［13］Countryside survey (2010). Measuring change in our countryside[EB/OL]. http://www.countryside survey.org.uk/.

［14］Daniel T C. Whither scenic beauty? Visual landscape quality assessment in the 21st century[J]. Landscape & Urban Planning, 2001, 54(1): 267-281.

［15］Déjeant-Pons M. The European Landscape Convention[M]. Springer Netherlands. 2011.13, 18, 147-149, 200-204.

［16］Maguelonne Déjeant-Pons Head of the Spatial Planning and Landscape Division. The European Landscape Convention[J]. Landscape Research, 2006, 31(4): 363-384.

［17］Dovlén S. A relational approach to the implementation of the European Landscape Convention in Sweden[J]. Landscape Research, 2016(3): 1-16.

［18］Egoz S. Landscape as a driver for well-being: The ELC in the globalist arena[J]. Landscape Research, 2011. 36(4): 509-534.

［19］Elorrieta B, Sánchez-Aguilera D. Landscape regulation in regional territorial planning: A view from Spain[M]// The European Landscape Convention. Springer Netherlands, 2011: 99-120.

［20］Fabio Cutaia. Strategic environmental assessment: Integrating landscape and urban planning[M]. Springer International Publishing, 2016: 29-43.

［21］Giorgio P, Rita M. The perception of one's life environment: Learning and project programme for the participated formation of life environments[C/OL]// First meeting of the Workshops for the implementation of the European Landscape Convention, Strasbourg, 23-24 May 2002: 21, 26-27. https://www.coe.int/en/web/landscape/home.

［22］Groening G. The "Landscape must become the law"—or should it? [J]. Landscape Research, 2007,32(5): 595-612.

［23］Halpin A W. Theory and research in administration[M]. New York: The Macmillan Company, 1966.

［24］Litwin G H, Stringer R A Jr. Motivation and organization climate[M]. Boston: The President and Fellows of Harvard College,1968.

［25］Marc A，Veerle V E. Landscape perspectives[M]. Springer Science+Business Media B.V，2017: 103.

［26］Michael J. The European Landscape Convention and the question of public participation[J]. Landscape Research, 2007, 32(5): 613-633.

［27］Montis A D. Impacts of the European Landscape Convention on national planning systems: A comparative investigation of six case studies[J]. Landscape & Urban Planning, 2014, 124(2): 53-65.

［28］Natural England. European Landscape Convention: Guidelines for managing landscapes[EB/OL]. [2010-11-9]. https://www.gov.uk/government/publications/european-landscape-convention-guidelines-for-managing-landscapes.

［29］Marušič I. Landscape typology and landscape changes; What we have learnt from the endeavors to implement the European Landscape Convention in Slovenia[C/OL]// Fourth meeting of the Council of Europe Workshops for the implementation of the European Landscape Convention[2006-05-11, 12]. https://www.coe.int/en/web/landscape/home. 2006: 21-29.

［30］Hudoklin J. Presentation of the regional distribution of landscape types in Slovenia project and the outstanding landscapes of Slovenia project[C]// Fourth meeting of the Council of Europe Workshops for the implementation of the European Landscape Convention, Ljubljana, Slovenia, 2006: 31-40.

［31］Jones M, Stenseke M. The issue of public participation in the European Landscape Convention[M]// The European Landscape Convention. Springer Netherlands, 2011: 5.

［32］Kenneth R Olwig. The practice of landscape "conventions" and the just landscape: The case of the European Landscape Convention[J]. Landscape Research, 2007, 32(5): 579-594.

［33］Oughton E, Bracken L. Interdisciplinary research: Framing and reframing[J]. Area, 2009, 41: 385–394.

［34］Pearson D M, Gorman J T. Managing the landscapes of the Australian Northern Territory for sustainability: Visions, issues and strategies for successful planning[J]. Futures, 2010, 42(7): 711-722.

［35］Pere Sala i Martí. Landscape and good governance. The example of Catalonia[EB/OL]. [2008-04-24, 25]// Seventh meeting of the Workshops of the Council of Europe for the implementation of the European Landscape Convention. https://www.coe.int/en/web/landscape/home. 2008: 97-112.

［36］Plieninger T, Draux H, Fagerholm N, et al. The driving forces of landscape change in Europe: A systematic review of the evidence[J]. Land Use Policy, 2016(57): 204-214.

［37］Ramos I L. "Exploratory landscape scenarios" in the formulation of "landscape quality objectives" [J]. Futures, 2010, 42(7): 682-692.

［38］Riccia L L. Landscape planning at the local level[M]. Springer International Publishing, 2017: 61-70.

［39］Palmer R. Seventh meeting of the Workshops of the Council of Europe for the implementation of the European Landscape Convention[EB/OL]. [2008-04-24,25]. Piestany, Slovak Republic, 2008: preface. https://www.coe.int/en/web/landscape/home.

［40］Roe M. Policy change and ELC implementation: Establishment of a baseline for understanding the impact on UK national policy of the European Landscape Convention[J]. Landscape Research, 2013, 38(6): 768-798.

［41］Ryan R L. Comparing the attitudes of local residents, planners, and developers about preserving rural character in New England[J]. Landscape & Urban Planning, 2006, 75(1): 5-22.

［42］SAEFL's guiding principles for nature and landscape[R/OL]. Landscape 2020. https://www.bafu.admin.ch/bafu/en/home/topics/landscape/pub6lications-studies/publications/landscape-2020-guiding-principles.html.

［43］Scazzosi L. Reading and assessing the landscape as cultural and historical heritage[J]. Landscape Research, 2004, 29(4): 335-355.

［44］Seddon G. Sense of place: A response to an environment, the Swan coastal plain Western Australia [M]. Nedlands, Western Australia: University of Western Australia Press, 1972: 260.

［45］Seddon G. Placing the debate: A long postscript [M]// Seddon G. Landprints: Reflections on place and landscape. Cambridge; Melbourne: Cambridge University Press, 1997: 136.

［46］Sorokin P. Social & cultural dynamics[M]. Boston: Parter Sargent Publisher, 1937: 380-389.

［47］Terry O'Regan. European local landscape circle studies: Implementation guide[C]// Landscape facets. Reflections and proposals for the implementation of the European Landscape Convention. 2012: 191-207.

［48］The Committee of Ministers. Recommendation CM/Rec (2008)3 of the Committee of Ministers to member states on the guidelines for the implementation of the European Landscape Convention[EB/OL]. [2008-02-06]. http://www.coe.int/en/web/cm.

［49］Council of Europe. Third meeting of the Council of Europe Workshops for the implementation of the European Landscape Convention[EB/OL]. [2005-6-16,17]. 2005: Preface.

［50］Trondheim & Oslo. Direktoratet for naturforvaltning & riksantikvaren. Landskapsanalyse: Framgangsmåte for vurdering av landskapskarakter og landskapsverdi[EB/OL]. http://www.riksantkvaren.no/filestore/Framgangsmteforvurderingavlandskapskarakteroglandskapsverdi_24.2.2010.pdf. Accessed 22 Mar 2010.

［51］Tuan Yi-Fu. Space and place: The perspective of experience[M]. Minneapolis: University of Minnesota Press, 1977.

［52］Washer DM. European landscape character areas: Typologies, cartography and indicators for the assessment of sustainable landscapes[M]. ELCAI. Landscape Europe. Alterra. Wageningen. 2005: 124.

［53］Yves Luginbühl. Présentation d'une expérience de sensibilisation et d'information: les «ateliers paysage» de la vallée de la Dordogne[C/OL]// First meeting of the Workshops for the implementation of the European Landscape Convention, Strasbourg, 23-24 May 2002: 31-36. https://www.coe.int/en/web/landscape/home.

［54］欧阳谦，等. 文化的转向：西方马克思主义的总体性思想研究 [M]. 北京：人民大学出版社，2015.

［55］李无苑. 从实体本体论到文化本体论——论当代哲学的转向 [J]. 蒲峪学刊，1995（3）：5-8.

［56］菲利普·史密斯. 文化理论——导论 [M]. 张鲲，译. 北京：商务印书馆，2008.

［57］欧阳谦. 当代哲学的"文化转向" [J]. 社会科学战线，2015（1）：11-19.

［58］孙施文. 城市规划哲学 [M]. 北京：中国建筑工业出版社，1997.

［59］刘士林. 新型城镇化与中国城市发展模式的文化转型 [J]. 学术月刊，2014，46（7）：94-99.

［60］威廉·A. 哈维兰，等. 文化人类学：人类的挑战 [M]. 陈相超，冯然，译. 北京：机械工业出版社，2014：11.

［61］雷蒙·威廉斯. 文化与社会1780—1950[M]. 高晓玲，译. 长春：吉林出版集团有限责任公司，2011：18-19.

［62］刘易斯·芒福德. 城市发展史：起源、演变和前景 [M]. 宋俊岭，倪文彦，译. 北京：中国建筑工业出版社，2005.

［63］刘易斯·芒福德. 城市文化 [M]. 宋俊岭，等译. 北京：中国建筑工业出版社，2009.

［64］蔡晓丰. 城市风貌解析与控制 [D]. 上海：同济大学，2005.

［65］姜潇，蒋芳，周润健. 中央城市工作会议点出的文化课题：续"文脉"提"气质" [J]. 决策探索（下半月），2016（1）：16-17.

［66］张松. 上海的历史风貌保护与城市形象塑造 [J]. 上海城市规划，2011（4）：44-52.

［67］W. J. T. 米切尔. 风景与权力 [M]. 杨丽，万信琼，译. 南京：译林出版社，2014.

［68］张松，镇雪锋. 从历史风貌保护到城市景观管理——基于城市历史景观（HUL）理念的思考 [J]. 风景园林，2017（6）：14-21.

［69］张继刚. 城市风貌的评价与管治研究 [D]. 重庆：重庆大学，2001：7，27.

［70］张恺. 城市历史风貌区控制性详细规划编制研究——以"镇江古城风貌区控制性详细规划"为例 [J]. 城市规划，2003，27（11）：93-96.

［71］俞孔坚，奚雪松，王思思. 基于生态基础设施的城市风貌规划——以山东省威海市为例 [J]. 城市规划，2008，243（3）：87-92.

［72］杨昌新，龙彬. 城市风貌研究的历史进程概述 [J]. 城市发展研究，2013，20（9）：15-20.

［73］凯文·林奇. 城市意象 [M]. 方益萍，何晓军，译. 北京：华夏出版社，2001.

［74］诺伯舒兹. 建筑意向 [M]. 曾旭正，译. 台北：胡氏图书出版社，1988.

［75］诺伯舒兹. 场所精神：迈向建筑现象学 [M]. 施植明，译. 武汉：华中科技大学出版社，2010：18，68.

［76］阿摩斯·拉普卜特. 建成环境的意义——非言语表达方式 [M]. 黄兰谷，等译. 北京：中国建筑工业出版社，2003.

［77］亨利·列斐伏尔. 空间的生产 [M]. 刘怀玉，等. 北京：商务印书馆，2021.

［78］皮埃尔·布尔迪厄. 实践理性：关于行为理论 [M]. 谭立德，译. 北京：生活·读书·新知三联书店，2007.

［79］唐旭昌. 大卫·哈维城市空间思想研究 [M]. 北京：人民出版社，2015.

［80］Sharon Zukin. 城市文化 [M]. 张廷佺，杨东霞，谈瀛州，译. 上海：上海教育出版社，2006：3-9，259.

［81］杨昌新. 主客体关系视域下城市风貌研究述评 [J]. 华中建筑，2014（2）：22-27.

［82］王敏. 20世纪80年代以来我国城市风貌研究综述 [J]. 华中建筑，2012（1）：1-5.

［83］北京市土建学会城市规划专业委员会举行维护北京古都风貌问题的学术讨论会 [J]. 建筑学报，1987（4）：22-29.

［84］张开济. 维护故都风貌 发扬中华文化 [J]. 建筑学报，1987（1）：30-33.

［85］唐学易. 城市风貌·建筑风格 [J]. 青岛建筑工程学院学报，1988（2）：1-7.

［86］池泽宽. 城市风貌设计 [M]. 郝慎钧，译. 天津：天津大学出版社，1989：76.

［87］吴伟. 塑造城市风貌——城市绿地系统规划专题研究 [J]. 中国园林，1998（6）：30-32.

［88］杨华文，蔡晓丰. 城市风貌的系统构成与规划内容 [J]. 城市规划学刊，2006（2）：59-62.

［89］张继刚. 城市景观风貌的研究对象、体系结构与方法浅谈 [J]. 规划师，2007，23（8）：14-18.

［90］李晖，杨树华，李国彦，等. 基于景观设计原理的城市风貌规划——以《景洪市澜沧江沿江风貌规划》为例[J]. 城市问题，2006（5）：40-44.

［91］宁玲. 城市景观系统优化原理研究 [D]. 武汉：华中科技大学，2011.

［92］张剑涛. 城市形态学理论在历史风貌保护区规划中的应用 [J]. 城市规划汇刊，2004（6）：58-66.

［93］王英姿，余柏椿. 挖掘城市风貌的大众媒介特性：四川遂宁市城市风貌规划思考 [J]. 规划师，2007（9）：42-46.

［94］汪小清. 基于文化传承的城市风貌规划分析 [J]. 门窗，2014（6）：246-246.

［95］王丽媛. 基于可操作性的城市风貌控制研究初探——以宝鸡市为例 [D]. 西安：西安建筑科技大学，2011.

［96］疏良仁，肖建飞，郭建强，等. 城市风貌规划编制内容与方法的探索——以杭州市余杭区临平城区风貌规划为例 [J]. 城市发展研究，2008（2）：15-19.

［97］段德罡，刘瑾. 城市风貌规划的内涵和框架探讨 [J]. 城乡建设，2011（5）：30-32.

［98］马素娜，朱烈建. 城市风貌特色规划浅析 [C] // 城市时代，协同规划——2013 中国城市规划年会论文集（04 - 风景旅游规划）. 2013：1-6.

［99］付少慧. 城市建筑风貌特色塑造及城市设计导则的引入 [D]. 天津：天津大学，2009.

［100］刘悦来. 中国城市景观管治基础性研究 [D]. 上海：同济大学，2005.

［101］范燕群. 作为管理与沟通工具的城市街道景观导则 [D]. 上海：同济大学，2006.

［102］侯兴华. 城市风貌管治研究——以蓬莱为例 [D]. 青岛：山东建筑大学，2011.

［103］戴慎志，刘婷婷. 面向实施的城市风貌规划编制体系与编制方法探索 [J]. 城市规划学刊，2013（4）：101-108.

［104］方豪杰，周玉斌，王婷，等. 引入控规导则控制手段的城市风貌规划新探索——基于富拉尔基区风貌规划的实践 [J]. 城市规划学刊，2012（4）：92-97.

［105］刘瑾. 城市风貌规划框架研究——以宝鸡市为例 [D]. 西安：西安建筑科技大学，2011.

［106］窦宝仓. 城市风貌规划方法研究：以明城墙内为例 [D]. 西安：西北大学，2011.

［107］余柏椿，周燕. 论城市风貌规划的角色与方向 [J]. 规划师，2009，25（12）：22-25.

［108］尹潘，薛小川，张榜. 城市风貌要素在控制性详细规划中的应用研究 [C] // 转型与重构——2011 中国城市规划年会论文集. 2011：4221-4227.

［109］许剑锋. 基于政策法规体系下的城市形态研究 [D]. 天津：天津大学，2010：34，60.

［110］吕晓蓓. 城市更新规划在规划体系中的定位及其影响 [J]. 现代城市研究，2011（1）：17-20.

［111］克利福德·格尔茨. 文化的解释 [M]. 韩莉，译. 南京：译林出版社，2008：5，149.

［112］赵民，雷诚. 论城市规划的公共政策导向与依法行政 [J]. 城市规划，2007，31（6）：21-27.

［113］高中岗. 中国城市规划制度及其创新 [D]. 上海：同济大学，2007：134-135.

［114］王伏刚. 技术性规范不能作为行政许可的依据 [J]. 人民司法，2015（6）：90-91.

［115］耿慧志，张乐，杨春侠. 《城市规划管理技术规定》的综述分析和规范建议 [J]. 城市规划学刊，2014，219（6）：95-101.

［116］吴伟. 城市设计的实效性问题 [R]. 世界华人建筑师协会 2015 年会报告，2015.

［117］高中岗. 地方城乡规划管理制度的渐进改革和完善：以温州为案例的研究 [J]. 城市发展研究，2007，14（6）：113-118.

［118］张萍. 加强城市规划法规的程序性——对我国规划法规修订的思考 [J]. 城市规划，2000，24（3）：41-44.

［119］耿毓修. 城市规划管理 [M]. 北京：中国建筑工业出版社，2007：162.

［120］爱德华·泰勒. 原始文化 [M]. 连树声，译. 上海：上海文艺出版社，1992.

［121］马克·J. 史密斯. 文化：再造社会科学 [M]. 张美川，译. 长春：吉林人民出版社，2005：25.

［122］阿雷恩·鲍尔德温，等. 文化研究导论（修订版）[M]. 陶东风，等译. 北京：高等教育出版社，2004：43.

［123］萧俊明. 文化转向的由来：关于当代西方文化概念、文化理论和文化研究的考察 [M]. 北京：社会科学文献出版社，2004：118-153.

［124］张天勇. 社会符号化：马克思主义视阈中的鲍德里亚后期思想研究 [M]. 北京：人民出版社，2008：126.

［125］蒋立松. 文化人类学概论 [M]. 重庆：西南师范大学出版社，2008：17，36.

［126］斯图尔特·霍尔. 表征：文化表征与意指实践 [M]. 徐亮，陆兴华，译. 北京：商务印书馆，2013：1，15-16，29-30.

［127］J. 卡勒. 索绪尔 [M]. 张景智，译. 北京：中国社会科学出版社，1989：19.

［128］费尔迪南·德·索绪尔. 索绪尔第三次普通语言学教程 [M]. 屠友祥，译. 上海：上海人民出版社，2002：86.

［129］科塔克. 文化人类学：文化多样性的探索 [M]. 徐雨村，译. 台北：桂冠图书股份有限公司，2009：81.

［130］王先龙. 景观感知视角下的中国传统八景现象研究 [J]. 中外建筑，2017（3）：51-54.

［131］胡塞尔. 纯粹现象学通论：纯粹现象学和现象学哲学的观念 [M]. 李幼燕，译. 北京：商务印书馆，1992.

［132］莫里斯·梅洛 - 庞蒂. 知觉现象学 [M]. 姜志辉，译. 北京：商务印书馆，2001：147，197.

［133］赫尔曼·施密茨. 新现象学 [M]. 庞学铨，李张林，译. 上海：上海译文出版社，1997.

［134］王媚. 霍尔建筑现象学思想探析 [D]. 沈阳：东北大学，2014.

［135］罗伯特·戴维·萨克. 社会思想中的空间观：一种地理学的视角 [M]. 黄春芳，译. 北京：北京师范大学出版社，2010：5.

［136］Edward W. Soja. 第三空间：去往洛杉矶和其他真实和想象地方的旅程 [M]. 陆扬，译. 上海：上海教育出版社，2005：16，84-86.

［137］安东尼·奥罗姆，陈向明. 城市的世界——对地点的比较分析和历史分析 [M]. 曾茂娟，任远，译. 上海：上海人民出版社，2005：38.

［138］童强. 空间哲学 [M]. 北京：北京大学出版社，2011：34，86.

［139］陆扬，王毅. 文化研究导论 [M]. 上海：复旦大学出版社，2006：10.

［140］吴福平. 文化管理的视阈：效用与价值 [M]. 杭州：浙江大学出版社，2012：6-7.

［141］李德顺. 价值论 [M]. 2 版. 北京：中国人民大学出版社，2007：79-80，236，269.

［142］保罗·利科. 从文本到行动 [M]. 夏小燕，译. 上海：华东师范大学出版社，2015：148，108，180.

［143］刘惠明. 作为中介的叙事：保罗·利科叙事理论研究 [M]. 广州：世界图书出版广东有限公司，2013：47-48.

［144］海德格尔. 人，诗意地安居 [M]. 郜元宝，译. 桂林：广西师范大学出版社，2000：71-77，87.

［145］张敏. 法国当代文化政策的特色及其发展 [J]. 国外理论动态，2007（3）：47-49，62.

［146］王吉英. 试论法国雅克·朗格时期的国家文化政策 [D]. 上海：上海外国语大学，2011.

［147］许浩. 二战后日本城市空间的控制 [J]. 华中建筑，2008，26（8）：63-67.

［148］张松. 日本城镇的景观规划与风貌管理. "记忆场所保护与活化"学术研讨会 [EB/OL]. http://wk.sjtu.edu.cn/info/1008/3953.htm.

［149］刘生军. 城市设计诠释论 [M]. 北京：中国建筑工业出版社，2012：45.

［150］李竹明，汤鸿. 从科学管理到复杂科学管理——管理理论的三维架构与研究范式的演进 [J]. 科协论坛（下半月）. 2009（3）：144-145.

［151］李江. 情境认知探析 [D]. 太原：山西大学，2015：4.

［152］齐格蒙特·鲍曼. 作为实践的文化 [M]. 郑莉，译. 北京：北京大学出版社，2009：153-154，186-187.

［153］路德维希·维特根斯坦. 逻辑哲学论 [M]. 王平复，译. 北京：中国社会科学出版社，2009.

［154］Lewis D Hopkins，Marisa A Zapata. 融入未来：预测、情境、规划和个案 [M]. 韩昊英，赖世刚，译. 北京：科学出版社，2013：129-144.

［155］M Elen Deming，Simon Swaffield. 景观设计学：调查·策略·设计 [M]. 陈晓宇，译. 北京：电子工业出版社，2013：232.

［156］彭觉勇. 规划过程参与主体的行为取向分析 [M]. 南京：东南大学出版社，2015：105-106.

［157］方志耕，刘思峰，朱建军，等. 决策理论与方法 [M]. 北京：科学出版社，2009：111-119.

［158］林文棋，武廷海. 变化·规划·情景：变化背景中的空间规划思维与方法 [M]. 北京：清华大学出版社，2013：112.

［159］陈一新. 深圳福田中心区（CBD）城市规划建设三十年历史研究（1980—2010）[M]. 南京：东南大学出版社，2015.

［160］武小悦. 决策分析理论 [M]. 北京：科学出版社，2010：227-229.

［161］珍妮特·V. 登哈特，罗伯特·B. 登哈特. 新公共服务：服务，而不是掌舵 [M]. 丁煌，译. 北京：中国人民大学出版社，2010：25-39.

［162］亚历山大·叶尔绍夫. 行政管理体制改革：中国成功之道 [J]. 当代中国史研究，2014，21（4）：109-112.

［163］竺乾威. 行政体制改革的目标、指向与策略 [J]. 江苏行政学院学报，2014，75（3）：98-104.

［164］杨友军. 公共性视域中的政府职能转变研究 [D]. 湘潭：湘潭大学，2011.

［165］刘熙瑞，段龙飞. 服务型政府：本质及其理论基础 [J]. 国家行政学院学报，2004（5）：25-29.

［166］邓芳岩. 城市规划管理价值异化与对策 [J]. 城市规划，2010，34（2）：68-73.

［167］姚军. "谋"与"断"——市场经济中城市规划管理的控制体制 [J]. 规划师，1998，14（3）：90-93.

［168］冷丽敏. 从指令型管理走向服务型管理—试论城市规划管理的模式转变及改革路径 [D]. 上海：同济大学，2006：29-54.

［169］肖铭. 基于权力视野的城市规划实施过程研究 [D]. 武汉：华中科技大学，2008.

［170］童明. 动态规划与动态管理——市场经济条件下规划管理概念的新思维 [J]. 规划师，1998，14（4）：72-76.

［171］杨戍标. 论城市规划管理体制创新 [J]. 浙江大学学报：人文社会科学版，2003，33（6）：49-55.

［172］王婧. 庞德：通过法律的社会控制 [M]. 哈尔滨：黑龙江大学出版社，2010：39.

［173］李晓林. 从公共服务标准化实践看精细化管理趋势——以北京市公共服务标准化建设实践为例 [J]. 中国标准化，2012（3）：108-111.

［174］布赖恩·Z. 塔玛纳哈. 一般法理学：以法律与社会的关系为视角 [M]. 郑海平，译. 北京：中国政法大学出版社，2012：199-204.

［175］尹仕美. 日本《景观法》对城乡风貌的控制与引导 [J]. 世界华商经济年鉴·城乡建设，2012（6）：1-2.

［176］尹仕美，刘鹏程. 加强城市风貌规划管理，促进新型城镇化可持续发展 [C]// 中国土木工程学会. 中国土木工程学会 2016 年学术年会论文集. 2016：12-20.

［177］陶石. 当代中国城市形象危机的技术补救途径研究——从总体城市设计走向城市风貌规划 [D] 上海：同济大学，2013：185.

［178］露丝·本尼迪克特. 文化模式 [M]. 王炜，等译. 北京：社会科学文献出版社，2009：48，53.

［179］崔平. 文化模式批判 [M]. 南京：江苏人民出版社，2015：100-125，169-190，201-224.

［180］米歇尔·德·塞托. 日常生活实践：1. 实践的艺术 [M]. 方琳琳，黄春柳，译. 南京：南京大学出版社，2009：107.

［181］刘健. 法国国土开发政策框架及其空间规划体系——特点与启发 [J]. 城市规划，2011，35（8）：60-65.

［182］米歇尔·米绍，张杰，邹欢. 法国城市规划 40 年 [M]. 何枫，任宇飞，译. 北京：社会科学文献出版社，2007：24.

［183］卓健. 第三现代性和新城市规划原理 [J]. 城市规划汇刊，2002（5）：20-24.

［184］乔恒利. 法国城市规划与设计 [M]. 北京：中国建筑工业出版社，2008：17.

［185］潘芳，孙皓，邢琰，等. 国际特大城市规划实施管理体制机制研究 [J]. 北京规划建设，2015（6）：53-57.

［186］盐野宏. 行政法总论 [M]. 杨建顺，译. 北京：北京大学出版社，2008：242-243.

［187］张宸璐. 组织双元理论的内涵、研究现状与发展 [M]// 安立仁. 管理理论前沿专题. 北京：中国经济出版社，2014：121-122.

［188］刘新梅，韩骁，白杨，等. 控制机制、组织双元与组织创造力的关系研究 [J]. 科研管理，2013，34（10）：1-9.

［189］曾小华. 文化·制度与社会变革 [M]. 北京：中国经济出版社，2004：230.

［190］塔尔科特·帕森斯. 社会行动的结构 [M]. 张明德，夏遇南，彭刚，译. 南京：译林出版社，2008.

［191］乔治·弗雷德里克森. 公共行政的精神 [M]. 张成福，等译. 北京：中国人民大学出版社，2013.

［192］戴维·奥斯本，特德·盖布勒. 改革政府：企业精神如何改革着公营部门 [M]. 上海市政协编译组，东方编译所，译. 上海：上海译文出版社，1996：329-330.

［193］金卫红. 城市规划管理中的第三部门作用浅析 [J]. 上海城市规划，2007，75（4）：6-8.

［194］李程伟. 社会管理体制创新：公共管理学视角的解读 [J]. 中国行政管理，2005（5）：39-41.

［195］北尾靖雅. 城市协作设计方法 [M]. 胡昊，译. 上海：上海交通大学出版社，2010.

［196］上海同济城市规划设计研究院. 上海虹桥商务区空间特色风貌专项规划 [R]. 2012.

［197］上海同济城市规划设计研究院. 上海虹桥商务区核心区风貌控制研究——关于风貌控制管理机制和实践路径的探索：Gtz2013036[R]. 2014.

［198］上海市规划和国土资源管理局，上海市城市规划设计研究院. 转型上海规划战略 [M]. 上海：同济大学出版社，2012：17-26，131.

［199］上海虹桥商务区管委会. 虹桥商务区概念规划 [R]. 2010.

［200］上海市规划设计研究院. 虹桥商务区控制性详细规划 [R]. 2009.

［201］上海市城市规划设计研究院，美国 RTKL 设计咨询公司，同济建筑设计研究院. 虹桥商务核心区南北片区控制性详细规划暨城市设计 [R]. 2011.

［202］闫敏章. 总部商务区建筑风貌调查与分析 [D]. 上海：同济大学，2017.

［203］尹仕美，吴伟，李佳川. 上海虹桥商务区核心区风貌规划 [J]. 住宅科技，2018，38（8）：7-10.